건축인테리어
BIM ARCHITECTURE INTERIORS

송춘동 저

예문사

PREFACE 머리말

오늘날의 건축, 인테리어 설계과정은 순수하게 창조적인 아이디어로만 이루어지지 않는다. 그보다는 다양한 고객의 요구들을 수용하고 공학적인 검토와 건축, 인테리어의 계획에서 시공, 준공, 유지관리가 가능한 메커니즘이 요구된다.

이 책은 BIM을 체계적으로 접근하고자 하는 건축, 인테리어 관련 분야의 학생은 물론, 현장에서 실무적으로 활용할 전문가들을 염두에 두고 개념 파악 및 실습 위주로 구성하여 집필한 것이다. 책의 내용을 차근차근 따라가다 보면, 기본적인 개념들을 이해하고 다양한 기능들을 자연스럽게 익힐 수 있을 것이다.

이 책만의 특징 및 장점 (책 100% 활용방법)

1) Revit Trirl 정식 소프트웨어 2009와 2018 정식 버전을 제공한다.
   배워보고자 해도 고가의 비용으로 접근하기 어려운 것이 현실이다. 이 책은 Revit Trirl 정식 소프트웨어 2009와 2018 버전을 제공하고 있어 누구나 쉽게 BIM에 접근할 수 있는 기회를 제공한다. 또한 2009 버전을 기본으로 하고, 주택도면 작성은 2020 버전으로 집필하여 소프트웨어의 기본개념 및 명령어 체계의 혼돈이 없음을 보여 주고 있다. 즉, 적정한 컴퓨터를 보유한 사용자라면 누구나 사용 가능하게 2009를 기본으로 책을 집필하였으며 최근 동향에 접근해보고자 하는 이들을 위하여 2018 버전도 제공하고 있다.

2) (사)한국 건축인테리어학회에서 매년 실시하고 있는 BIM자격시험 실제 문제를 제공한다.

BIM학습에서 더 나아가 자격증을 목표로 하는 이들을 위하여 (사)한국 건축인테리어학회에서 실시하고 있는 BIM 자격시험 문제(6회 분량)를 제공하여 자격증 경향 파악 및 스스로 학습하여 BIM 자격증 취득을 가능하게 했다.

모쪼록 이 책이 BIM의 이해와 활용에 요긴한 길잡이로서의 역할을 할 수 있게 되기를 바라며, 다소 부족한 점이 있더라도 너그러운 마음으로 이해해 주길 바란다.

책이 나오기까지 많은 도움을 주신 예문사 정용수 사장님과 장충상 전무님, 그리고 편집부 모든 직원들에게 이 자리를 빌려 감사의 뜻을 전한다.

저자 송춘동

Revit architecture

CONTENTS 차례

CONTENTS 차례

► Revit 작품 ◄

A.U.S. ITALY

RTKL USA

RTKL USA

EMPYREAN International, LCC

EMPYREAN International, LCC

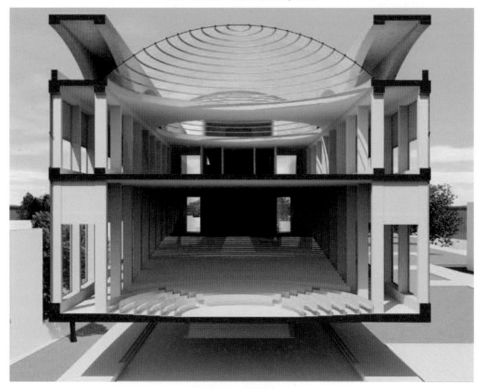

A.U.S. ITALY

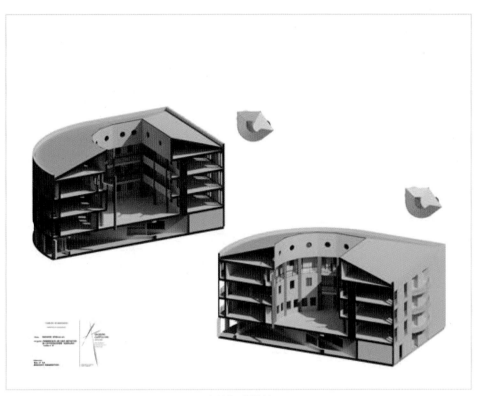

A.U.S. ITALY

A.U.S. ITALY

A.U.S. ITALY

BNIM Architects USA

KUBIK & NEMETH SLOVAKIA

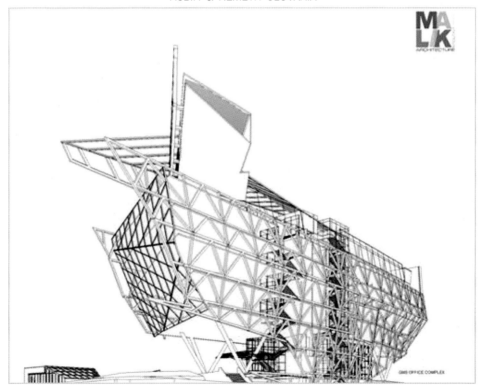

ARCHITECT MALIK INDIA

ARCHITECT MALIK INDIA

EMPYREAN International, LCC

MARTINEZ + CUTRI USA

Revit 랜더링 이미지

Max 랜더링 이미지 - 아파트 실내 뷰

실내 인테리어 이미지

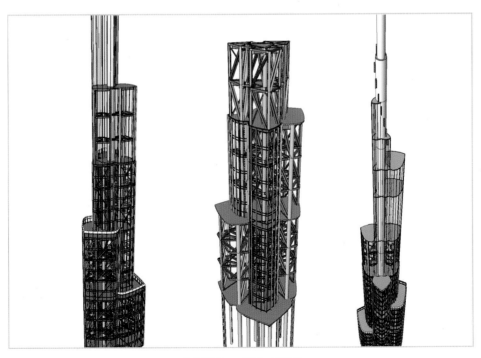

○○건설 - 버즈 두바이

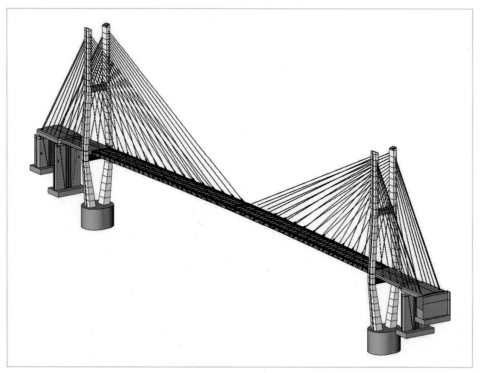

○○대교

PART

01

AUTODESK REVIT

개 요

S·T·E·P 01 개념도

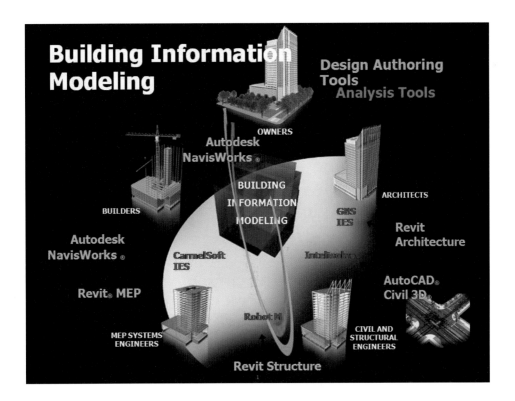

S·T·E·P **02** 주요 개념 및 용어

1) 빌딩 정보 모델링(Building Information Modeling)

Revit Architecture는 BIM 프로그램입니다. CAD가 도면의 '도형 요소(선, 원 등)'를 작업하는 것이라면, '도형'은 물론 건축요소가 가지고 있는 모든 건축, 구조, 설비의 '비도형 요소'까지 포함하는 것을 BIM이라고 합니다.

2) 빌딩 정보 모델링(BIM)의 정의

건축물에 대한 모든 정보를 말합니다. 빌딩 정보 모델링은 건물 디자인(도형 정보)과 문서(비도형)가 하나의 데이터베이스로 결합되는 것을 말하며, 이러한 데이터베이스를 통해 건축물의 시공과 관리를 가능하게 하는 하나의 디지털화된 데이터베이스입니다.

3) 파라메트릭(매개변수) 기법의 모델링

Revit Architecture는 '파라메트릭 모델링 기법'을 지원합니다. 파라메트릭 모델링이란 객체 간의 관계 성립 조건을 지정하고, 그 조건에 따라 작동하게 하는 모델링 방법입니다. 따라서 객체지향 기능도 가집니다. Revit Architecture의 기능으로 설명하자면, 건물의 레벨과 벽의 높이를 연결시키면 레벨의 값이 변경될 때 벽의 높이도 자동으로 변경됩니다. 이런 기능으로 '층고'의 변경이 있을 때, 레벨의 수정만으로 층의 벽 높이를 모두 수정할 수 있게 되는 것입니다. 더 나아가 창의 헤드 높이를 벽의 상단에서 일정 간격이 되도록 '구속조건'을 부여하면 창의 높이까지도 자동으로 변경됩니다.

4) 양방향 호환성

Revit Architecture는 하나의 데이터에 한 건물의 모든 정보를 넣고 각 도면 간의 유기적인 관계를 유지하고 있습니다. Revit Architecture는 건축물을 이곳저곳을 잘라 원하는 뷰(평면, 입면, 단면, 상세도)를 추출하는 방식입니다. 따라서 Revit Architecture는 각 뷰의 양방향 호환성을 가집니다. 건물의 어느 한 부분이 수정되면 어떤 뷰에서도 연관된 부분이 바로 반영됩니다. 그래서 설계 수정에 따른 시간과 설계 오류를 줄일 수 있습니다.

5) 파라메트릭 모델러의 요소 동작

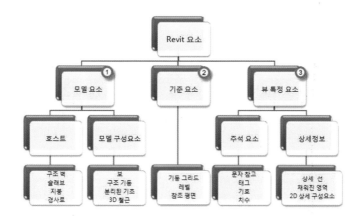

① 모델 요소는 건물의 실제 3D 형상을 나타내며 모델의 관련 뷰에 표시됩니다.

예를 들면 벽, 창, 문 및 지붕은 모델 요소입니다.

② 기준 요소는 프로젝트 컨텍스트를 정의하는 데 도움이 됩니다.

예를 들면 그리드, 레벨 및 참조 평면은 기준 요소입니다.

③ 뷰 특정 요소는 배치된 뷰에만 표시됩니다. 이 요소는 모델을 설명하거나 문서화하는 데 도움이 됩니다.

예를 들면, 태그 및 2D 상세 구성요소는 뷰 특정 요소입니다.

6) Revit Architecture 용어 이해하기

① 프로젝트

Revit Architecture에서 프로젝트는 설계에 대한 단일 정보 데이터베이스인 건물 정보 모델을 말합니다. 프로젝트 파일에는 형상에서 구성 데이터에 이르기까지 건물 설계에 대한 모든 정보가 포함됩니다. 모델 설계에 사용된 구성요소, 프로젝트 뷰, 설계 도면 등이 정보를 구성합니다.

② 레벨

레벨은 지붕, 바닥, 천장 같은 레벨 호스트 요소에 대한 참조 역할을 하는 무한 수평 기준면입니다. 대부분의 경우 레벨을 사용하여 건물 내에 수직 높이나 층을 정의할 수 있습니다.

③ 요소

프로젝트 작성 시 Revit Architecture 파라메트릭 건물 요소를 설계에 추가합니다. Revit Architecture는 카테고리, 패밀리 및 유형별로 요소를 분류합니다.

S·T·E·P 03 > Revit 제품군 소개

1) Revit Architecture

- 건축 설계 및 인테리어 분야에서 사용
- 구조기둥, 구조벽, 가새 등 약간의 Revit Structure 기능 포함

2) Revit Structure

- 구조기둥, 구조벽, 가새 등 건물이 구조 부분을 작성하기 위한 기능
- 구조에서 데이터를 불러와 그 데이터를 기반으로 자동으로 모델링되는 기능 포함

3) Revit MEP

- 공조설비, 전기설비, 소방설비, 배관 등 건축설비 설계용
- 약간의 Revit Architecture 기능 포함

S·T·E·P 04 〉 시스템 요구사항

■ 기본 시스템 사양

- **OS** : Windows® XP Home, Professional 및 TabletPC(SP1 또는 SP2)

  Windows XP Professional x64 Edition

  Windows Vista® 32비트(Business, Premium 및 Ultimate)

  Windows Vista 64 비트(Business, Premium 및 Ultimate) Microsoft® Internet Explorer® 6.0 SP1 이상

- **CPU** : Intel® Pentium® 4 1.4 GHz 또는 동급 AMD Athlon® 프로세서
- **RAM** : 1GB
- **HDD** : 3GB 여유 디스크 공간

■ 권장 시스템 사항

- **OS** : Windows XP Professional SP2 이상

  Windows XP Professional x64 Edition

  Microsoft® Internet Explorer® 6.0 SP1 이상

- **CPU** : IntelTM Core® 2 Duo 2.40GHz 또는 동급 AMD Athlon® 프로세서
- **RAM** : 4GB
- **HDD** : 5GB 여유 디스크 공간
- **VGA** : OpenGL 1.3 이상 하드웨어 지원을 포함하는 전용 비디오 카드

S·T·E·P 05 ▶ Revit Architecture 트라이얼 버전 설치

1) 레빗 설치 관리자 실행하기

동봉된 DVD를 DVD-ROM에 삽입하면 아래와 같은 설치 관리자가 실행됩니다.

*자동으로 실행되지 않을 경우 윈도우 탐색기로 DVD드라이브를 열어 루트디렉토리의 setup.exe를 클릭합니다.

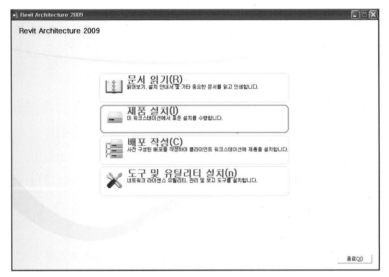

2) 레빗 설치하기

① 제품 설치를 클릭합니다.

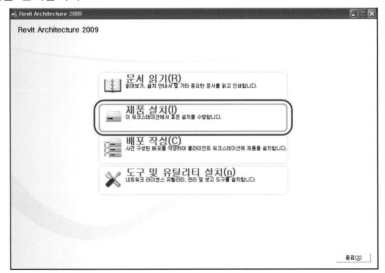

② 설치 마법사 시작 화면에서 다음을 클릭합니다.

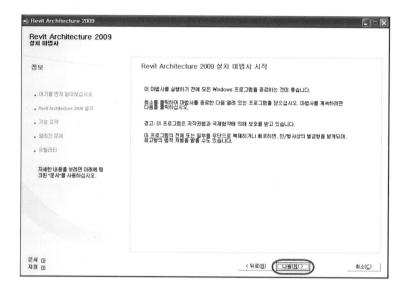

③ Revit Architecture 2009를 선택하고 다음을 클릭합니다.

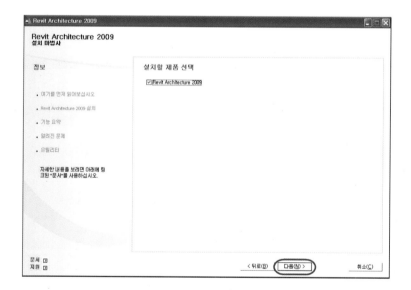

④ 국가 또는 지역을 선택합니다. 라이센스 계약서를 읽은 다음 설치를 계속하려면 '승낙'을 선택한
   후 다음을 클릭합니다.

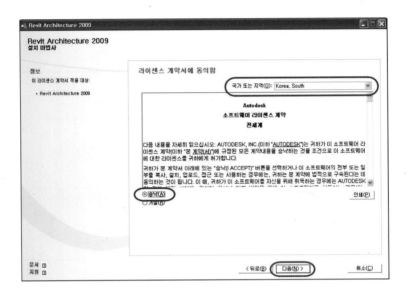

⑤ 이 화면에서는 사전 설정된 설치 구성을 그대로 적용하거나 설치를 구성할 수 있습니다. 본
   교재에서는 사전 설정된 설치 구성대로 설치를 수행합니다. 설치를 클릭합니다.

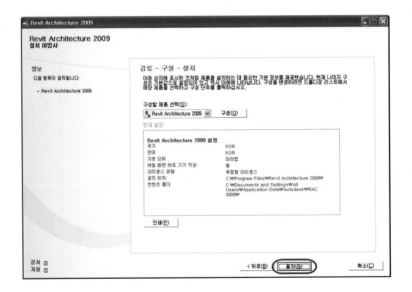

⑥ Revit Architecture 2009 설치가 시작됩니다.

⑦ 설치가 끝나면 마침을 클릭합니다.

MEMO...

_____

_____

_____

_____

_____

_____

Revit 인터페이스 및 작업준비

S·T·E·P 01 Revit Architecture 시작

Revit Architecture를 실행합니다.

❶ 바탕화면의 Revit Architecture 아이콘을 더블 클릭합니다.

❷ 시작 ▶ 프로그램(P) ▶ Autodesk ▶ Revit Architecture 2009 ▶ Revit Architecture 2009 를 선택합니다.

S·T·E·P 02 ▶ Revit 실행화면

❶ 프로젝트나 패밀리를 새로 작성하거나 작성된 파일을 찾아 작업을 신속하게 시작할 수 있도록 구성되어 있습니다.

❷ Revit Architecture의 새로운 기능 워크샵, 튜토리얼, 도움말을 제공하고 프로젝트에 사용되는 패밀리와 템플릿 파일을 다운받을 수 있는 Revit 웹 컨텐츠 라이브러리와 Revit 제품 홈페이지가 링크되어 있습니다.

참고 먼저 Revit 인터페이스에 대해 알아보기 위해 좌측 상단에 있는 □(새로 만들기)를 누르거나 Ctrl + N 키를 눌러 넘어갑니다.

S·T·E·P 03 Revit 인터페이스

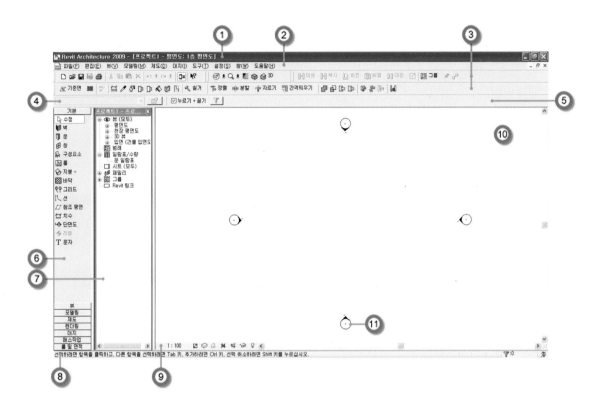

❶ 제목막대　　　❷ 메뉴막대　　　❸ 도구막대　　　❹ 유형 선택기 & 특성버튼

❺ 옵션막대　　　❻ 설계막대　　　❼ 프로젝트 탐색기　　❽ 상태막대

❾ 뷰 조절막대　　❿ 도면영역　　　⓫ 입면 표시기

① 제목막대

현재 열려 있는 프로젝트 파일명과 뷰 이름이 표시됩니다.

② 메뉴막대

파일, 편집, 뷰, 모델링 등 11개의 표준 메뉴로 구성되어있습니다.

③ 도구막대

일반 명령 아이콘을 모아 둔 도구막대는 표준, 뷰, 편집, 도구, 작업세트, 설계 옵션 그룹으로 구성
되어 있습니다.

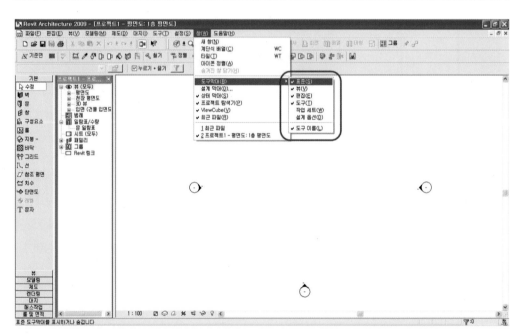

- **표준** : 새로 만들기, 열기, 저장, 잘라내기, 복사, 붙여넣기, 실행취소 및 재실행과 같은 파일관리
  및 편집작업
- **뷰** : 확대 보기, 가는 선 및 매스 표시와 같은 프로젝트 뷰 변경작업
- **편집** : 이동, 회전, 크기 조정 및 그룹과 같은 요소 조작작업
- **도구** : 측정, 은선 보이기 및 형상 결합과 같은 설계 작성 및 변경작업
- **작업세트** : 프로젝트를 공유하는 경우 활성작업세트 설정 및 편집 요청 처리와 같은 작업세트
  정의 및 관리
- **설계 옵션** : 활성 옵션 설정, 옵션 추가 및 제거와 같이 설계에 대한 여러 옵션 정의 및 관리

참고 메뉴막대의 창(W) 메뉴에는 도구막대는 물론 설계막대, 상태막대, 프로젝트 탐색기 등 도구 및
창의 가시성을 제어할 수 있습니다.

④ 유형 선택기 & 특성버튼

유형 선택기는 선택한 요소에 대하여 다른 유형을 검색, 선택할 수 있습니다.

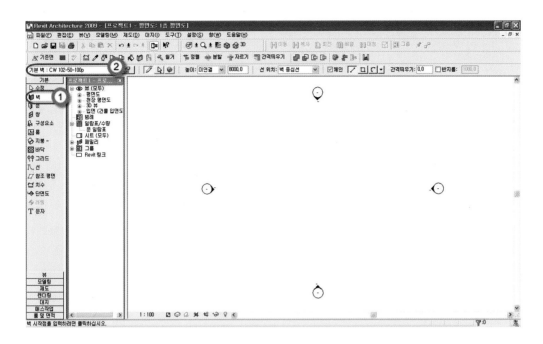

그리고 특성버튼을 통해 선택한 유형의 특성을 제어할 수 있습니다.

⑤ 옵션막대

선택한 요소 및 명령에 대하여 옵션을 지정합니다.

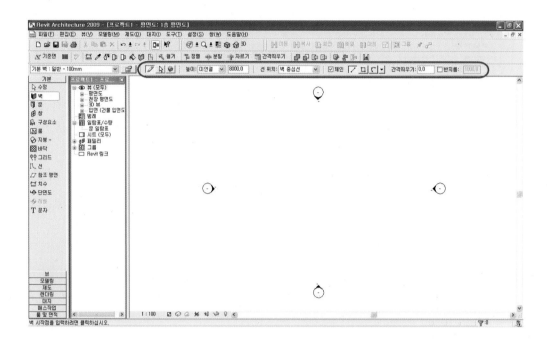

⑥ 설계막대

프로젝트 작업에 필요한 요소들을 기능별로 그룹화시킨 10개의 탭으로 구성되어 있습니다.

- **기본탭** : 대부분의 기본 건물 모델 구성요소를 작성하기 위한 명령
- **뷰탭** : 프로젝트에 다른 뷰를 작성하기 위한 명령
- **모델링 탭** : 모델 요소를 작성하기 위한 명령
- **제도 탭** : 시방서에 대해 주석 기호를 추가하고 시트 상세정보를 작성하기 위한 명령
- **랜더링 탭** : 렌더된 이미지를 작성하기 위한 명령
- **대지 탭** : 대지 구성요소를 추가하고 대지 평면도를 생성하기 위한 명령
- **매스 작업 탭** : 매스와 관련된 개념 설계를 작성하기 위한 명령
- **룸 및 면적 탭** : 룸 및 면적의 구성 및 평면도를 만들기 위한 명령
- **구조 탭** : 프로젝트에 구조 구성요소를 추가하기 위한 명령
- **구성 탭** : 건설산업정보를 작성하기 위한 명령

자주 사용하는 명령이 탭에 포함되어 있으며 이 명령은 메뉴막대에서도 사용할 수 있습니다.

참고 도구막대와 같이 설계막대에서도 같은 방법으로 탭에 대한 가시성을 제어할 수 있습니다.
❶ 방법과 ❷ 방법으로 제어 가능합니다.

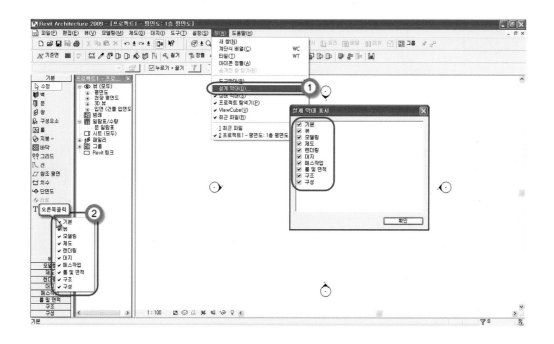

⑦ 프로젝트 탐색기

프로젝트 탐색기(도구막대의 [아이콘])에서는 프로젝트의 뷰, 일람표, 시트. 패밀리 및 그룹을 신속하게 관리할 수 있습니다.

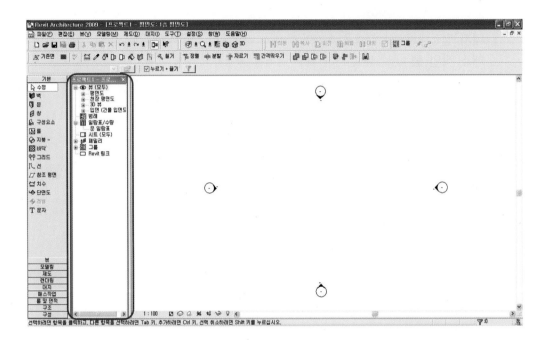

- ☻ **뷰, 패밀리 및 그룹 추가/삭제 이름 바꾸기** : 뷰 이름을 마우스 오른쪽 클릭
- ☻ **탐색기 리스트 확장/축소** : ⊞/⊟클릭 또는 뷰 이름 더블 클릭
- ☻ **뷰 열기** : 뷰 이름 두 번 클릭
- ☻ **뷰를 시트에 넣기** : 끌어다 놓기 기능이 있어서 뷰의 평면도, 입면도, 3D뷰를 시트에 넣을 수 있습니다.

⑧ 상태막대

마우스를 요소, 명령 아이콘 등 위에 올려놓거나 누르면 요소에 대한 정보나 다음에 수행해야 하는 명령에 대해 설명이 나타납니다.

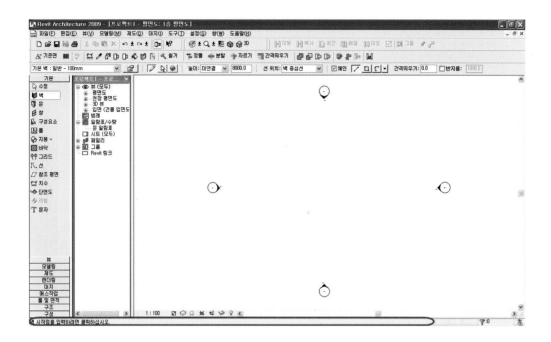

⑨ 뷰 조절막대

뷰에 대하여 축척, 상세 수준, 모델 그래픽 스타일, 그림자 켜기/끄기, 랜더링 대화상자 표시/숨기기(3D 뷰), 자르기 영역 켜기/끄기, 자르기 영역 표시/숨기기, 임시 숨기기/분리, 숨겨진 요소 표시를 제어할 수 있습니다.

- **축척** : 프로젝트의 각 뷰에 축척을 지정합니다.
- **상세 수준** : 뷰 축척에 기반하여 새로 작성된 뷰의 상세 수준(높음, 중간 또는 낮음)을 설정합니다.
- **모델 그래픽** 스타일 : 와이어프레임, 은선, 음영, 모서리 음영으로 표현합니다.
- **그림자 켜기/끄기** : 그림자를 켜고 끌 수 있으며, 고급 모델 그래픽 옵션으로 태양, 그림자, 모서리(실루엣 스타일)의 값을 설정합니다.
- **랜더링 대화상자 표시/숨기기(3D 뷰)** : 랜더링 옵션 창을 표시/숨기기를 합니다.
- **자르기 영역 켜기/끄기** : 필요에 따라 주석 및 모델 자르기 했던 뷰 영역을 켜고 끕니다.
- **자르기 영역 표시/숨기기** : 필요에 따라 주석 및 모델 자르기 했던 뷰 영역을 표시하거나 숨깁니다.
- **임시 숨기기/분리** : 요소 또는 요소 카테고리를 임시로 숨기거나 분리합니다.
- **숨겨진 요소 표시** : 도면영역과 숨겨진 요소 표시 아이콘이 자홍색 경계로 표시되어 숨겨진 요소를 표시합니다.

⑩ 도면영역

도면영역에는 현재 프로젝트의 뷰가 표시되고 프로젝트에서 뷰를 열 때마다 열었던 뷰 위로 열리게 됩니다.

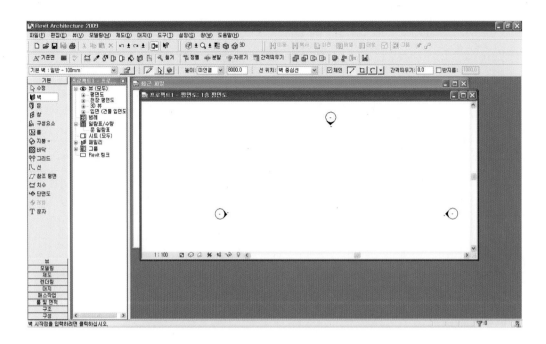

참고 도면영역의 배경색을 전환할 수 있습니다.

설정메뉴 ▶ 옵션, 옵션 대화 상자에서 그래픽 탭을 클릭 배경색 반전 옵션을 선택하거나 선택 취소합니다.

⑪ 입면 표시기

도면영역에서 동, 서, 남, 북의 입면을 나타냅니다. 추가 또는 제거가 가능하며 입면 방향을 바꿀수 있습니다. 반드시 작업물은 입면 표시기 영역 안에 들어와야 합니다.

S·T·E·P 04 ▶ Revit 인터페이스 기본사항

1) 도면영역 탐색

① 영역 확대/축소

확대/축소할 도면영역 위로 커서를 이동하고 마우스 휠을 위/아래로 굴리거나, 설계막대에서 `수정` 클릭하고 도면영역에서 `Ctrl`+마우스 휠 누르고 위/아래 이동합니다.

또는 확대는 `Z R`(영역확대) 키를 누르고 마우스로 영역범위 지정, 축소는 `Z O`(1/2배 축소보기), `Z F`(창에 맞게 줌), `Z A`(창에 맞게 전체 줌) 키를 누릅니다.

② 3D 도면 회전 또는 궤도를 그리며 회전

3D 뷰에서 `Shift`+마우스 휠 누르며 회전할 방향으로 끌기합니다.

③ 도면영역에서 초점이동

도면영역에서 마우스 휠을 누른 상태에서 이동합니다.

④ 탐색도구

2D 및 3D 뷰를 탐색하는 데 사용할 수 있는 탐색도구로 이전 버전에서는 다이내믹 뷰 도구가 있었습니다. Revit Architecture 2009에서는 다이내믹 뷰 도구를 대치하며 ViewCube와 SteeringWheels가 추가되었습니다.

SteeingWheels 도구는 단일 위치에서 다양한 2D와 3D 탐색도구에 액세스할 수 있는 추적 메뉴입니다. 마우스를 도구 위 명령에 놓고 클릭한 상태에서 드래그하여 조작할 수 있습니다. 2D 뷰와 3D뷰에 따라 메뉴가 달라집니다.

도구막대의 (2D), (3D)를 클릭하거나 `F8`키를 누르면 탐색도구가 활성화되고, 도구의 (끄기), (옵션)을 눌러서 도구에 대하여 제어가 가능합니다.

3D 뷰를 첫 번째 열 때 마우스를 SteeringWheels 도구 위에 대면 도구에 관한 기능을 안내받을 수 있습니다.

ViewCube는 모델의 현재 방향을 나타내며 관측점을 조정할 수 있도록 하는 3D 탐색 도구입니다. 🏠를 클릭하면 본래의 시점으로 돌아갑니다. 도구 위에서 오른쪽 클릭하면 도구에 대한 옵션을 설정할 수 있습니다.

2) 요소 선택의 기본사항

① 원하는 요소 선택하기

여러 요소가 서로 매우 가깝거나 다른 요소 위에 있는 경우 마우스를 요소 위에 놓고 상태막대에 원하는 요소 이름이 나타날 때까지 [Tab] 키를 누르다가 마우스로 클릭합니다.

② 요소 선택 추가하기

설계막대에서 [🔓 수정] 선택 ▶ [Ctrl]+요소 클릭

참고 반대로 요소 선택 취소하기 [Shift]+요소 클릭

③ 이전에 선택한 요소 다시 선택하기

[Ctrl]+[←](왼쪽 방향키)를 누릅니다.

④ 같은 특성 유형의 요소 모두 선택하기

하나의 특성 유형을 선택하고 [S][A]를 누릅니다. 또는 요소 선택하고 오른쪽 클릭

▶ 모든 인스턴스(instance) 선택(A)

⑤ 여러 유형 속에서 원하는 요소 모두 선택

마우스로 드래그하여 여러 유형을 선택하고 옵션막대에서 [▽](필터 선택)을 선택 → 원하는 유형 요소만 선택하고 확인

참고 유형 요소를 선택하면 상태막대(우측 하단)에 선택된 개수가 표시됩니다. ▽:6

3) 요소 변경의 기본사항

① 요소 이동

요소를 도구막대에 있는 [↦ 이동][↦ 복사][🔄 회전][⫴⫴ 배열][⫴ 대칭] 편집 도구로 이동시킵니다.

② 요소 잘라내기, 복사 또는 삭제

도구막대의 [✂ 🖹 📋 ✕] 기본도구로 요소를 선택하고 잘라내기([Ctrl]+[X]), 복사([Ctrl]+[C]), 붙여넣기([Ctrl]+[V]) 및 삭제([Del])할 수 있습니다.

③ 최근 작업 실행취소

도구막대의 ↰⬇ (실행취소) 아이콘을 누르거나 Ctrl + Z 를 누릅니다.

참고 반대로 ↱⬇ (재실행) 또는 Ctrl + Y

④ 요소 모양 또는 크기 변경

편집 도구막대에 있는 ↗ (크기 변경 명령)이나 요소를 선택하고 ⌐끌기 컨트롤(파란색 점) 및 모양 핸들을 사용하여 모양이나 크기를 변경합니다.

⑤ 요소 반전

벽, 문, 창 등 요소를 선택하고 스페이스바를 누르거나 ⇕ (반전 컨트롤)을 클릭하면 문 스윙 반전, 데스크 회전, 창 또는 복합 벽의 방향을 변경할 수 있습니다.

⑥ 요소의 특성 변경

유형요소를 선택하고 오른쪽 클릭 ▶ 요소 **특성(P)**... 클릭

참고 요소를 선택 후 오른쪽 클릭하면 상황에 맞는 옵션 리스트를 볼 수 있습니다.

⑦ 명령 종료하기

Esc 키를 두 번 누르거나 설계막대의 � 수정 을 누릅니다.

S·T·E·P **05** ▶ Revit 파일 저장하기

도구막대의 🖫(저장)을 누르거나

단축키 ⌨️ Ctrl + ⌨️ S 또는 파일(F) ▶ 저장(S) 을 누릅니다.

S·T·E·P **06** Revit 파일 닫기

파일(<u>F</u>) ▶ 닫기(<u>C</u>) 를 누릅니다.

프로젝트 파일의 변경사항을 저장하지 않고 닫을 때 저장을 묻는 경우

예(<u>Y</u>) : 변경사항 저장 후 닫기

아니오(<u>N</u>) : 변경사항 저장하지 않고 닫기

취소 : 닫기를 취소하고 열려 있는 프로젝트로 돌아가기

S·T·E·P 07 프로젝트 시작

새 프로젝트를 시작하는 방법에는 기본 설정을 사용하여 시작하는 것과 템플릿을 사용하여 시작하는 방법이 있습니다.

1) 프로젝트 정의

Revit Architecture에서 프로젝트는 설계에 대한 단일 정보 데이터베이스인 건물 정보 모델을 말합니다. 프로젝트 파일에는 형상에서 시공 데이터에 이르기까지 건물 설계에 대한 모든 정보를 포함합니다. 모델 설계에 사용된 구성요소, 프로젝트, 뷰, 설계 도면 등의 정보로 구성되어 있으며, Revit Architecture는 단일 프로젝트 파일을 사용하므로 쉽게 설계를 변경하고 이 변경사항을 연관된 모든 영역(평면뷰, 입면뷰, 단면뷰, 일람표 등)에 적용할 수 있습니다. 따라서 한 개의 파일만 추적하면 되므로 프로젝트 관리도 용이합니다.

2) 기본 설정을 사용하여 새 프로젝트 시작

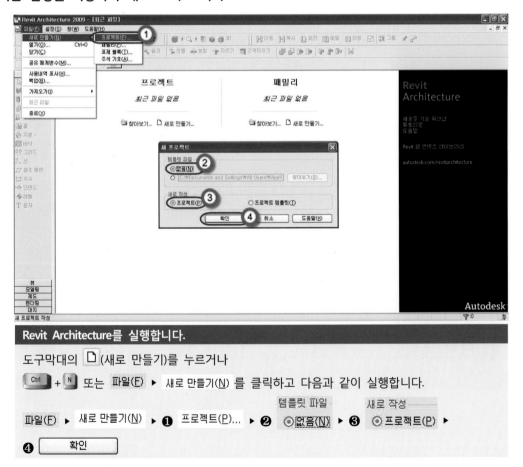

Revit Architecture를 실행합니다.

도구막대의 🗋 (새로 만들기)를 누르거나

Ctrl + N 또는 파일(F) ▶ 새로 만들기(N) 를 클릭하고 다음과 같이 실행합니다.

템플릿 파일   새로 작성

파일(F) ▶ 새로 만들기(N) ▶ ❶ 프로젝트(P)... ▶ ❷ ⊙없음(N) ▶ ❸ ⊙프로젝트(P) ▶

❹ [확인]

3) 템플릿을 사용하여 새 프로젝트 시작

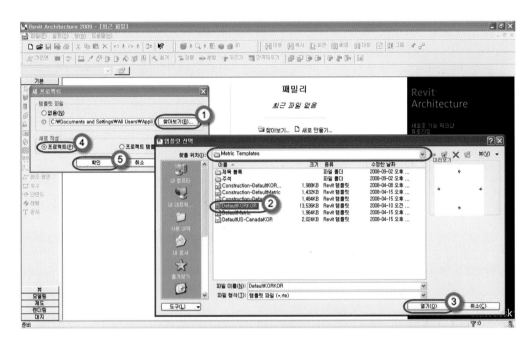

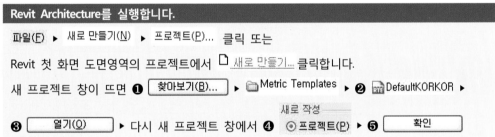

Revit Architecture를 실행합니다.

파일(F) ▶ 새로 만들기(N) ▶ 프로젝트(P)... 클릭 또는

Revit 첫 화면 도면영역의 프로젝트에서 □ 새로 만들기... 클릭합니다.

새 프로젝트 창이 뜨면 ❶ 찾아보기(B)... ▶ 📁Metric Templates ▶ ❷ DefaultKORKOR ▶

새로 작성

❸ 열기(O) ▶ 다시 새 프로젝트 창에서 ❹ ◉ 프로젝트(P) ▶ ❺ 확인

S·T·E·P 08 › 프로젝트 단위 설정

메뉴막대에서

설정(S) ▶ 프로젝트 단위(U)...

단축키 U N 또는 U + Space

프로젝트의 단위를 설정합니다.
길이, 면적, 볼륨(부피), 각도, 경사, 통화 단위를 각각 설정할 수 있을 뿐 아니라 소수점 반올림
자리, 단위 기호 표시 등을 설정할 수 있습니다.

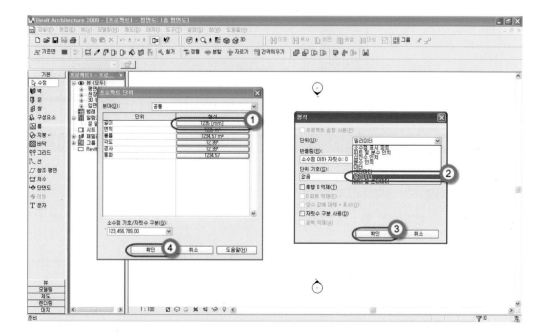

S·T·E·P 09 ⟩ 스냅

메뉴막대에서

설정(S) ▶ 스냅(S)... 클릭

스냅은 AutoCAD에서 객체 스냅(Osnap)과 같은 기능으로 치수스냅과 객체스냅이 있습니다. 스냅은 작업 도중 편의를 위해 모든 스냅 명령에 단축키를 제공합니다.

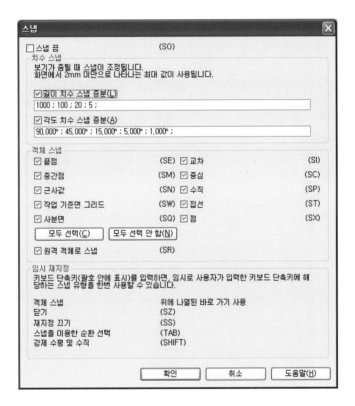

S·T·E·P **10** 레벨

레벨은 지붕, 바닥, 천장 같은 레벨 호스트 요소에 대한 참조역할을 하는 무한 수평 기준면입니다. 대부분의 경우 레벨을 사용하여 건물 내에 수직 높이나 층을 정의할 수 있으며, 건물의 알려진 층이나 다른 필요한 참조(예 : 1층, 벽의 상단, 구조의 하단)에 대해 레벨을 작성합니다. 레벨을 배치하려면 단면뷰 또는 입면뷰가 있어야 합니다.

앞에서 배운 방법으로 새 프로젝트를 시작합니다.
프로젝트 탐색기에서 입면(입면 건물도) ▶
❶ 남측면도 더블 클릭하여 남측면도 입면 뷰를 활성화시킵니다.

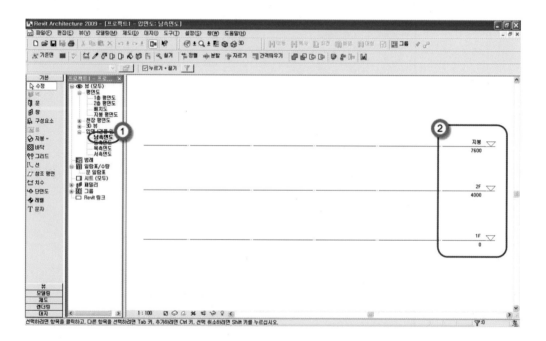

새 프로젝트를 시작하면 기본적으로 ❷ 레벨이 생성되어 있는 것을 볼 수 있습니다.

현재 레벨이 1F, 2F, 지붕 이름으로 되어 있지만 새 프로젝트를 시작할 때 불러 오는 템플릿 형식에 따라 레벨 이름과 형식이 달라질 수 있습니다.

1) 레벨 추가

남측면도 입면 뷰를 활성화시킵니다.

설계막대에서 [기본](또는 [제도]) ▶ ❶ ◈ 레벨 클릭 또는

메뉴막대의 제도(D) ▶ 레벨(L) 클릭합니다.

옵션막대에서 ❷ ✎ ▶ ☑ 평면뷰 만들기 체크 ▶ 선택 도면영역에 기존에 작성되어 있는 레벨 위로 나란히 시작점과 끝점을 클릭하여 ❸레벨을 추가합니다.

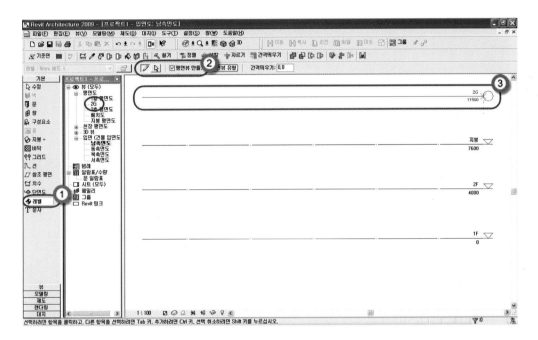

2G 레벨이 작성됨과 동시에 2G 평면 뷰도 작성됨을 프로젝트 탐색기 평면도 뷰에서 확인할 수 있습니다.

2) 레벨 수정

작성된 레벨 높이와 레벨 문자를 수정합니다.

이미 작성된 레벨 높이를 수정하는 방법에는 레벨과 레벨의 간격 값을 입력하는 것과 레벨의 절대 높이 값을 입력하여 수정하는 것이 있습니다.

설계막대의

❶ [🔖 수정] ▶

❷ 레벨을 선택 ▶

❸ 레벨 선을 클릭했을 때 나타나는 치수를 더블 클릭하면 값을 입력하여 수정할 수 있습니다.

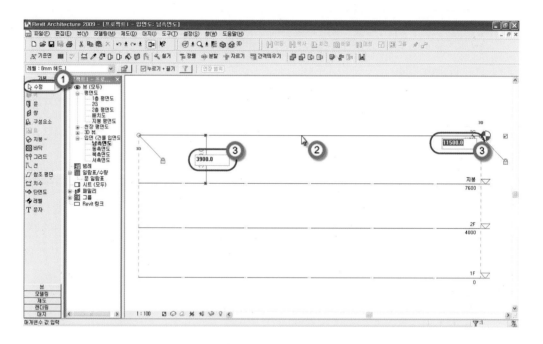

레벨 문자 역시 레벨 선의 우측에 있는 문자를 더블 클릭하면 수정할 수 있습니다.

레벨 문자가 수정되면 프로젝트 탐색기의 평면도, 입면도 뷰에서도 문자가 수정된 것을 알 수 있습니다.

참고 레벨을 표시하는 헤드 유형을 바꿉니다.

앞서 추가한 레벨을 보면 레벨 선 오른쪽에 원으로 된 헤드를 볼 수 있습니다. 레벨 선을 선택하고 유형 선택기에서 [레벨 : 삼각형 헤드 ▾]를 선택합니다.

S·T·E·P 11 ▶ 도면 시트 작성

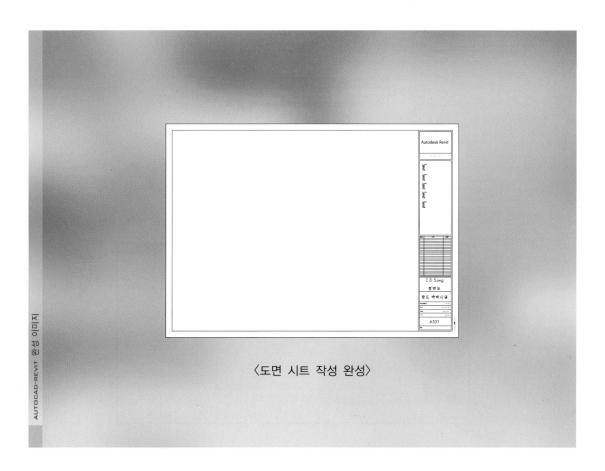

〈도면 시트 작성 완성〉

1) 새 시트 작성

새 시트(A0)를 불러옵니다.

뷰(V) ▸ 새로 만들기(N) ▸ 시트(T)... 를 선택합니다.

표제 블록 선택 상자가 나오면 A0 미터법 표제 블록을 불러옵니다.

❶ 로드(L)... ▸   ❷ 📁 Metric Library ▸

❸ 📁 제목 블록 ▸   ❹ 📄 A0 미터법 ▸

❺ 열기(O) ▸   ❻ 확인

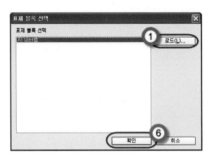

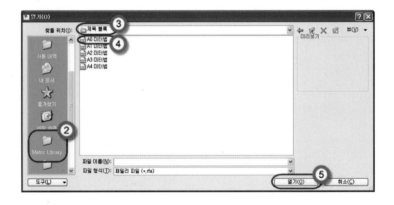

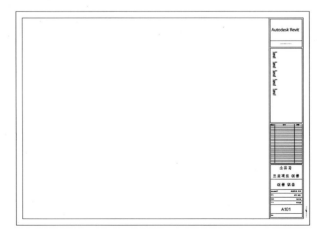

2) 시트 특정 정보 입력

시트에 직접 정보를 입력합니다.

도면영역에 열려진 시트에 특정 정보를 입력하기 위해 정보 입력란을 확대합니다.
도면 시트를 선택하면 파란색 글자와 빨간색 글자가 구분이 되는데 여기서 파란색 글자만 입력이 가능합니다. 파란색 글자를 ❶ 더블 클릭하여 특정 정보를 입력합니다.

특정 정보 입력을 완료하고 프로젝트 탐색기를 보면 'A101 - 평면도'라는 이름으로 시트가 생성된 것을 볼 수 있습니다.

REVIT ARCHITECTURE

① **프로젝트 정보 입력**

프로젝트 특정 정보 입력은 앞에서와 같이 시트에 직접 입력하거나 표제 블록의 요소 특성 에서 입력할 수 있고 시트 이름 및 시트 번호는 프로젝트 탐색기의 시트에서 입력할 수도 있습니다.

설정(S) ▶ 프로젝트 정보(J)... 를 선택합니다.

요소 특성 대화상자에서 ❶ 프로젝트 정보를 입력합니다.

② **시트 이름과 번호 입력**

프로젝트 탐색기에서 ⊞ ☐ 시트 (모두) ▶ A101 - 이름 없음 ❶ 오른쪽 클릭

▶ 이름 바꾸기(R)... 를 선택합니다.

시트 제목 대화상자에서 시트 이름과 번호를 입력합니다.

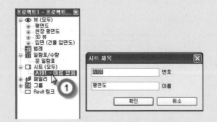

객체를 이용한 모델링 작성

[01] 주택 프로젝트 작성하기

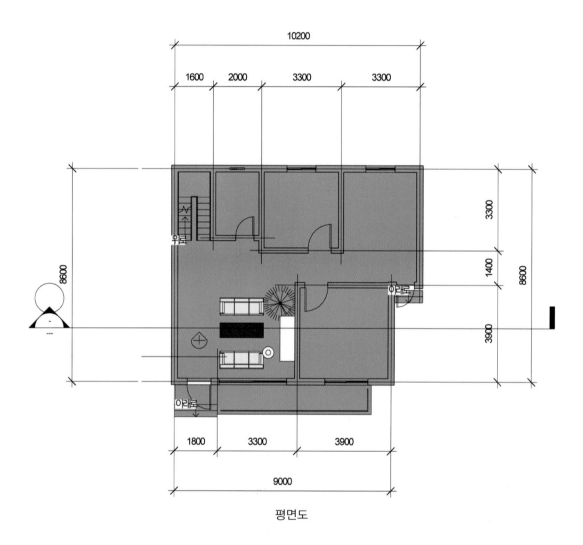

평면도

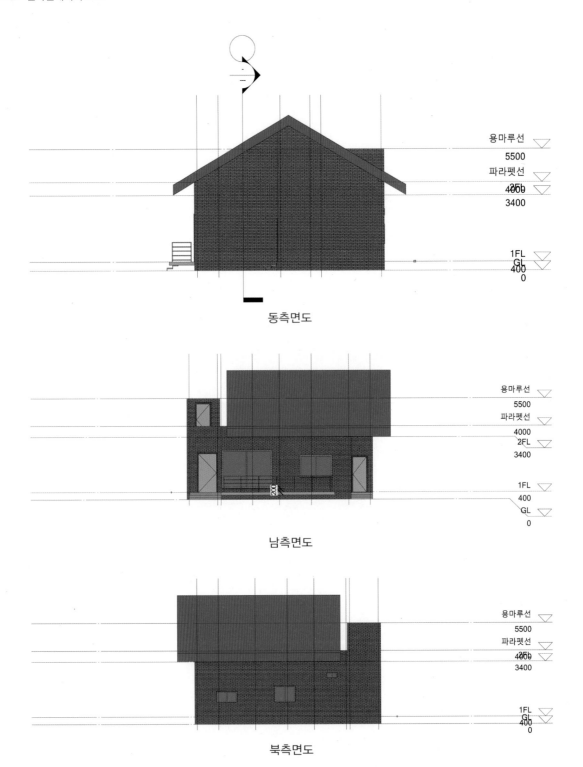

용마루선 ▽
5500
파라펫선 ▽
4000 ▽
3400

1FL ▽
GL
400
0

동측면도

용마루선 ▽
5500
파라펫선 ▽
4000
2FL ▽
3400

1FL ▽
400
GL ▽
0

남측면도

용마루선 ▽
5500
파라펫선 ▽
4000 ▽
3400

1FL ▽
GL
400
0

북측면도

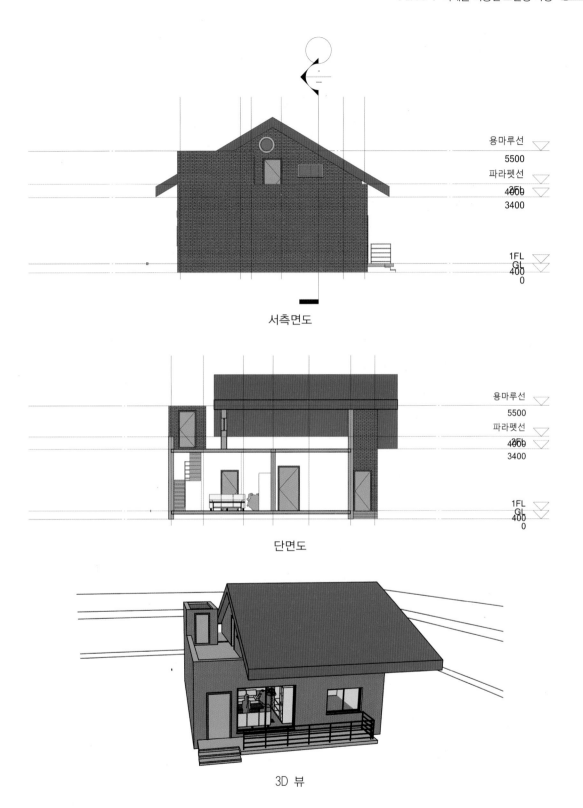

용마루선

5500

파라펫선

4000

3400

1FL
GL
400
0

서측면도

용마루선

5500

파라펫선

4000

3400

1FL
GL
400
0

단면도

3D 뷰

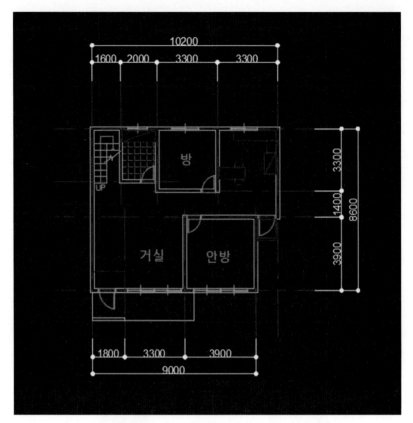

평면도

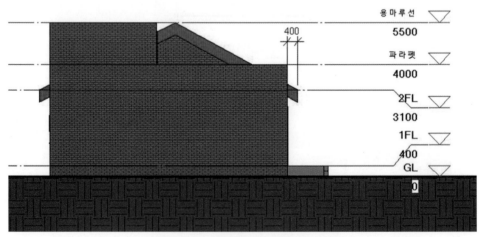

입면도

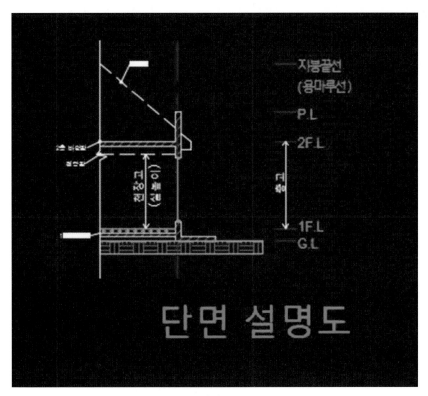

단면도

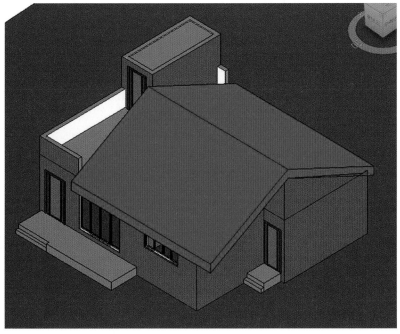

3D 뷰

S·T·E·P 01 프로젝트 시작

1) 새 프로젝트 시작

Revit Architecture를 실행합니다.

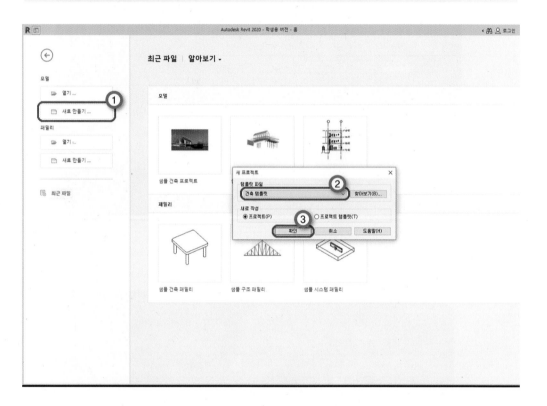

📂 새로 만들기 ... ▶ 건축 템플릿 ▶ 확인 을 클릭합니다.

새 프로젝트 창이 뜨면 Revit을 시작합니다.

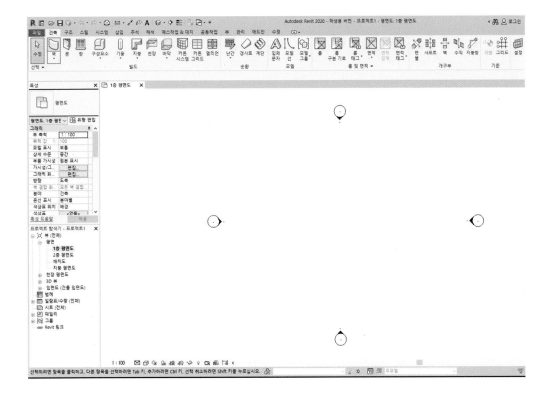

S·T·E·P **02** 레벨 작성

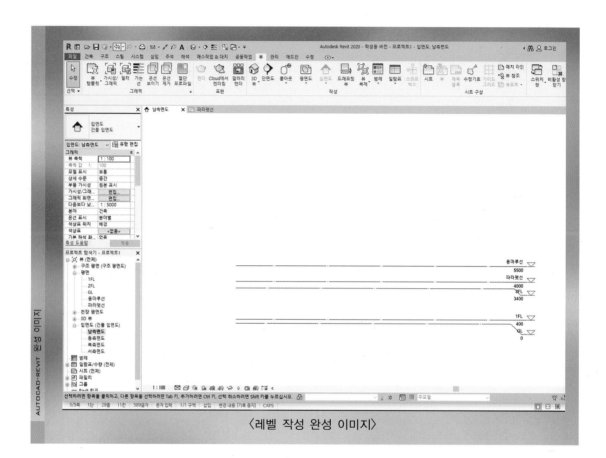

〈레벨 작성 완성 이미지〉

1) 레벨 작성

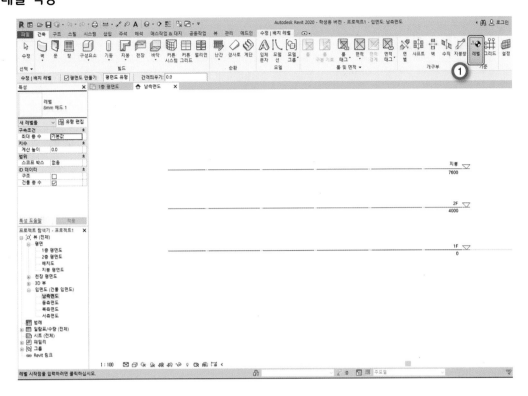

❶ 레벨(건축 ▶ 기준)을 클릭합니다.

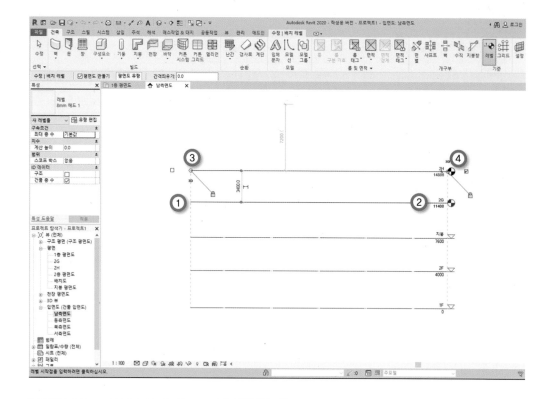

바탕 화면에서 ❶ ▶ ❷ ▶ ❸ ▶ ❹를 순서대로 클릭합니다.

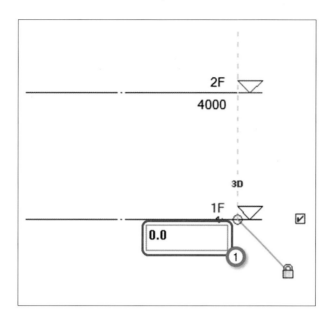

❶ 층고(숫자) 부분을 더블 클릭합니다. 층고에 해당하는 높이 값을 입력하고 엔터를 누릅니다.

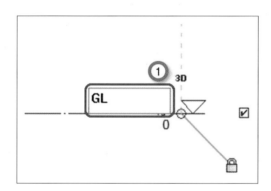

❶ 이름 부분을 더블 클릭합니다. 해당 층(뷰) 이름을 입력하고 엔터를 누릅니다.

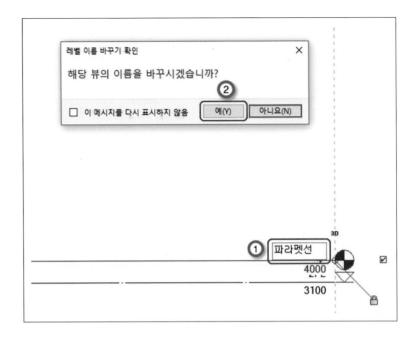

❶ 이름 부분을 더블 클릭합니다. 해당 층(뷰) 이름을 입력합니다.
❷ 레벨 이름 바꾸기 확인 창이 뜨면   예(Y)   를 클릭합니다.

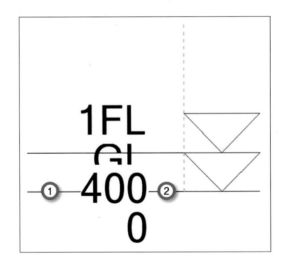

❶ 대상 레벨을 선택합니다.
❷ 엘보 추가를 클릭합니다.

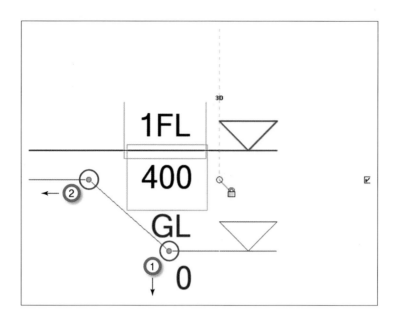

❶을 선택한 후 드래그합니다.
❷를 선택한 후 드래그합니다.

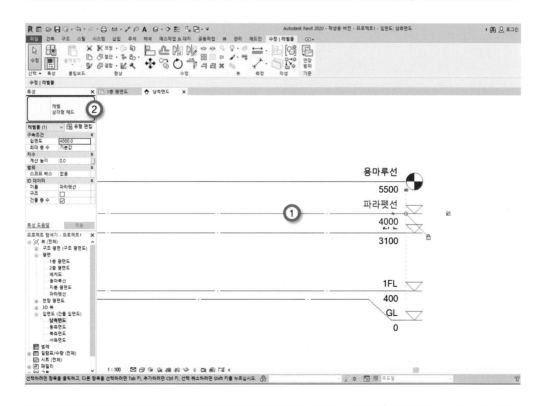

❶ 해당 레벨을 선택합니다.
❷ 레벨 헤드 부분을 클릭하여 삼각형 헤드를 선택합니다.

2) 레벨을 화면과 프로젝트 탐색기에서 동일하게 만들기

레벨은 화면과 프로젝트 탐색기가 동일해야 합니다.

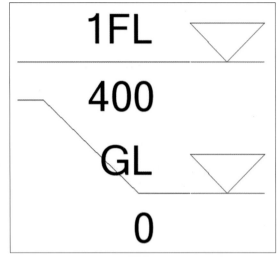

입면화면에 표시된 레벨(도면)이름

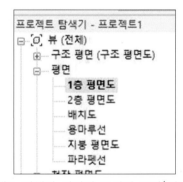

프로젝트 탐색기 화면에 표시된 도면(레벨)이름

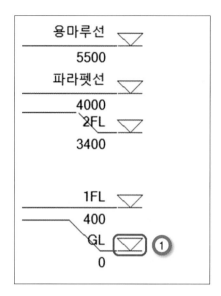

❶을 더블 클릭합니다. 그러면 프로젝트 탐색기에서 진하게 변하는 부분이 생깁니다.

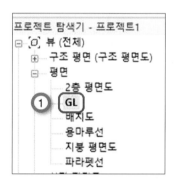

❶을 선택한 후 마우스 오른쪽 버튼 클릭 ▶ 이름 바꾸기 ▶ GL 입력을 순차적으로 반복하여 변경합니다.

S·T·E·P **03** 그리드 작성

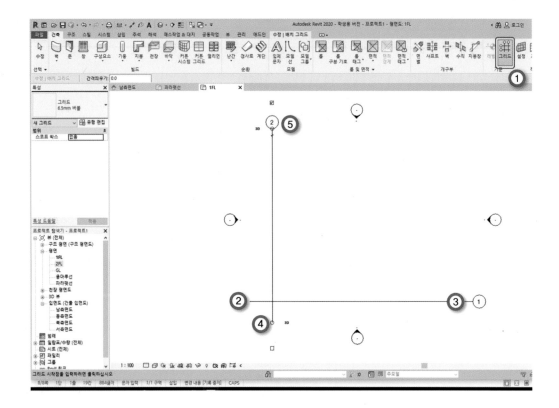

❶ 그리드를 선택(건축 ▸ 기준)합니다.

❷를 클릭 드래그하여 ❸ 지점을 선택합니다(수평 기준).

❹를 클릭 드래그하여 ❺ 지점을 선택합니다(수직 기준).

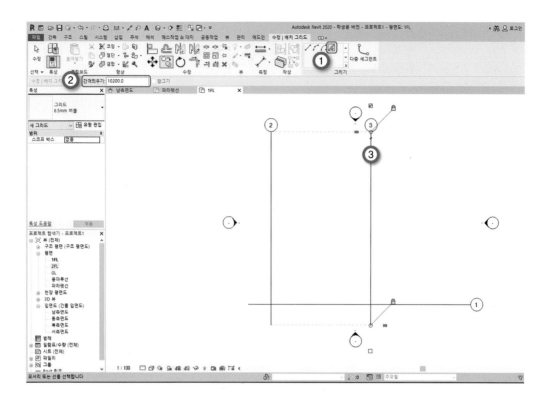

❶ 선을 선택(건축 ▶ 그리드 ▶ 그리기)합니다.
❷ 간격띄우기 거리 값을 입력합니다.
❸ 근처 또는 방향을 선택합니다.

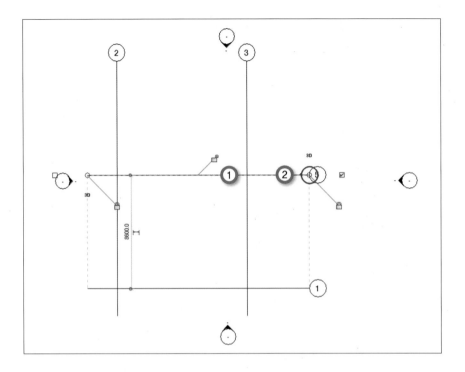

❶을 선택합니다.
❷를 선택한 후 드래그하여 적정한 길이를 작성합니다.

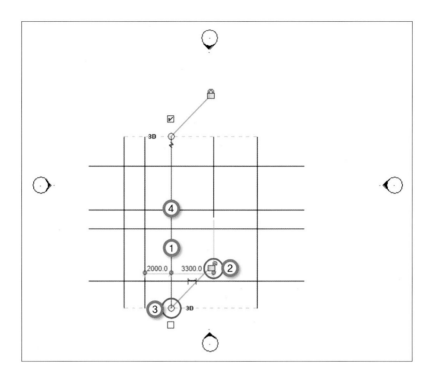

❶ 조정 대상 그리드를 선택합니다.

❷ 열쇠를 엽니다.

❸을 클릭한 후 ❹ 부분(필요한 길이)까지 드래그합니다.

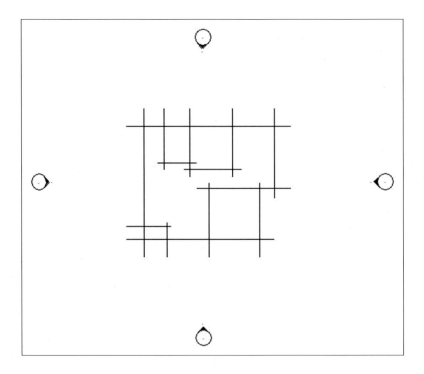

그리드 작성을 완료합니다.

S·T·E·P 04 치수 작성

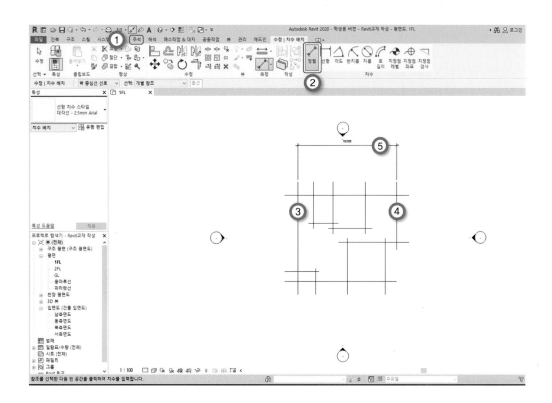

주석 치수 중에서 선택하여 작성합니다.

❶ 주석을 선택합니다.

❷ 정렬을 선택합니다.

❸ 그리드(선)를 선택합니다.

❹ 그리드(선)를 선택합니다.

❺ 치수선이 작성될 위치를 클릭합니다.

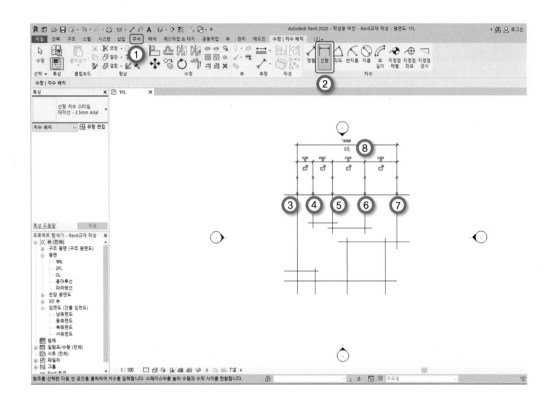

❶ 주석을 선택합니다.

❷ 선형을 선택합니다.

❸ 교차점을 선택합니다.

❹ 교차점을 선택합니다.

❺ 교차점을 선택합니다.

❻ 교차점을 선택합니다.

❼ 교차점을 선택합니다.

❽ 치수선이 작성될 위치를 클릭합니다.

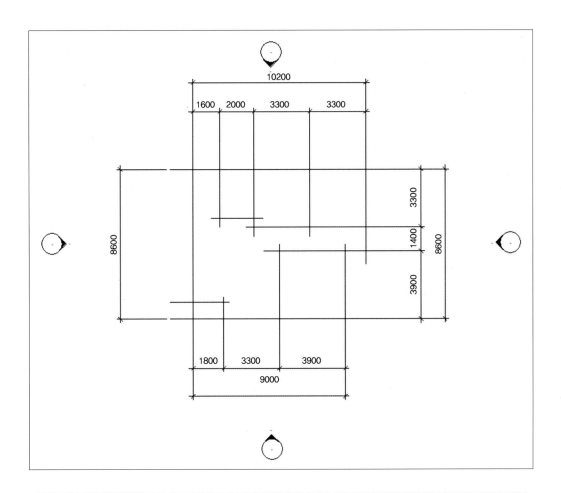

치수 작성을 완료합니다.

S·T·E·P 05 〉 주택 작성

1) 벽 작성

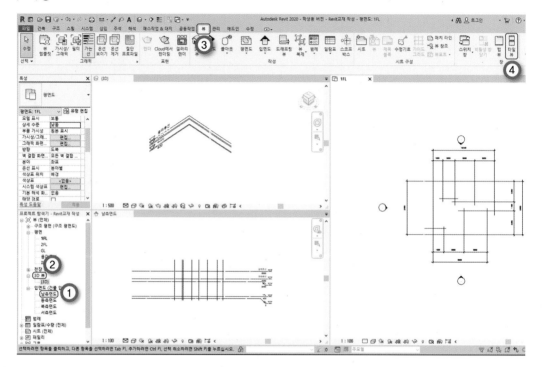

❶ 프로젝트 탐색기 ▶ 입면도 ▶ 남측면도를 클릭합니다.
❷ 프로젝트 탐색기 ▶ 3D 뷰 ▶ 3D를 클릭합니다.
❸ 뷰를 클릭합니다.
❹ 창 ▶ 타일 뷰를 클릭합니다.

❶ 건축을 클릭합니다.
❷ 특성 창 ▶ 사용할 벽을 클릭합니다.
❸ 높이 ▶ 2FL(2층)을 클릭합니다.
벽체를 왼쪽에서 오른쪽 방향으로 작성합니다.

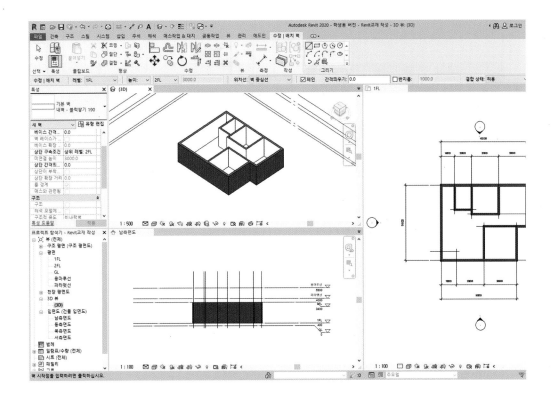

1층 벽체가 완성되었습니다.

2) 문 작성

도면에서 문의 총 개수, 재질 크기를 파악합니다.

- 문의 개수 : 6개
- 문의 재질
  - 현관문 : 스틸(철) 외여닫이문
  - 방문, 화장실 : 목재 외여닫이문
  - 쪽문 : 스틸(철) 외여닫이문
- 문의 크기
  - 현관문 : 폭 1,000 × 높이 2,100
  - 안방문 : 폭 950 × 높이 2,100
  - 방문 : 폭 950 × 높이 2,100
  - 화장실문 : 폭 750 × 높이 1,900
  - 쪽문 : 폭 750 × 높이 1,900

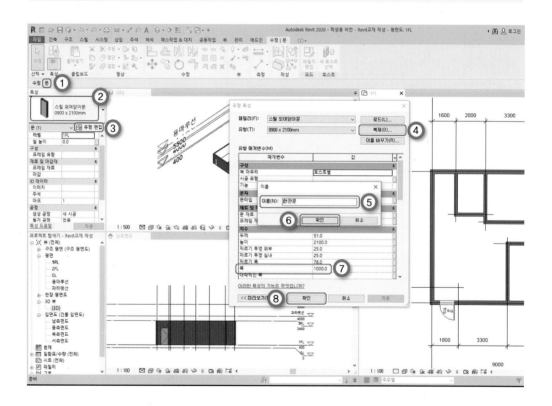

❶ 건축 ▶ 문을 클릭합니다.

❷ 특성 창 검색을 클릭합니다.

❸ 유형 편집을 클릭합니다.

❹ 유형 특성 창 ▶ 복제(D)... 를 클릭합니다.

❺ 이름 창에서 이름을 입력합니다.

❻ 확인 을 클릭합니다.

❼ 유형 특성 창 ▶ 치수 ▶ 폭, 높이 값을 입력합니다.

❽ [확인] 을 클릭합니다.

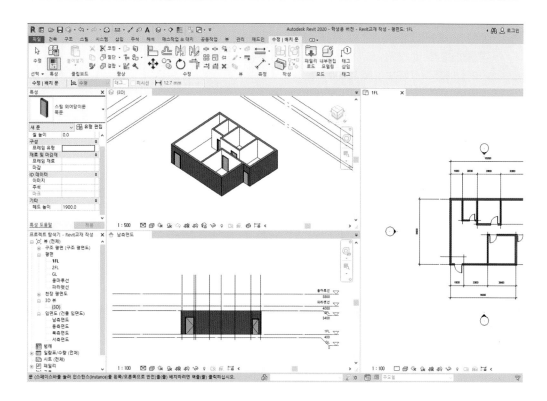

문 작성이 완료되었습니다.

3) 창문 작성

도면에서 창문의 총 개수, 종류 및 크기를 파악합니다.

- 창문의 개수 : 5개
- 창문의 종류 및 크기
  - 거실 창문 : (미닫이) 폭 1,000 × 높이 2,100
  - 안방 창문 : (미닫이) 폭 950 × 높이 2,100
  - 방 창문 : (미닫이) 폭 950 × 높이 2,100
  - 주방 창문 : (미닫이) 폭 950 × 높이 2,100
  - 화장실 창문 : (미닫이) 폭 750 × 높이 1,900

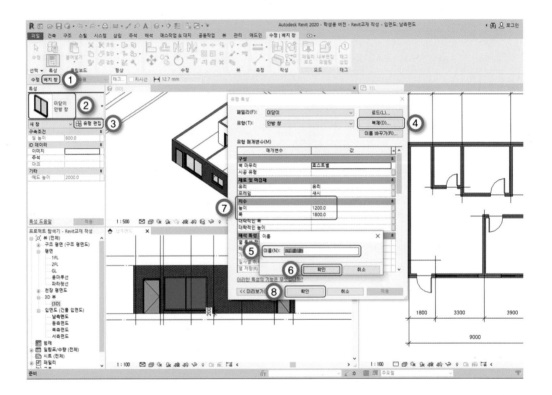

❶ 건축 ▸ 창을 클릭합니다.
❷ 특성 창 검색을 클릭합니다.
❸ 유형 편집을 클릭합니다.
❹ 유형 특성 창 ▸ 복제(D)... 를 클릭합니다.
❺ 이름 창에서 이름을 입력합니다.
❻ 확인 을 클릭합니다.
❼ 유형 특성 창 ▸ 치수 ▸ 폭, 높이 값을 입력합니다.
❽ 확인 을 클릭합니다.

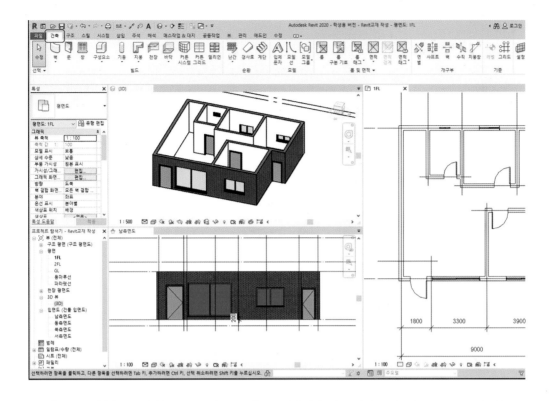

창문 작성이 완료되었습니다.

4) 바닥 작성

① 전체 바닥 작성

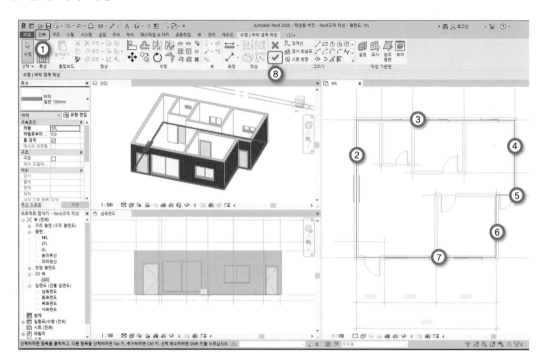

❶ 건축 ▶ 바닥 ▶ 바닥 건축을 클릭합니다.

❷ ▶ ❸ ▶ ❹ ▶ ❺ ▶ ❻ ▶ ❼을 순차적으로 클릭합니다.

❽ 수정/바닥 경계 작성 ▶ 모드 ▶ 편집 모드 완료를 클릭합니다.

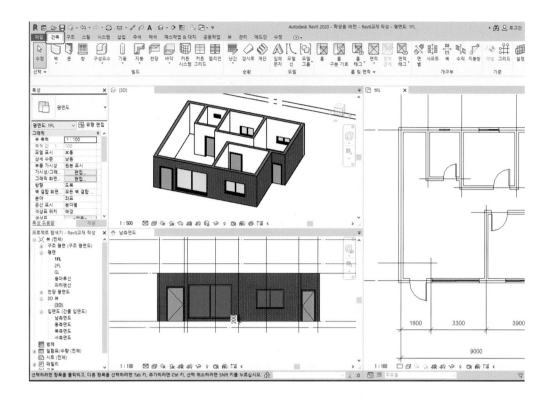

전체 바닥 작성이 완료되었습니다.

② 부분적으로 바닥 수정 및 변경

수정할 바닥을 선택한 후 제거합니다.(경계 편집)

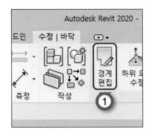

❶ 수정/바닥 ▶ 모드 ▶ 경계 편집을 클릭합니다.

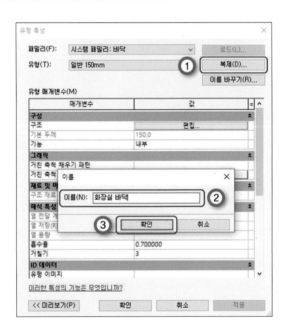

❶ 유형 특성 ▶ 복제(D)...를 클릭합니다.
❷ 이름 ▶ 화장실 바닥을 입력합니다.
❸ 확인을 클릭합니다.

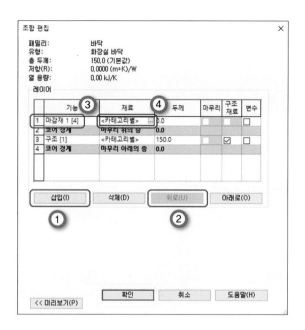

❶ 조합 편집 ▸ [삽입(I)]을 클릭합니다.

❷ 위로를 클릭합니다.

❸ 기능 ▸ 마감재 1을 클릭합니다.

❹ 재료 ▸ <카테고리별>을 클릭합니다.

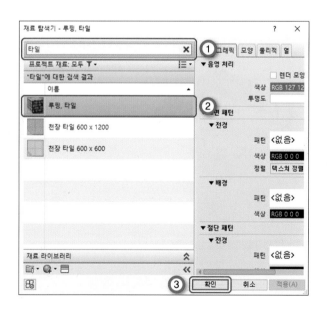

❶ 재료 탐색기 ▸ 타일을 입력합니다.

❷ "타일"에 대한 검색 결과 ▸ 루핑 타일을 클릭합니다.

❸ [확인]을 클릭합니다.

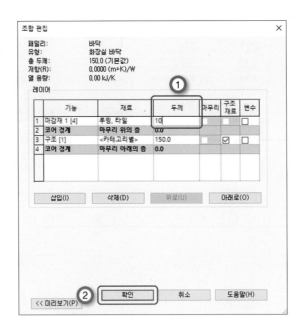

❶ 조합편집 ▸ 두께 ▸ 값을 입력합니다.

❷ [확인]을 클릭합니다.

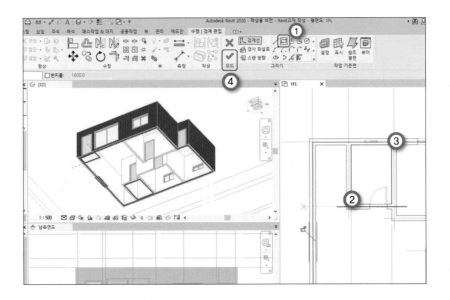

❶ 수정/경계 편집 ▸ 그리기에서 폐다각형을 클릭합니다.

❷ 모서리 부분을 클릭한 후 드래그하여 ❸ 부분을 클릭합니다.

❹ 수정/경계 편집 ▸ 모드에서 편집 모드 완료를 클릭합니다.

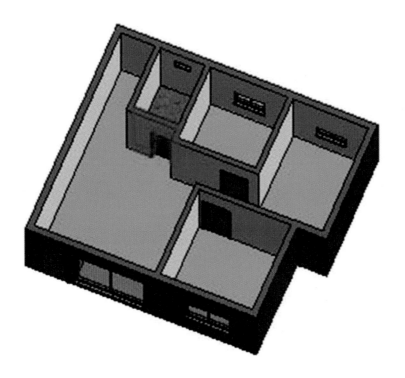

바닥 작성이 완료되었습니다.

5) 계단 작성

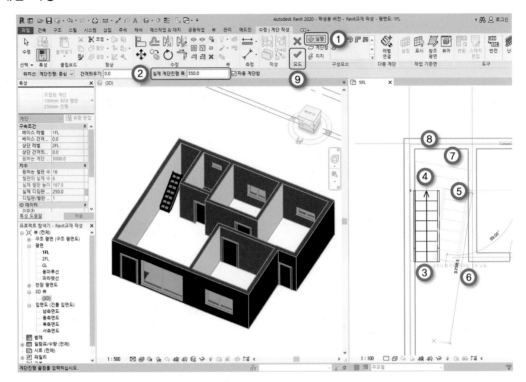

❶ 건축 ▶ 계단 ▶ 실행을 클릭합니다.

❷ 실제 계단진행 폭의 값을 550(벽 사이 간격을 고려합니다)으로 입력합니다.

❸ 계단 시작 지점을 클릭합니다.

❹ 한쪽 편 계단 챌판 수를 고려해서 클릭합니다.

❺ 옆쪽 계단 시작 지점을 클릭합니다.

❻ 계단 끝 지점을 클릭합니다.

❼ 계단참 끝부분을 선택한 후 드래그하여 ❽ 벽 선에 클릭합니다.

❾ 수정/계단 작성 ▶ 모드 ▶ 편집 모드 완료를 클릭합니다.

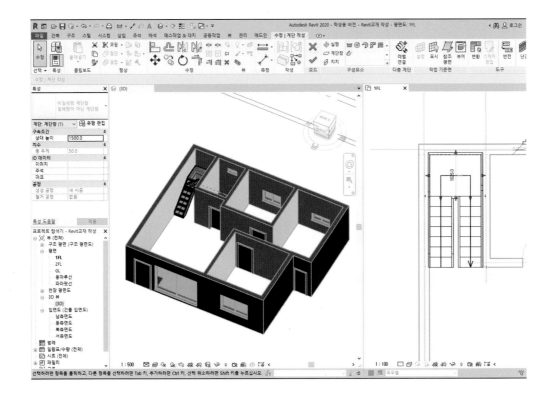

계단 작성이 완료되었습니다.

6) 구성 요소(가구 및 사람) 작성

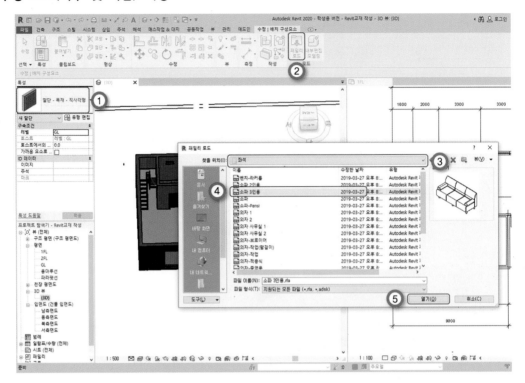

건축 ▶ 구성 요소 ▶ 구성 요소 배치를 클릭합니다.

❶ 특성 창 ▶ 검색하여 용도에 맞는 것들을 찾아서 배치합니다. 단, 검색해서 없는 것은 패밀리 로드하여 찾아서 사용합니다.

❷ 수정/배치 구성 요소 ▶ 패밀리 로드를 클릭합니다.

❸ 패밀리 로드 ▶ 검색을 클릭합니다.

❹ 가구 ▶ 좌대 ▶ 소파 3인용을 클릭합니다.

❺ █████ 열기(O) █████를 클릭합니다.

평면도에서 배치합니다.

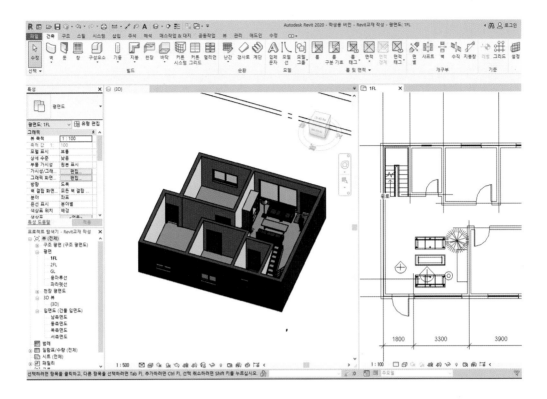

구성 요소(가구 및 사람) 배치가 완료되었습니다.

7) 카메라 뷰 작성

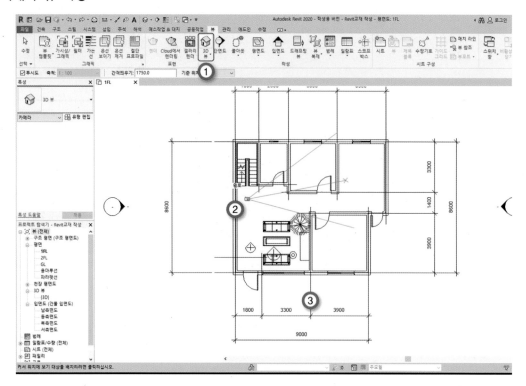

❶ 뷰 ▶ 3D 뷰 ▶ 카메라 뷰를 선택합니다.

❷ 카메라 시작 지점을 클릭합니다.

❸ 카메라 끝 지점을 클릭합니다.

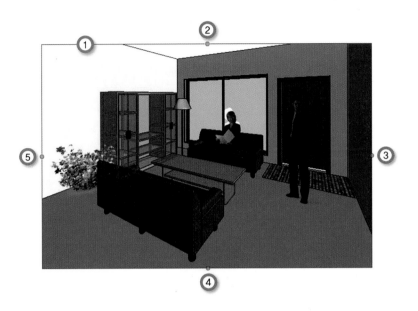

❶ 카메라 뷰 테두리 부분을 클릭합니다.
❷, ❸, ❹, ❺의 중간 지점 마크를 선택한 후 필요한 영역만큼 드래그합니다.

8) 2층 바닥 작성

프로젝트 탐색기 ▸ 뷰 ▸ 평면 ▸ 2FL을 클릭합니다.

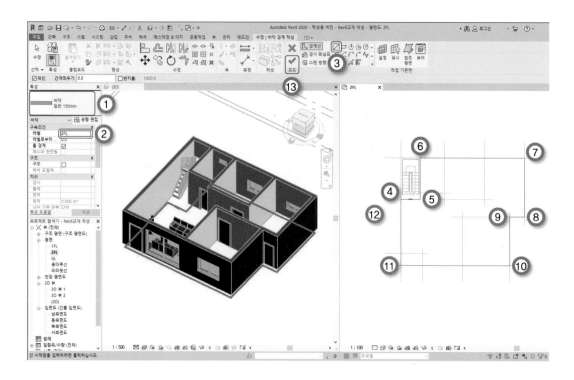

건축 ▸ 바닥 ▸ 건축 바닥을 선택합니다.

❶ 특성 ▸ 검색 ▸ 일반 150mm를 선택합니다.

❷ 특성 ▸ 바닥 ▸ 구속조건 ▸ 레벨의 2FL을 클릭합니다.

❸ 그리기 ▸ 선을 클릭합니다.

❹ ▸ ❺ ▸ ❻ ▸ ❼ ▸ ❽ ▸ ❾ ▸ ❿ ▸ ⓫ ▸ ⓬ ▸ 모서리 지점을 순차적으로 클릭하여 선을 작성합니다.

⓭ 수정/바닥 경계 작성 ▸ 모드 ▸ 편집 모드 완료를 클릭합니다.

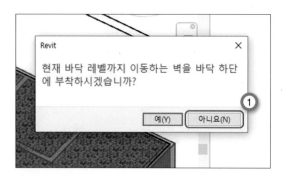

❶ [아니요(N)] 를 클릭합니다. [예(Y)] 를 클릭하면 바닥이 벽체에 부착, 일체화되어 작업에 어려움이 있습니다.

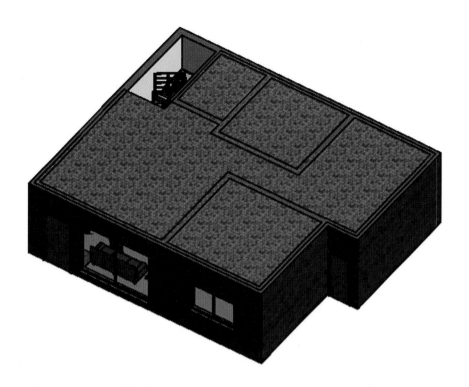

2층 바닥 작성이 완료되었습니다.

9) 외벽 높이 조정하기

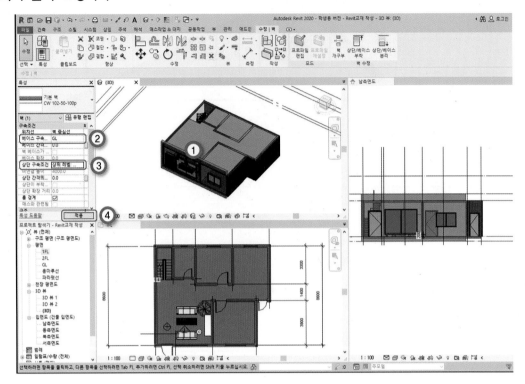

❶ 조정할 벽을 선택합니다.
❷ 특성 ▸ 구속 조건 ▸ 베이스 구속 조건 ▸ GL을 클릭합니다.
❸ 특성 ▸ 구속 조건 ▸ 상단 구속 조건 ▸ 파라펫선을 클릭합니다.
❹ 적용을 클릭합니다.

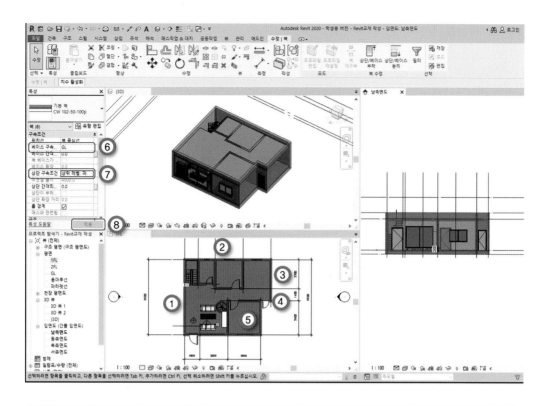

❶ ▶ ❷ ▶ ❸ ▶ ❹ ▶ ❺ ▶ 조정할 벽을 Ctrl키를 누른 상태에서 순차적으로 모두 선택합니다.

❻ 특성 ▶ 구속 조건 ▶ 베이스 구속 조건 ▶ GL을 클릭합니다.

❼ 특성 ▶ 구속 조건 ▶ 상단 구속 조건 ▶ 파라펫선을 클릭합니다.

❽ [적용]을 클릭합니다.

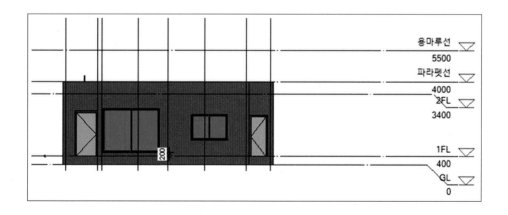

외벽 높이 조정이 완료되었습니다.

10) 옥탑 계단실 작성

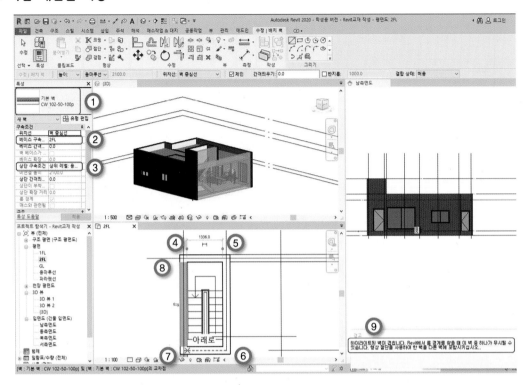

벽체 작성 ▶ 벽체 수정 ▶ 문 작성 ▶ 지붕 작성 순서로 작업을 합니다.

❶ 건축 ▶ 특성 창 ▶ 사용할 벽을 클릭합니다.

❷ 특성 ▶ 베이스 구속 조건 ▶ 2FL을 클릭합니다.

❸ 특성 ▶ 상단 구속 조건 ▶ 용마루선을 클릭합니다.

❹ ▶ ❺ ▶ ❻ ▶ ❼ ▶ ❽ 순서대로 2FL 평면에서 클릭합니다.

❾ 경고는 무시하고 작업합니다. (벽체 하단이 중복되는 것에 대한 경고입니다)

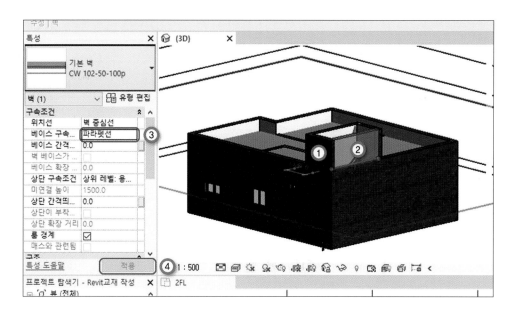

❶, ❷ 벽체를 선택합니다.

❸ 특성 ▸ 베이스 구속 조건 ▸ 파라펫선을 클릭합니다.

❹ 적용 을 클릭합니다.

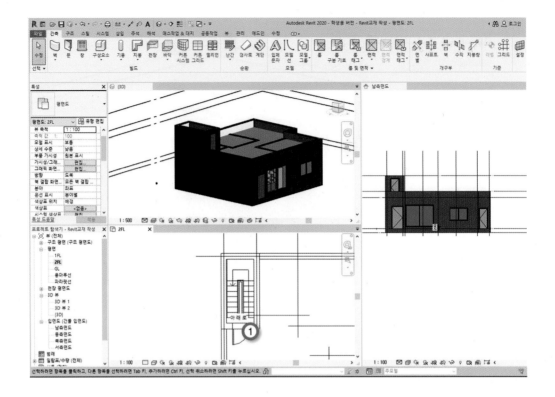

- 건축 ▶ 문을 클릭합니다.
- 특성 창 ▶ 검색을 클릭합니다.
- 유형 편집을 클릭합니다.
- 유형 특성 창 ▶ 복제를 클릭합니다.
- 이름 창에서 이름을 입력합니다.
- 확인을 클릭합니다.
- 유형 특성 창 ▶ 치수 ▶ 폭, 높이 값을 입력합니다.
- 확인을 클릭합니다.

❶ 위치에 문을 클릭합니다.

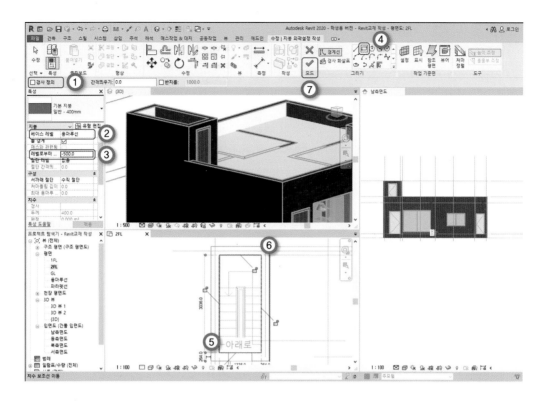

건축 ▶ 지붕 ▶ 외곽 설정으로 지붕 만들기를 합니다.

❶ 경사 정의를 해제(박스)합니다.

❷ 특성 ▶ 베이스 레벨 ▶ 용마루선을 클릭합니다.

❸ 특성 ▶ 레벨로부터 베이스 간격띄우기 ▶ -500을 입력합니다.

❹ 수정/지붕 외곽설정 작성 ▶ 그리기 ▶ 사각형을 클릭합니다.

❺ 끝점에서 ❻ 끝점으로 드래그하여 클릭합니다.

❼ 수정/지붕 외곽설정 작성 ▶ 모드 ▶ 편집 모드 완료를 클릭합니다.

11) 지붕 및 다락방 작성

지붕 작성 ▸ 칸막이 벽 작성 ▸ 외벽과 지붕 결합 ▸ 다락방(칸막이)벽 창호를 설치합니다.

① 지붕 작성

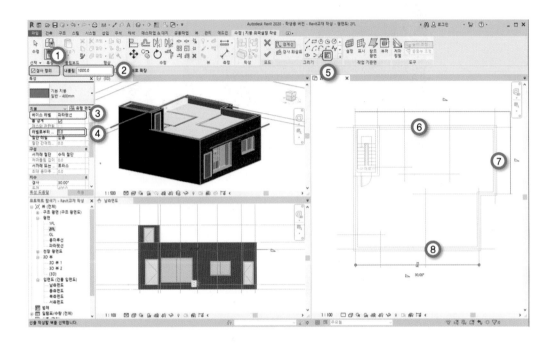

건축 ▸ 지붕 ▸ 외곽 설정으로 지붕 만들기를 합니다.

❶ 경사 정의(박스)를 합니다.

❷ 내물림 ▸ 1000을 입력합니다.

❸ 특성 ▸ 베이스 레벨 ▸ 용마루선을 클릭합니다.

❹ 특성 ▸ 레벨로부터 베이스 간격 띄우기 ▸ 0을 입력합니다.

❺ 수정/지붕 외곽설정 작성 ▸ 그리기 ▸ 벽 선택을 클릭합니다.

❻ ▸ ❼ ▸ ❽ 벽을 순차적으로 클릭합니다.

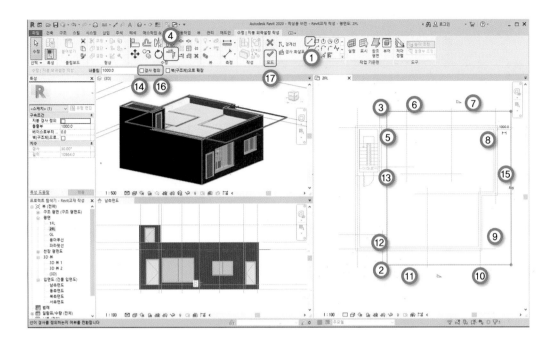

❶ 수정/외부 외곽 설정 ▶ 그리기 ▶ 선을 클릭합니다.

❷ ▶ ❸으로 선을 그립니다.

❹ 수정 ▶ 코너로 자르기/연장을 클릭합니다.

❺ ▶ ❻/❼ ▶ ❽/❾ ▶ ❿/⓫ ▶ ⓬ 부분을 순차적으로 클릭합니다. Esc를 누릅니다.

⓭ 선택 후 ⓮ 경사 정의(박스)를 해제합니다.

⓯ 선택 후 ⓰ 경사 정의(박스)를 해제합니다.

⓱ 수정/지붕 외곽 설정 작성 ▶ 모드 ▶ 모드 편집 완료를 클릭합니다.

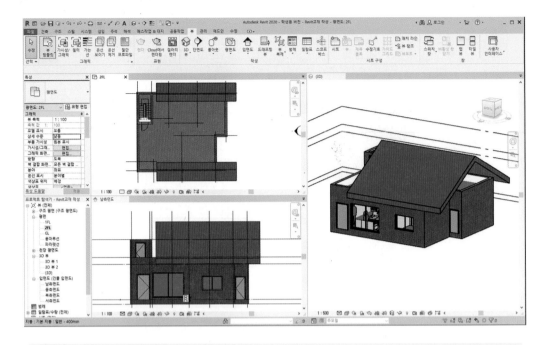

지붕 작성을 완료합니다.

② 칸막이 벽 작성

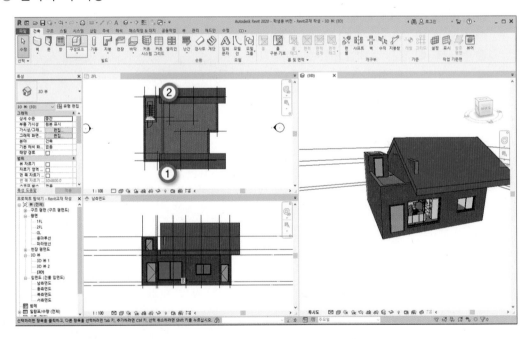

- 건축을 클릭합니다.
- 특성 창 ▶ 사용할 벽을 클릭합니다.
- 높이 ▶ 용마루선을 클릭합니다.
벽체를 ❶에서 ❷로 작성합니다.

③ 외벽과 지붕 결합

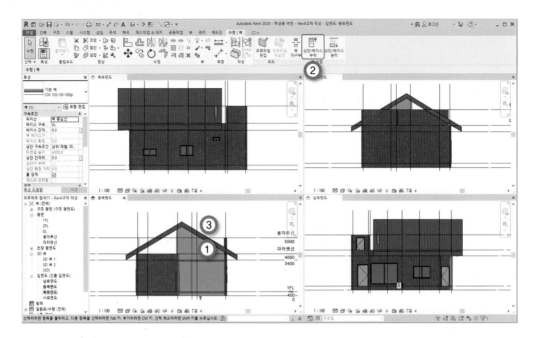

❶ 수정 대상 벽체를 클릭합니다.
❷ 수정/벽 ▶ 벽 수정 ▶ 상단/베이스 부착을 클릭합니다.
❸ 지붕을 클릭합니다.
순차적으로 수정 대상 벽체를 지붕과 결합합니다.

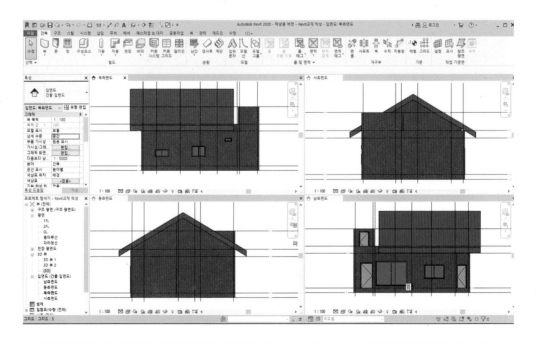

외벽과 지붕 결합 작업을 완료합니다.

④ 다락방(칸막이) 창호 설치

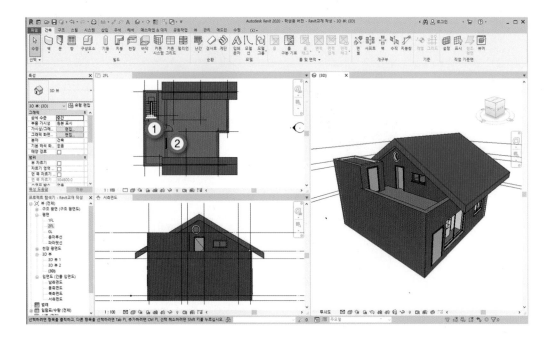

- 건축 ▶ 문, 창을 클릭합니다.
- 특성 창 ▶ 검색을 클릭합니다.
- 유형 편집을 클릭합니다.
- 유형 특성 창 ▶ 복제를 클릭합니다.
- 이름 창에서 이름을 입력합니다.
- 확인을 클릭합니다.
- 유형 특성 창 ▶ 치수 ▶ 폭, 높이 값을 입력합니다.
- 확인을 클릭합니다.
- ❶ 문을 클릭합니다.
- ❷ 창을 클릭합니다.

12) 옥외 계단 및 데크(발코니) 작성

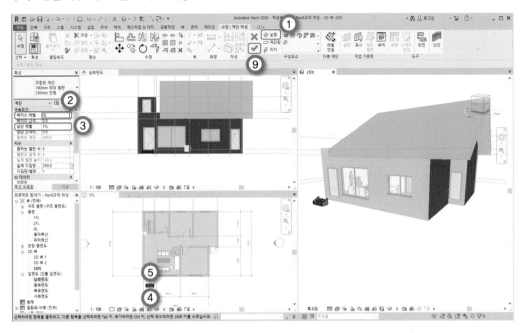

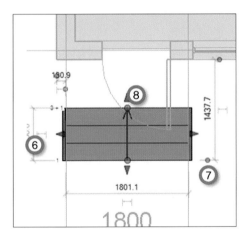

❶ 건축 ▶ 계단 ▶ 모드 ▶ 실행을 클릭합니다.

❷ 특성 ▶ 베이스 레벨 ▶ GL을 클릭합니다.

❸ 특성 ▶ 상단 레벨 ▶ 1FL을 클릭합니다.

❹ 계단 시작 지점을 클릭한 후 ❺ 계단 종료 지점까지 드래그하여 클릭합니다.

❻, ❼, ❽ 지점을 클릭한 후 드래그하여 계단을 조정할 위치에서 클릭합니다.

❾ 수정/계단 작성 ▶ 모드 ▶ 편집 모드 완료를 클릭합니다.

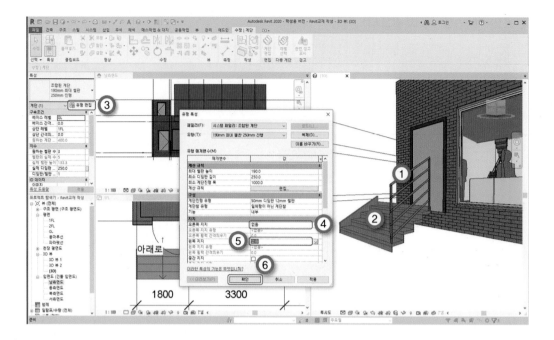

❶ 삭제할 난간을 선택한 후 Delete키를 클릭합니다.

❷ 계단을 클릭합니다.

❸ 특성 ▸ 유형 편집을 클릭합니다.

❹ 유형 특성 ▸ 지지 ▸ 오른쪽 지지 ▸ 없음을 클릭합니다.

❺ 유형 특성 ▸ 지지 ▸ 왼쪽 지지 ▸ 없음을 클릭합니다.

❻ 확인 을 클릭합니다.

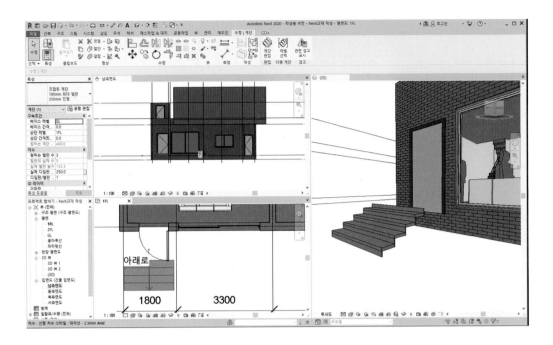

계단 난간 및 옆판 조정을 완료합니다.

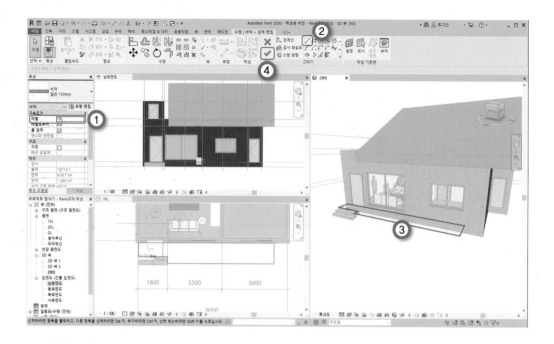

건축 ▶ 바닥 ▶ 건축 바닥에서 작성을 시작합니다.

❶ 특성 ▶ 레벨 ▶ 1FL을 클릭합니다.

❷ 수정/바닥 경계 작성 ▶ 그리기를 클릭합니다.

❸ 데크(발코니) 부분을 작성합니다.

❹ 수정/바닥 경계 편집 ▶ 모드 ▶ 편집 모드 완료를 클릭합니다.

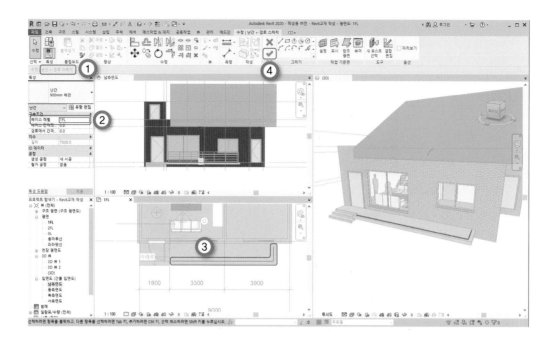

건축 ▶ 순환 ▶ 난간 ▶ 경로 스케치에서 작성을 시작합니다.

❶ 체인 박스를 체크합니다.

❷ 특성 ▶ 베이스 레벨 ▶ 1FL을 클릭합니다.

❸ 1FL 평면에서 난간 부분을 작성합니다.

❹ 수정/난간 경로 스케치 ▶ 모드 ▶ 편집 모드 완료를 클릭합니다.

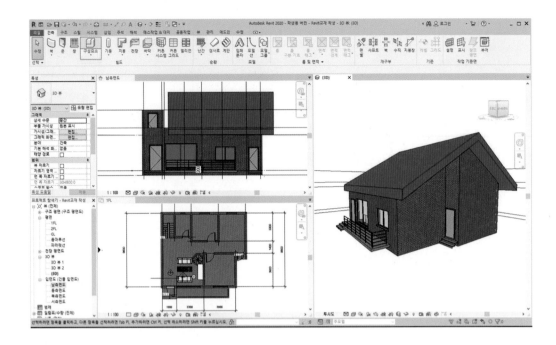

데크(발코니) 난간 작성을 완료합니다.

[02] 근린생활시설 프로젝트 작성하기

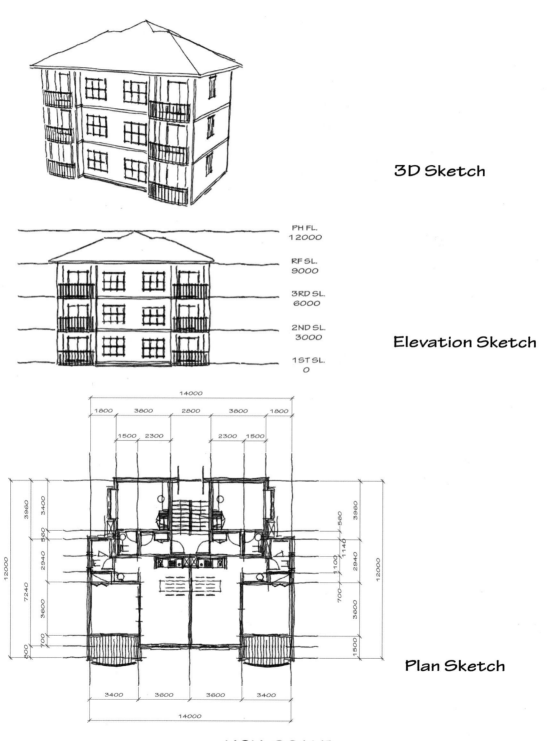

3D Sketch

PH FL.
12000

RF SL.
9000

3RD SL.
6000

2ND SL.
3000

1ST SL.
0

Elevation Sketch

Plan Sketch

NON SCALE

AUTOCAD·REVIT 완성 이미지

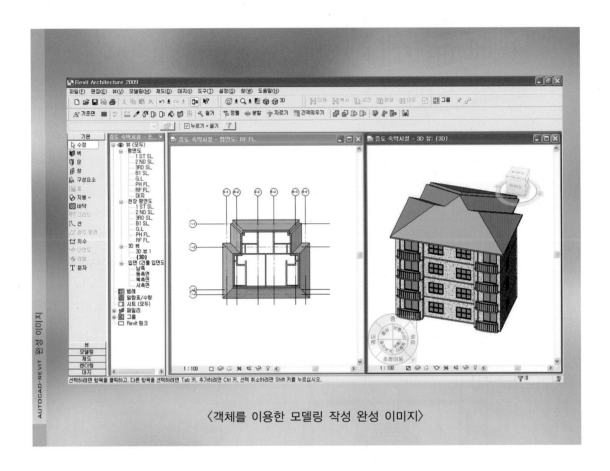

〈객체를 이용한 모델링 작성 완성 이미지〉

S·T·E·P 01 › 프로젝트 시작

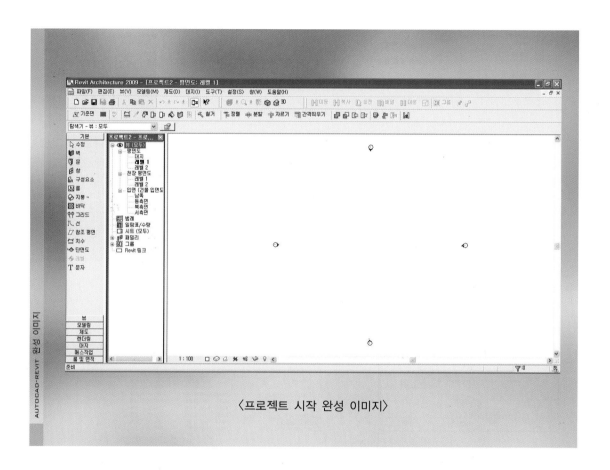

〈프로젝트 시작 완성 이미지〉

1) 새 프로젝트 시작

Revit Architecture를 실행합니다.
템플릿 파일로 새 프로젝트를 시작합니다.

파일(F) ▶ 새로 만들기(N) ▶ 프로젝트(P)... 클릭

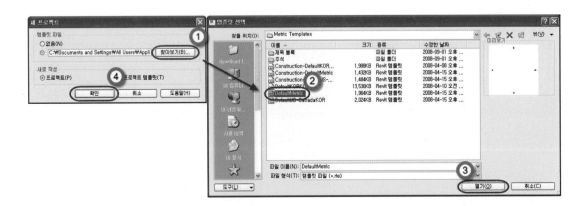

새 프로젝트 창이 뜨면

❶ 찾아보기(B)... 를 클릭합니다. 템플릿 선택 창이 뜨면

❷ DefaultMetric 을 선택한 다음

❸ 열기(O) 를 누르고

❹ 확인 을 클릭합니다.

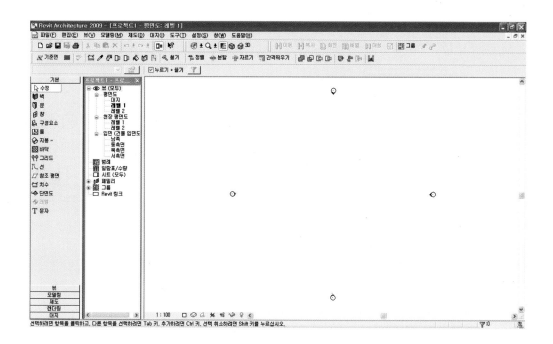

① 프로젝트 저장

템플릿을 사용하여 새 프로젝트를 시작했을 경우 프로젝트 저장은 다른 이름으로 저장합니다.

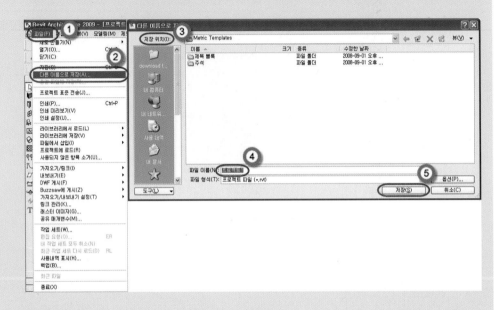

❶ 파일 메뉴에서

❷ 다른 이름으로 저장하기를 클릭합니다. 대화 상자가 뜨면

❸ 저장위치를 확인하고 선택한 다음

❹ 파일 이름을 쓰고 파일의 형태가 (*.rvt)으로 되어있는지 확인하고

❺ 저장(S) 을 클릭합니다.

S·T·E·P 02 레벨 작성

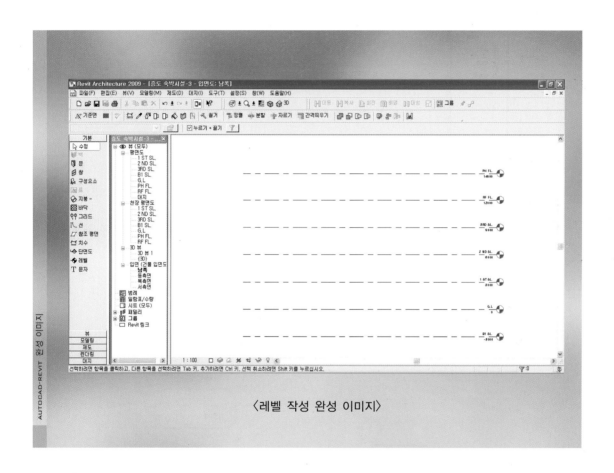

〈레벨 작성 완성 이미지〉

1) 두 개의 기본 레벨 수정

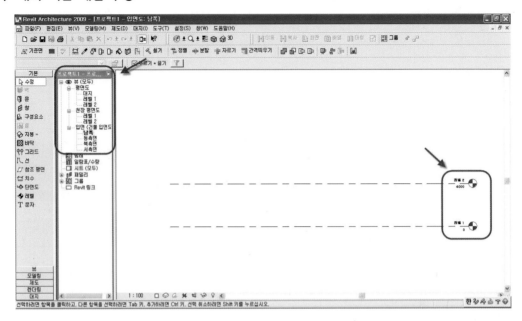

프로젝트 탐색기에서 입면 뷰의 남쪽을 더블 클릭하여 활성화시키면 그림과 같이 기본 레벨을 확인할 수 있습니다.

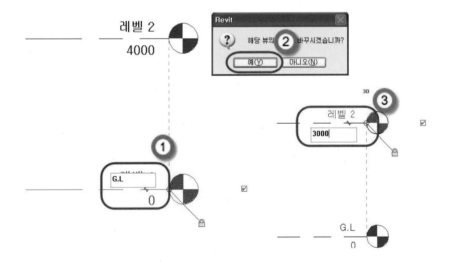

레벨 1 문자를 더블 클릭하면

❶과 같이 G.L로 변경하고 Enter 를 누르면 해당 뷰의 이름 변경 대화 창이 보이게 되고

❷ 예(Y) 를 클릭하면 해당 뷰의 이름이 변경됩니다. 같은 방법으로 다른 레벨도 이름을 변경하면 됩니다. 레벨의 높이를 변경하기 위해 숫자를 더블 클릭하면

❸과 같이 높이를 변경할 수 있습니다.

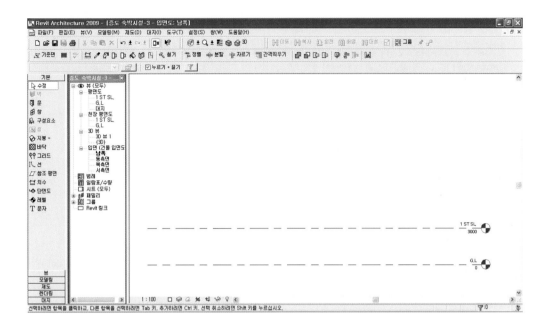

그림과 같이 입면 남쪽 뷰에 레벨의 이름과 높이 값의 변화를 확인할 수 있습니다.

2) 그리기 옵션을 사용하여 레벨 추가

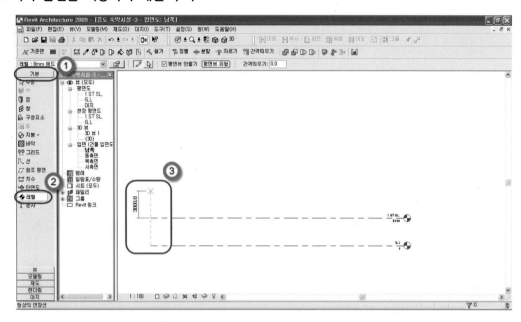

설계막대의

❶ [　　기본　　]에서

❷ ◆레벨 를 누르면 그리기막대 ⌥ 로

❸ 레벨을 그릴 수 있습니다.

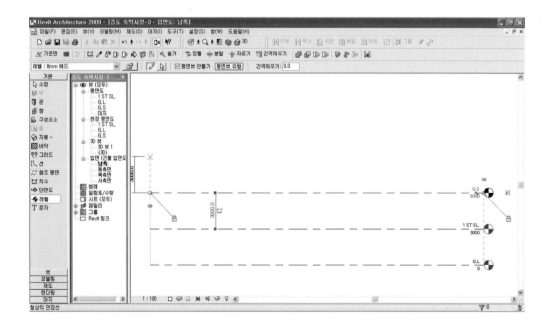

그림과 같이 레벨의 추가를 확인할 수 있습니다.

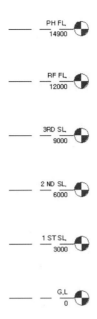

레벨의 이름과 높이를 설정하고 그림과 같이 여러 개의 레벨을 생성합니다.

Tip   REVIT ARCHITECTURE

① 선택옵션을 사용하여 레벨 추가

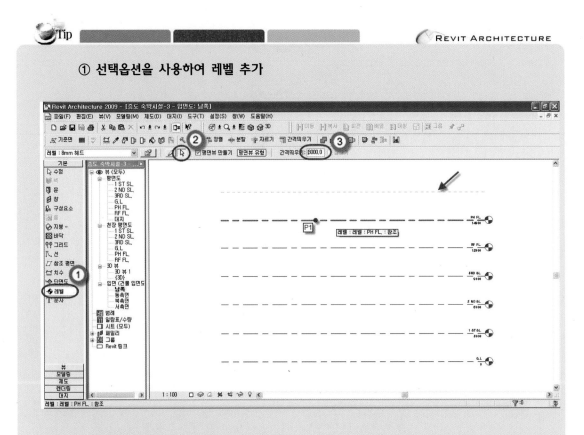

❶ ◆레벨 을 선택하고

❷ 선 선택 아이콘을 누릅니다.

❸ 간격 띄우기에 치수를 입력하고 P1의 포인트 살짝 위쪽으로 마우스를 가져가면 그림과 같이 파란 실선으로 선의 위치를 또다시 복사하여 띄울 수 있습니다.

② 레벨 선의 왼쪽 끝점에 기호 화면 표시

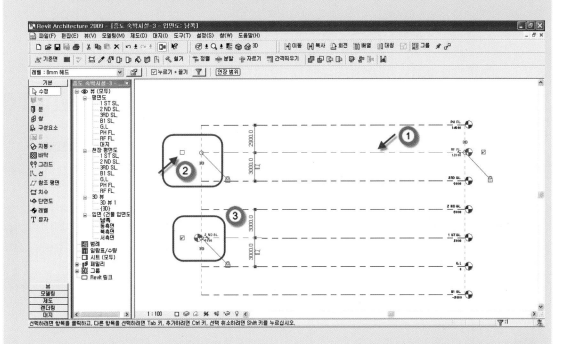

❶ 레벨선을 선택하면

❷ 파란 상자가 보입니다.

❸ 파란 상자를 선택하여 누르게 되면 표시가 되면서 그림과 같이 입면 레벨의 반대쪽에서
기호 화면표시를 넣을 수 있습니다.

S·T·E·P **03** 〉 벽, 기둥 그리드 작성

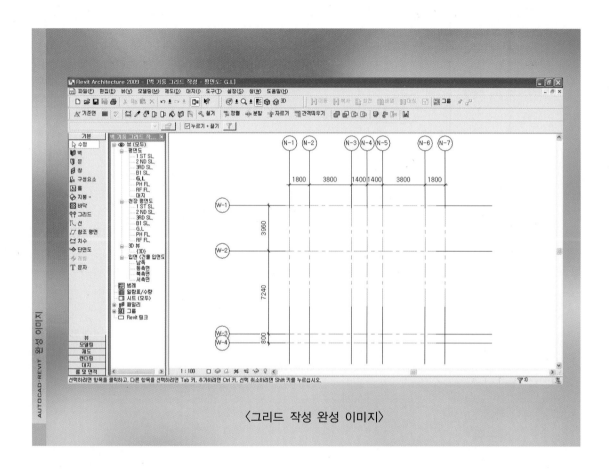

〈그리드 작성 완성 이미지〉

1) 수직 수평 그리드 작성

기둥이나 벽 작성할 때 보조 역할을 하는 그리드 선을 작성합니다.
어디든지 하나의 평면에서 작성된 그리드 선은 다른 층 평면도에서도 볼 수 있게 됩니다.

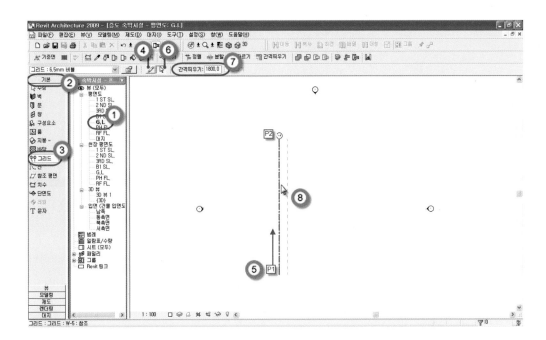

❶ 프로젝트 탐색기 평면도 뷰에서 G.L를 더블 클릭하여 G.L 평면도를 엽니다. 설계막대에서

❷ [　　기본　　]을 선택 ▶

❸ ♀♀ 그리드 를 선택 ▶ 옵션막대의

❹ ✎ 그리기를 선택 ▶ 도면영역의

❺ P1, P2점을 클릭하여 수직 그리드를 작성합니다. 이 선을 기준으로 하여 1800mm 띄워진 그리드를 작성하기 위해 옵션막대의

❻ ▷ 를 선택 ▶

❼ 간격 띄우기 '1800' 입력 ▶ 방금 전에 작성한 그리드

❽ 오른쪽에 마우스를 가져가 1800mm 띄워진 파란색 파선이 보일 때 클릭하면 그리드가 작성됩니다.

이와 같은 방법으로 다음과 같이 치수를 참고하여 나머지 수직, 수평 그리드를 작성합니다.

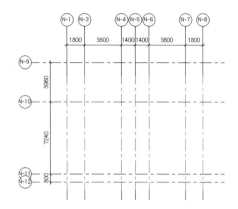

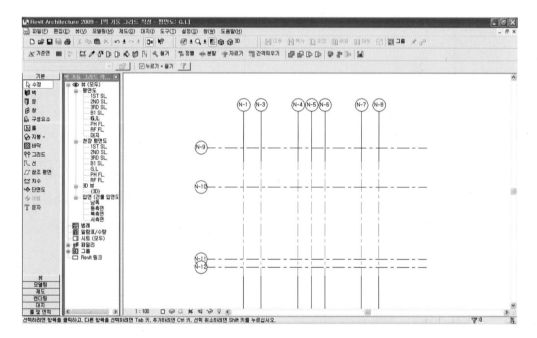

REVIT ARCHITECTURE

① 버블을 숨기거나 나타내어 방향 바꾸기

그리드를 작성할 때 어느 방향부터 시작점을 찍고 작성하느냐에 따라 버블 방향이 다르게 작성됩니다.

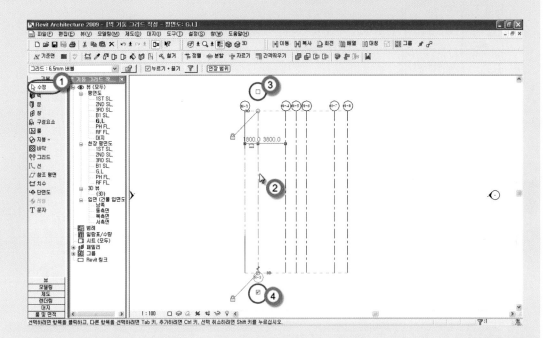

설계막대의

❶ 수정 선택 ▶

❷ 그리드 선택 ▶ 선 양끝으로 나타나는

❸❹ 파란색 사각형 박스를 '체크/체크해제'하면 버블을 숨기거나 나타나게 하여 방향을 바꿀 수 있습니다.

2) 그리드 버블 이름 수정

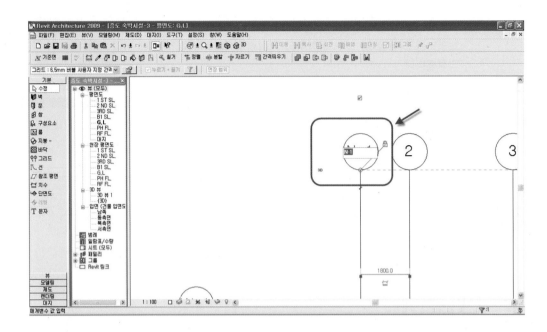

그리드의 버블을 변경하기 위해 확대를 한 다음 버블 안쪽의 1을 더블 클릭하고 그림과 같이 N-1 으로 수정합니다.

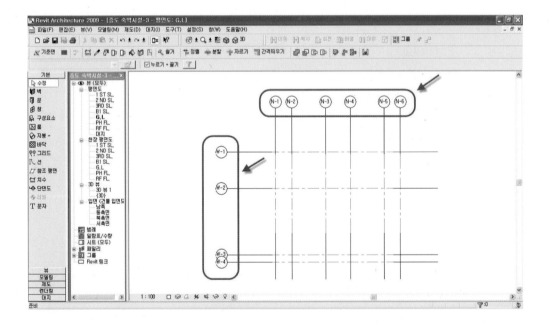

그림과 같이 모든 그리드의 버블을 수정합니다.

① 그리드 치수기입 및 그리드 간격 잠그기

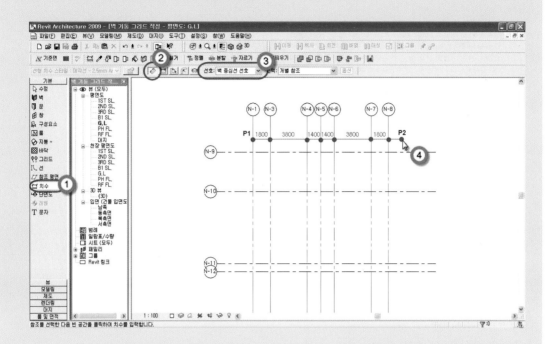

설계막대 `기본` 에서

❶ 🗗 치수 선택 ▶

❷ 옵션막대의 ⬛ 선택 ▶

❸ '선호 : 벽 중심선 선호'(치수기준) 선택 ▶ 그림과 같이 점 P1을 시작으로 각 그리드 선을 선택하고 그리드 선 옆 빈 공간

❹ 점 P2를 선택하여 치수 기입을 완료합니다.

Tip　　　　　　　　　　　　　　　　　　　　　　*REVIT ARCHITECTURE*

② 그리드 길이 수정

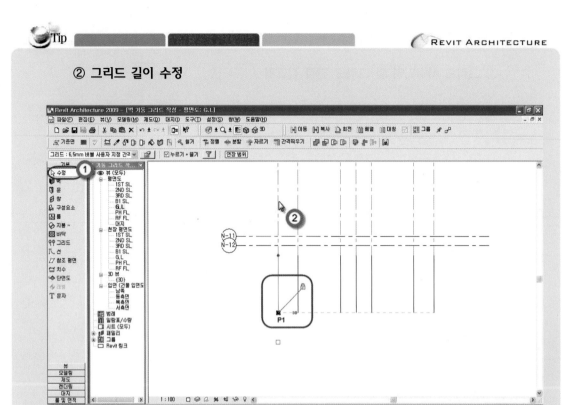

설계막대의

❶ 🔲 수정　　선택　▶

❷ 그리드 선택　▶ P1을 선택하여 아래로 드래그하면 다른 그리드도 함께 움직이는 것을 볼 수 있습니다. 이것은 파란색 자물쇠가 잠겨 있기 때문입니다. 자물쇠를 선택하여 잠금을 해제하고 다시 그리드를 드래그하면 선택한 그리드만 움직이는 것을 볼 수 있습니다.

③ 사용자 그리드 패밀리 유형 작성

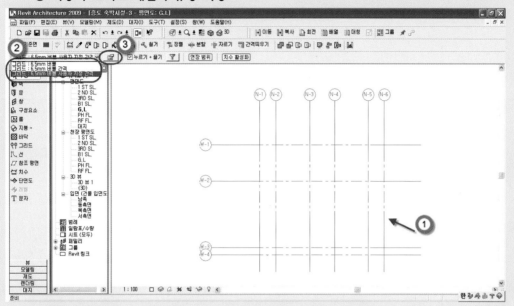

❶ 그리드를 모두 선택하고

❷ |그리드 : 6.5mm 버블 사용자 지정 간격 을 선택하고

❸ 요소특성을 클릭합니다.

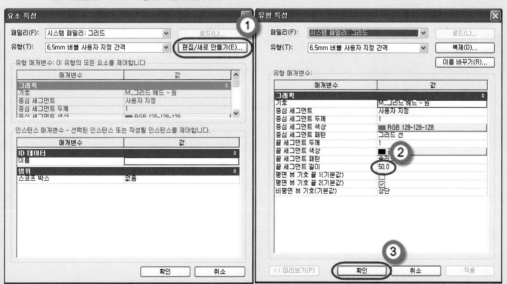

❶ 편집/새로 만들기(E)... 를 누르면 유형 특성 창이 보입니다. 이 대화 창에서

❷ 끝 세그먼트 길이를 50으로 바꿔주고

❸ 확인 을 클릭하면 그리드 작성이 완성됩니다.

S·T·E·P 04 벽 작성

〈벽 작성 완성 이미지〉

1) 외벽 작성

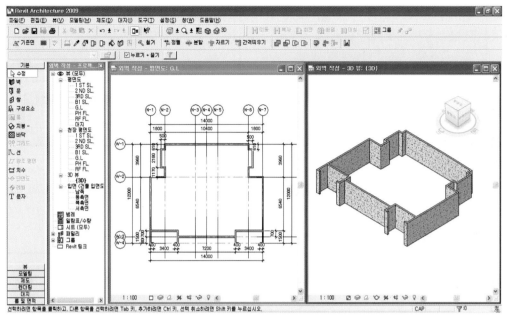

〈외벽 작성 완성 이미지〉

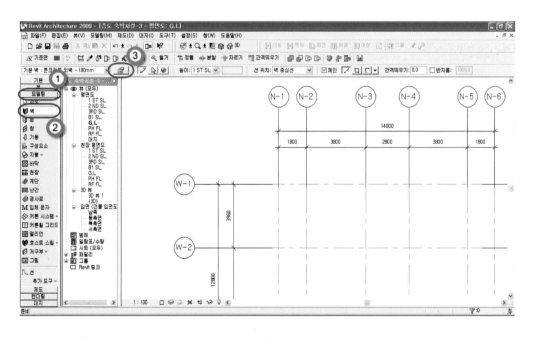

벽을 작성하기 위해 설계막대에서

❶ 　모델링　 ▶

❷ 🏠벽 　을 선택한 다음

❸ 📋요소특성을 클릭합니다.

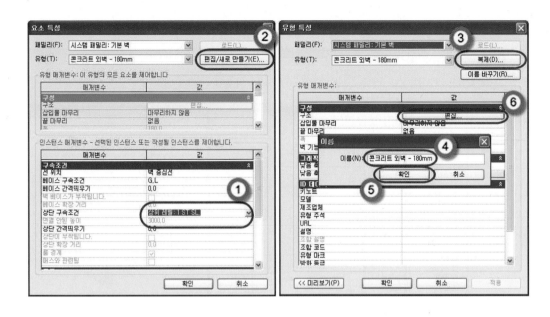

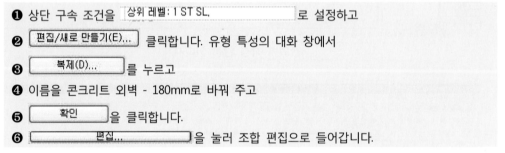

❶ 상단 구속 조건을 <u>상위 레벨 : 1 ST SL.</u> 로 설정하고

❷ <u>편집/새로 만들기(E)...</u> 클릭합니다. 유형 특성의 대화 창에서

❸ <u>복제(D)...</u> 를 누르고

❹ 이름을 콘크리트 외벽 - 180mm로 바꿔 주고

❺ <u>확인</u> 을 클릭합니다.

❻ <u>편집...</u> 을 눌러 조합 편집으로 들어갑니다.

※참고 벽의 상단구속 조건 설정은 🏛 벽 선택 시 옵션막대에 나타나는 높이: [1 ST SL. ▾ / 2 ND SL. / 3RD SL.] 에서도 설정이 가능합니다.

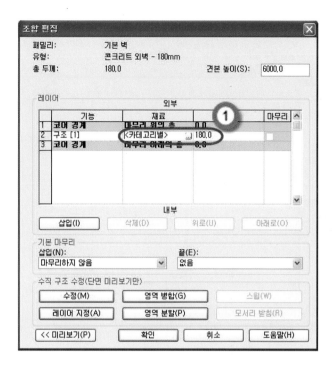

❶ 구조에서 두께를 180으로 설정하고 <카테고리별> [...] 를 클릭하여 재료 편집으로 들어갑니다.

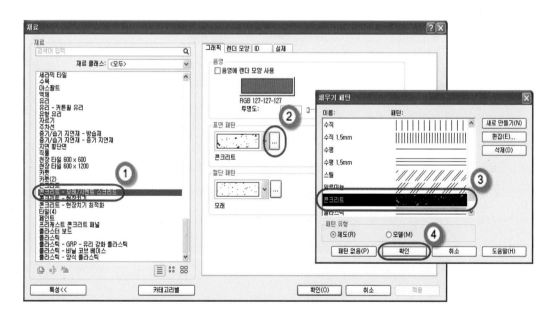

❶ 내부마감을 콘크리트 - 모래/시멘트 스크리드로 설정하고

❷ 표면패턴을 클릭하고

❸ 콘크리트로 패턴을 선택한 다음

❹ [확인] 을 누릅니다.

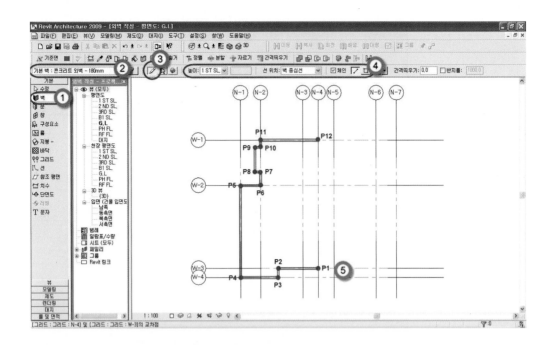

설계막대의

❶ 🏛 벽 ▶

❷ 유형 선택기에서 설정한 유형 '기본벽 : 콘크리트 외벽 - 180mm' 선택 ▶ 옵션막대의

❸ 🖉 선택 ▶

❹ 높이 : 1 ST SL, 선위치 : 벽 중심선, ☑체인 체크 🖊 선택 ▶ 이미 작성한 그리드 선 위로 클릭하여 벽을 작성합니다.

그리드 W-3과 N-4의 교차점 ❺ P1점을 시작으로 P2방향으로 마우스 커서를 향하고 길이 값 3600 입력 후 Enter , P3방향으로 800, P4방향으로 3400, P5방향으로 8040, P6방향으로 1800, P7방향으로 1170, P8방향으로 500, P9방향으로 2180, P10방향으로 500, P11방향으로 610, P12방향으로 5200을 입력하여 작성합니다.

Tip

REVIT ARCHITECTURE

① 벽 작성 방법

두 점(시작점과 끝점)을 마우스로 클릭하여 작성하는 방법과 시작점을 선택하고 작성하고
자 하는 방향으로 마우스를 이동, 파란색의 임시치수와 파선이 표시될 때 원하는 벽 길이
값을 입력 후 Enter 를 눌러 작성하는 방법 두 가지가 있습니다.

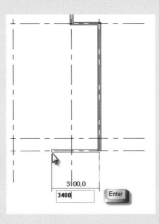

② 벽 이어서 작성하기

두 점을 클릭하여 벽을 작성하는 방법에서 시작점과 끝점을 선택하여 한 벽체를 작성하고
이 벽에 이어서 작성하려고 할 때는 방금 작성한 벽체 끝점을 다시 선택하고 다음 점을 선
택해야 하는 수고가 있는데 █벽 선택 후 옵션막대의 ☑체인 을 체크하면 이 수고를
덜 수 있습니다.

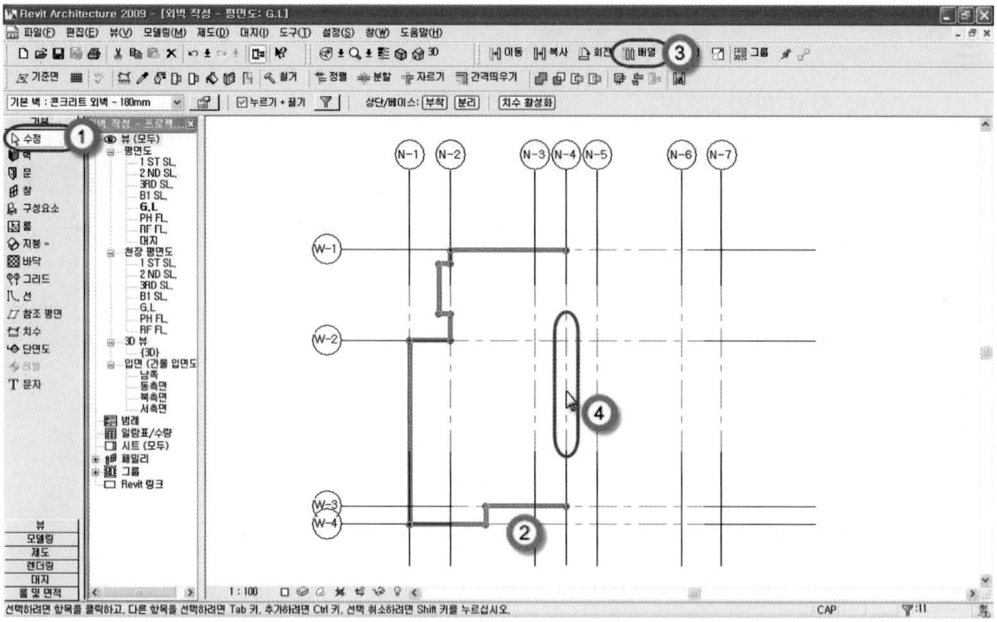

평면이 좌우 대칭이므로 도구막대의 대칭 명령을 사용하여 나머지를 작성합니다.

설계막대의

❶ 수정 선택 ▸

❷ Enter 키를 누르고 마우스로 작성한 벽을 선택 ▸

도구막대의

❸ 대칭 선택 ▸

❹ 대칭축이 되는 그리드 N-4를 선택하여 벽을 작성합니다.

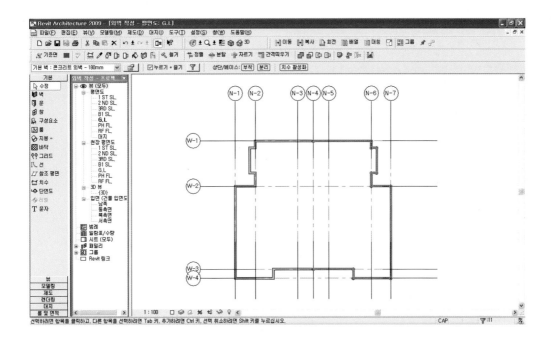

나머지 외벽이 작성되고 그 다음 테라스 부분 벽을 작성합니다.

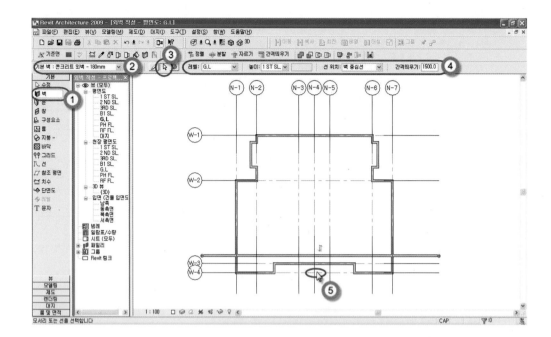

테라스 벽을 작성하기 위해서 선 선택하여 벽을 작성하는 방법으로 작성합니다.

설계막대의

❶ ▮▮ 벽　　선택 ▶ 유형 선택기에서

❷ '기본 벽 : 콘크리트 외벽 - 180mm' 선택 ▶

옵션막대에서

❸ 🔍 선택 ▶

❹ 레벨 : G.L, 높이 : 1 ST SL. 선 위치 : 벽 중심선, 간격띄우기 : 1500 입력 ▶ 아래 있는

❺ 그리드 선을 선택하여 선택하는 선으로부터 1500 띄워진 벽을 작성합니다.

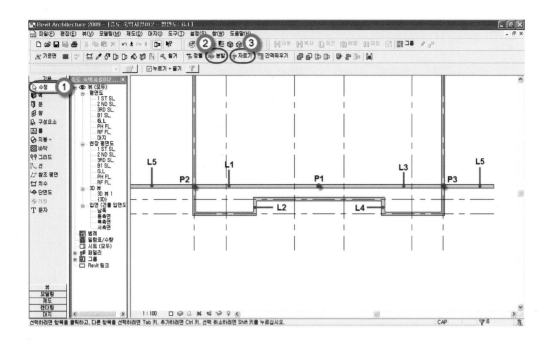

벽이 작성되면 벽선을 정리합니다.

설계막대의

❶ ⛵ 수정 ⁣ 선택 ▶

도구막대의

❷ ⁝⁚⁝ 분할 선택 ▶ 점 P1, P2, P3를 선택하여 벽을 분할 ▶

도구막대의

❸ ⁝ᵀ 자르기 선택 ▶ 벽 L1과 L2 선택 ▶ 벽 L3와 L4 선택 ▶ 다시 ⛵ 수정 ⁣ 선택 ▶ 나머지 벽 L5 선택하여 삭제

도구막대의 정렬 분할 자르기 간격띄우기 **기능**

정렬	요소를 정렬시킵니다.
분할	선, 벽 등 요소를 분할시킵니다.(AutoCAD의 Brake 기능)
자르기	모따기 기능을 제공합니다.(AutoCAD의 Fillet 기능)
간격띄우기	선, 벽 등 요소의 간격을 띄웁니다.(AutoCAD의 Offset 기능)

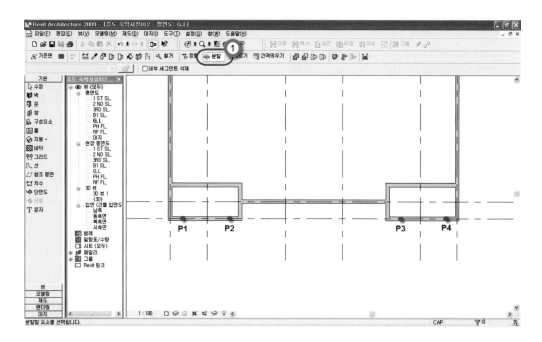

테라스의 난간이 작성될 부분의 벽을 정리합니다.

도구막대의

❶ ✦ 분할 선택 ▶ 점 P1~p4를 선택하여 벽을 분할

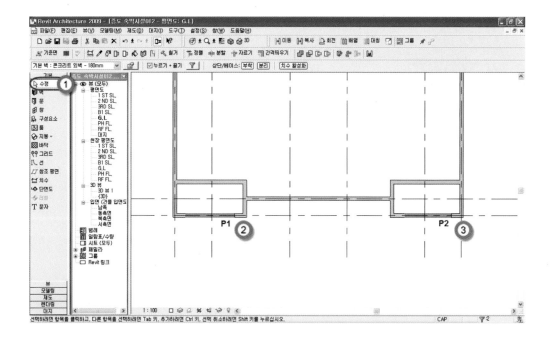

설계막대의

❶ ▷ 수정 선택 ▶ 분할된 벽 ❷ P1, ❸ P2를 선택하여 삭제

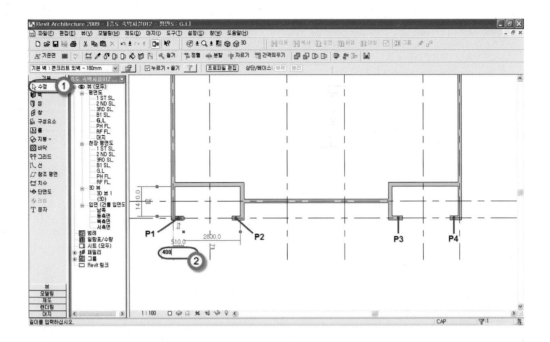

다시 설계막대의

❶ ↳ 수정   선택 ▶ 벽 P1을 선택하고 벽에 대한 파란색 치수를 선택하여 벽 길이 '400' 입력 ▶
같은 방법으로 벽 P2, P3, P4 길이 수정

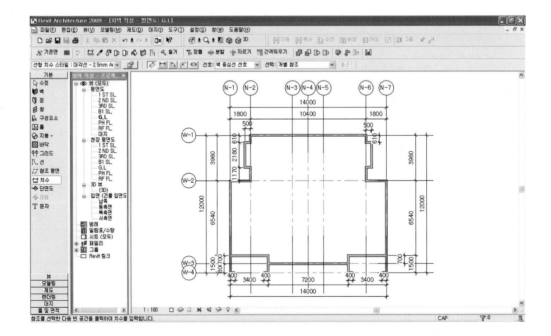

REVIT ARCHITECTURE

① 작업 창 형태 전환

메뉴막대의 창(W) ▶ 타일(T) 선택 (단축키 W T)

작업의 진행 상태를 한눈에 볼 수 있도록 창의 형태를 설정하여 작업하기 편한 환경을 만듭니다.

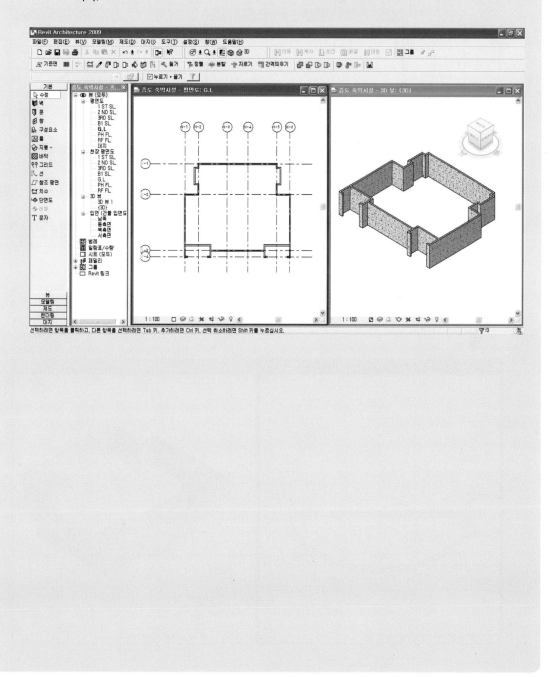

② 곡선 벽 작성

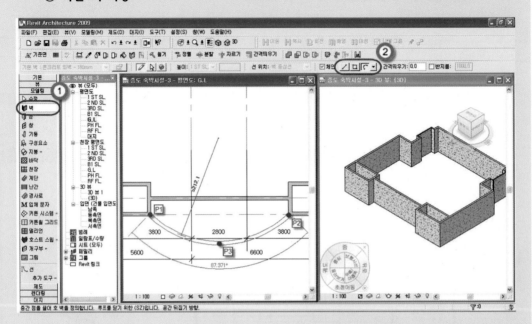

❶ 🖩 벽 을 누르고

❷ ▱◗ 호를 선택한 다음 P1과 P2를 클릭하고 P3을 마지막으로 클릭하면 곡선 벽이 완성됩니다.

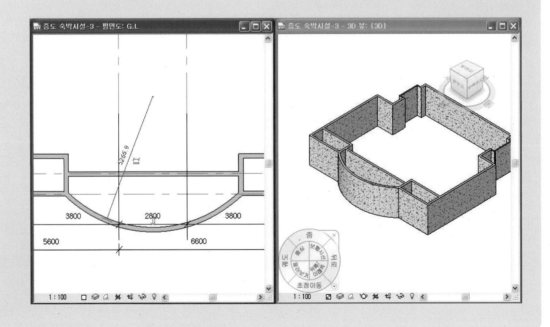

2) 내벽 작성

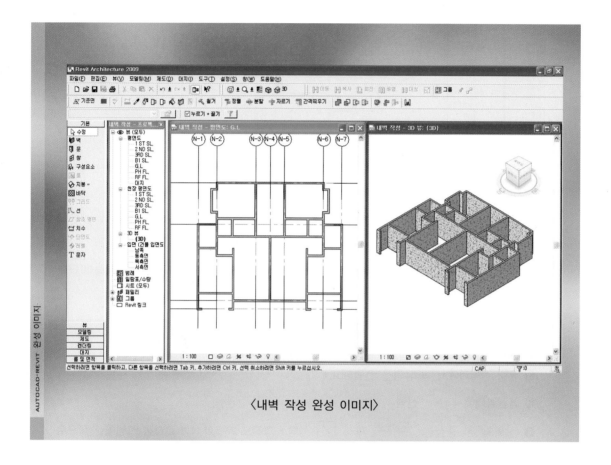

〈내벽 작성 완성 이미지〉

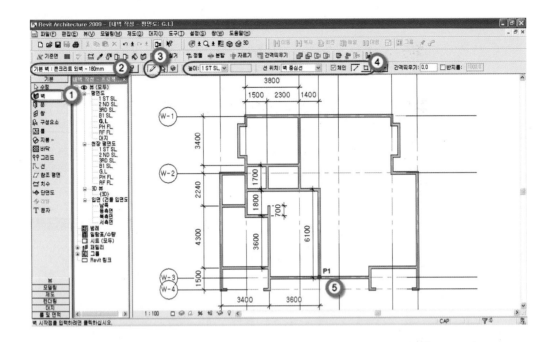

내벽도 외벽과 같은 방법으로 내벽 반쪽을 작성하고 도구막대의 대칭 명령을 사용하여 나머지를 작성합니다.

설계막대의

❶ 벽 선택 ▶

❷ 유형 선택기에서 벽 유형을 선택하고 ▶

❸ 옵션막대에서 선택

❹ 선 위치 : 벽 중심선, ☑체인 체크, 선택 ▶ 그리드 W-3과 N-4 교차점 P1점을 시작으로
하여 내벽을 작성합니다.

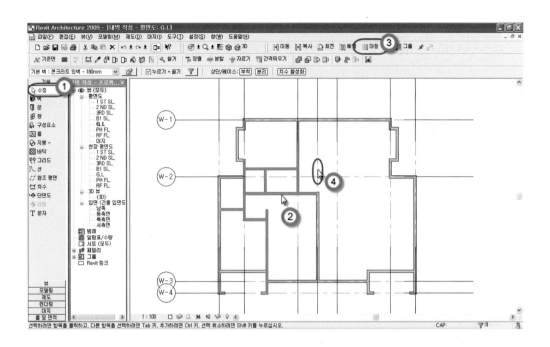

설계막대의

❶ ⌕ 수정   선택 ▶

❷ [Ctrl] 키를 누르고 마우스로 작성한 벽을 선택 ▶ 도구막대의

❸ ▯▯ 대칭 선택 ▶

❹ 대칭축이 되는 그리드 N-4를 선택하여 벽을 작성합니다.

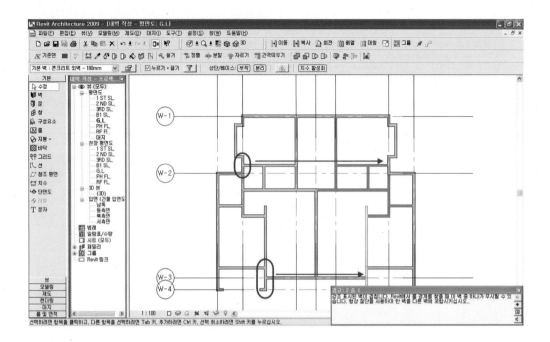

대칭으로 내벽이 복사됨과 동시에 경고창이 뜹니다.

이것은 방금 전에 선택하여 복사했던 벽이 기존에 있던 벽과 겹쳐져서 작성되기 때문에 경고를 표시하는 것입니다.

해결방법은 겹치는 벽을 삭제하고 필요에 따라 재작성하는 것입니다.

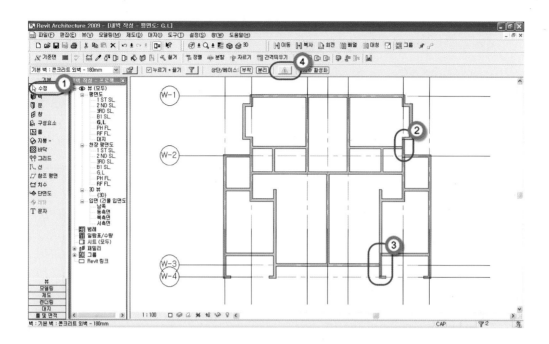

설계막대의

❶ 🖰 수정 　 선택 ▶

❷, ❸ 겹치는 벽 선택 후 삭제하고 재작업합니다.

단, 경고하는 부분을 알고 싶다면 옵션막대의

❹ ⚠️ 를 선택합니다.

대화창을 보면 경고가 2개, 두 곳에서 벽이 겹침을 나타냅니다. 표시되는 경고1, 2를 선택하고 표시를 누르면 화면에 그 부분을 표시합니다.

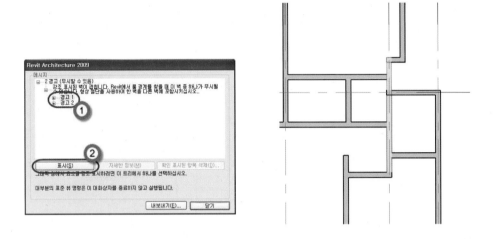

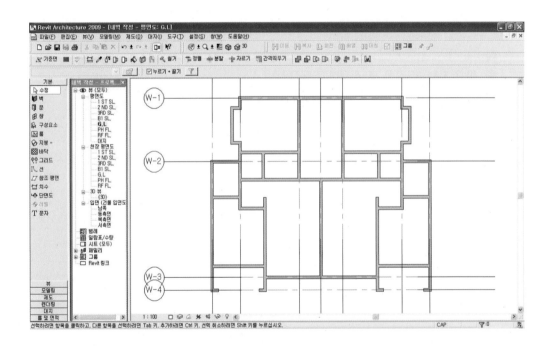

Tip

REVIT ARCHITECTURE

① **난간 작성**

설계막대의

| 모델링 | ▸ ▤ 난간 선택

스케치 작성 모드에 들어가서

❶ ⚲ 선 ▸ 옵션막대의

❷ ✎ ▸ ☑체인 체크 ▸

❸ ⟋ 선택 ▸ 난간이 작성될 외벽의 중점 P1 선택 ▸ 점 P2 향하여 길이 값 220 입력

후 Enter ▸

❹ ⌒ 선택 ▸ 반대편 난간이 작성될 외벽의 중점에서 평행한 점 P3 선택 ▸ 반지름 값

6000 입력 후 Enter ▸

다시 옵션막대의

❸ ⟋ 선택 ▸ 점 P4 선택

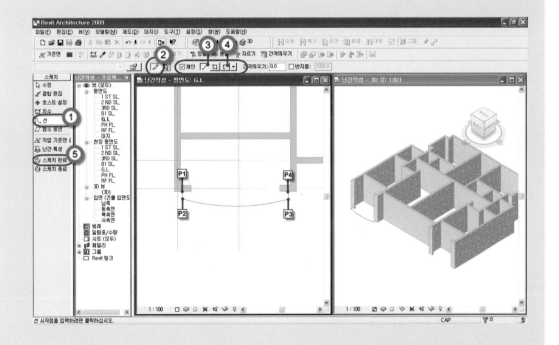

참고 ⚲ 난간 특성 의 대화상자에서는 베이스 간격띄우기뿐 아니라 난간 높이, 구조 등을 제어할 수
있습니다.

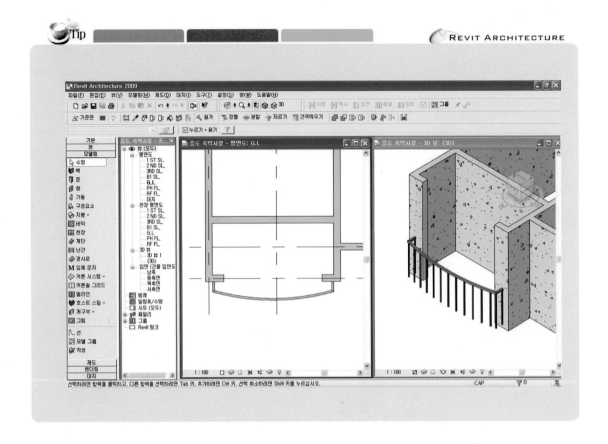

3) 커튼월

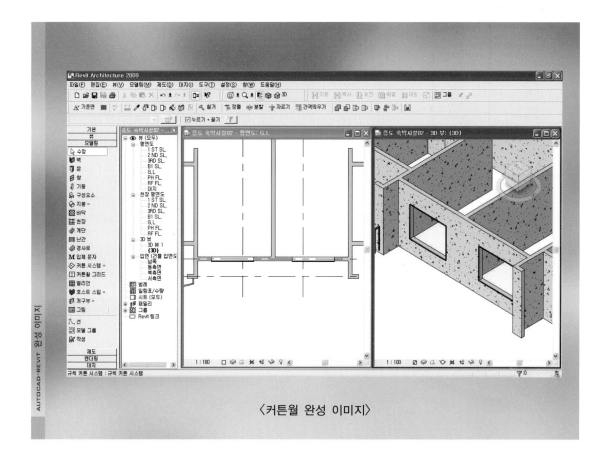

〈커튼월 완성 이미지〉

① 커튼월 작성

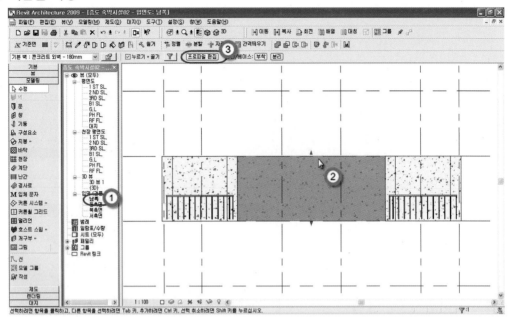

커튼월을 작성하기 위해 벽을 편집하여 커튼월을 만들겠습니다.

우선 입면도

❶ 남쪽을 활성화하여 창을 띄우고 커튼월을 만들

❷ 벽을 선택하고

❸ [프로파일 편집]을 클릭합니다.

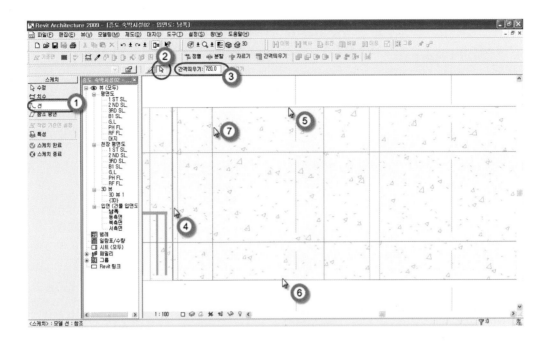

스케치 작성 모드로 들어와서

❶ 선 선택 ▶

❷ 선택 ▶

❸ 간격띄우기 720 입력 후

❹ 선 선택하여 우측으로 720mm 띄워진 선을 작성합니다. 다시 간격띄우기 780 입력 후

❺ 선 선택 ▶ 간격띄우기 660 입력 후

❻ 선 선택 ▶ 간격띄우기 1980 입력 후

❼ 선 선택

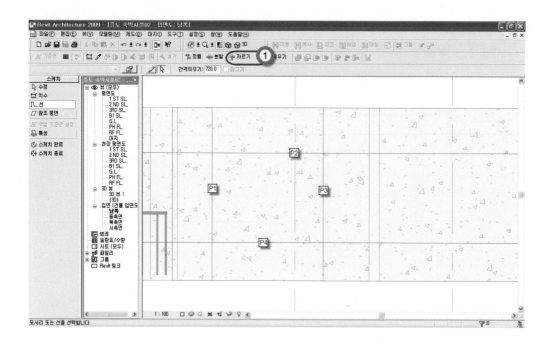

이제 작성한 선을 정리합니다.

옵션막대에서

❶ ┼ 자르기 선택 ▶ P1선과 P2선 선택 ▶ P2선과 P3선 선택 ▶ P3선과 P4선 선택

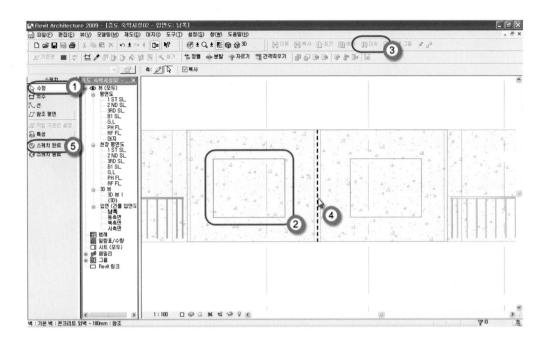

선 정리가 완료되면 설계막대의

❶ ▷ 수정 ▸ 작성된 사각형을

❷ 마우스로 드래그하여 선택 ▸ 도구막대의

❸ ▯▯ 대칭 선택 ▸

❹ 벽체 중심 선택하여 반대쪽에도 사각형이 작성되면 ▸

❺ ✓ 스케치 완료

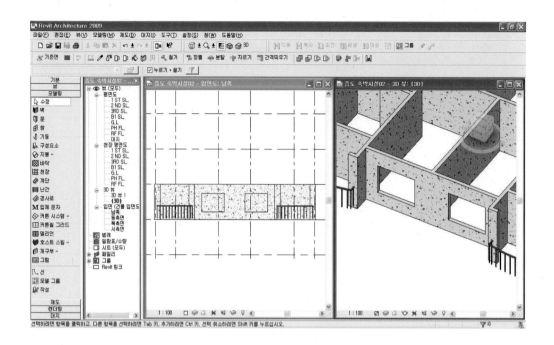

이와 같이 작성된 벽을 선택하여 프로파일 편집모드로 들어가 스케치를 작성하면 작성한 형태로 벽이 뚫리는 것을 알 수 있습니다.

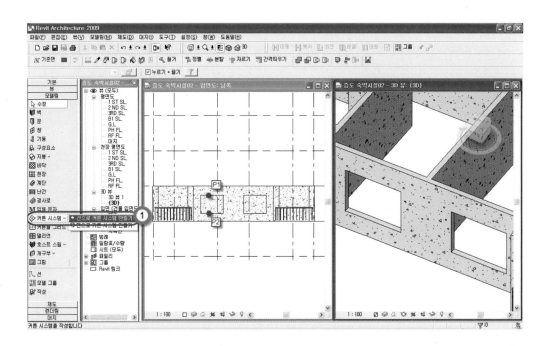

설계막대에서 [모델링] 탭의

❶ | ◇ 커튼 시스템 " | ◇ 선으로 커튼 시스템 만들기 | 선택

▶ 방금 입면뷰에서 작성했던 개구부의 P1선과 P2선을 선택하여 커튼월을 작성합니다.

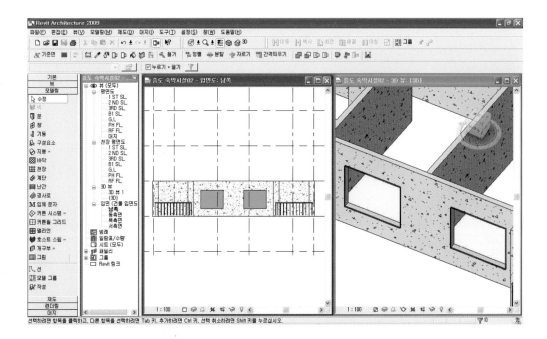

② 커튼월 그리드 추가

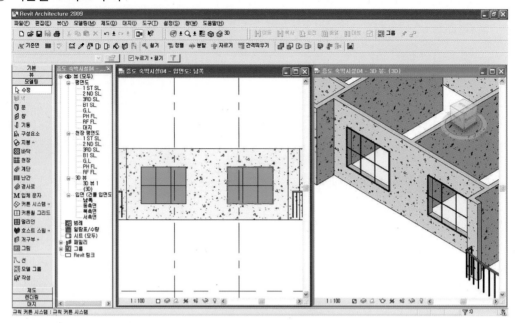

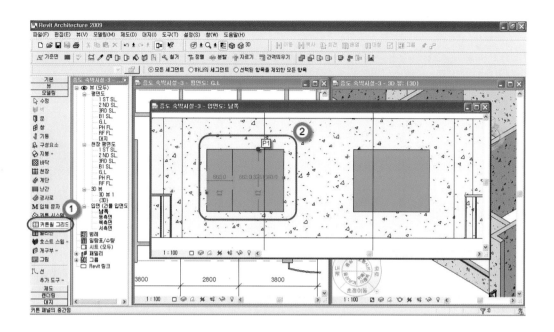

❶ 田 커튼월 그리드 를 클릭하고 ❷와 같이 3등분합니다. P1에 마우스를 가져가면 1/3 지점이
자동으로 설정되어 클릭만 하면 됩니다.

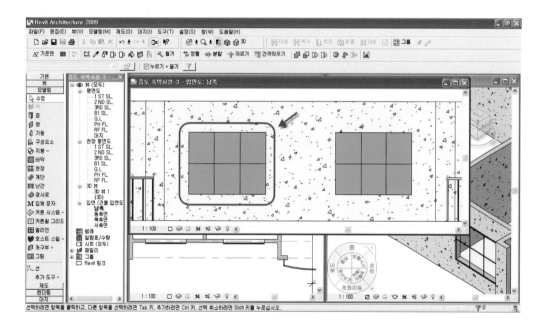

그림에서 그리드가 추가된 것을 알 수 있습니다.

③ 멀리언 작성

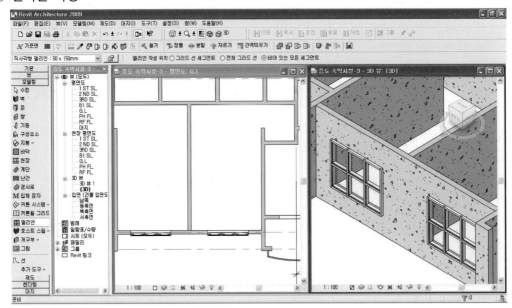

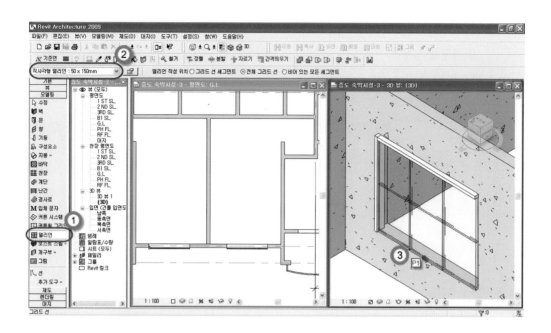

❶ ⊞ 멀리언 을 클릭하고

❷ 직사각형 멀리언 : 50 x 150mm ∨ 선택한 다음

❸ P1에 마우스를 가져가면 그리드가 자동 선택되고 클릭을 하면 멀리언이 생성됩니다.

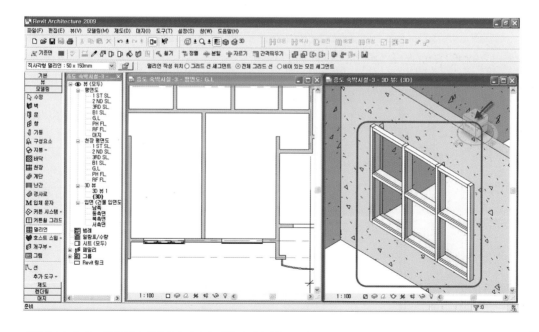

그림과 같이 멀리언이 생성된 모습을 확인할 수 있습니다.
다른 벽의 개구부도 같은 방법으로 만들어가면 됩니다.

177

① 커튼월 생성

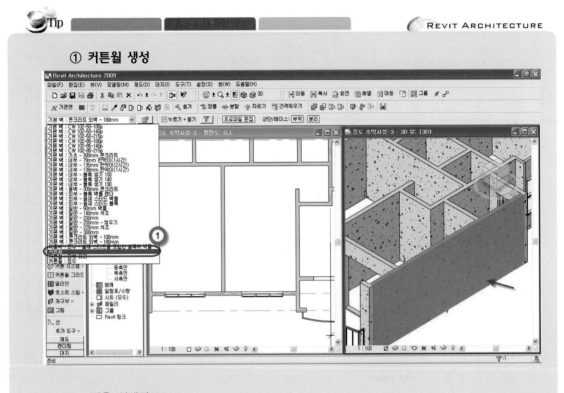

벽을 선택하고

❶ |커튼월 을 선택하면 커튼월이 생성됩니다.

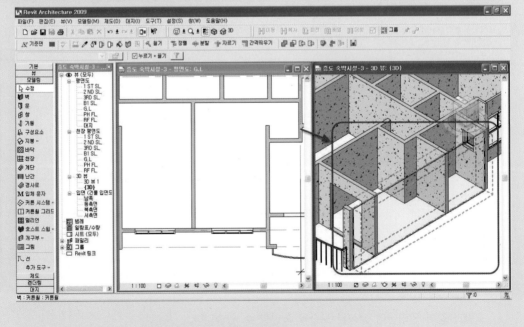

그림과 같이 커튼월이 생성된 모습을 확인할 수 있습니다.

② 벽 유형 변경하기

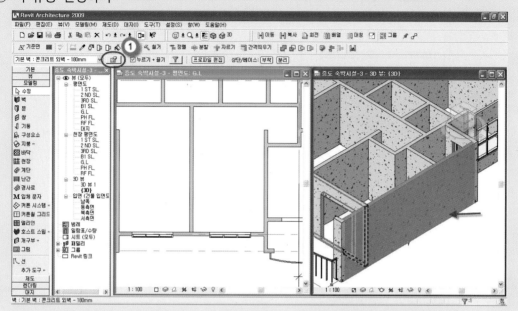

벽의 유형은 마감, 두께, 재료, 구조 등 여러 가지 요소를 갖고 있는 벽을 말하며
이러한 벽을 사용자가 원하는 벽의 유형으로 변경하는 것입니다.

우선 벽을 선택합니다. ❶ [요소특성]을 클릭합니다.

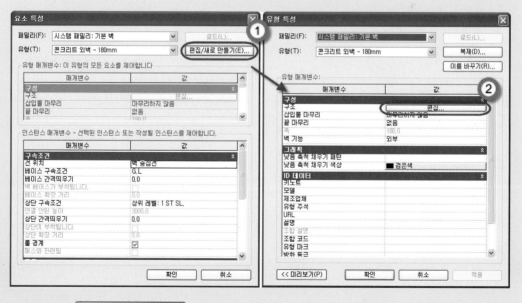

❶ [편집/새로 만들기(E)...] 누르고

❷ [편집...]을 클릭하고 편집모드로 들어갑니다.

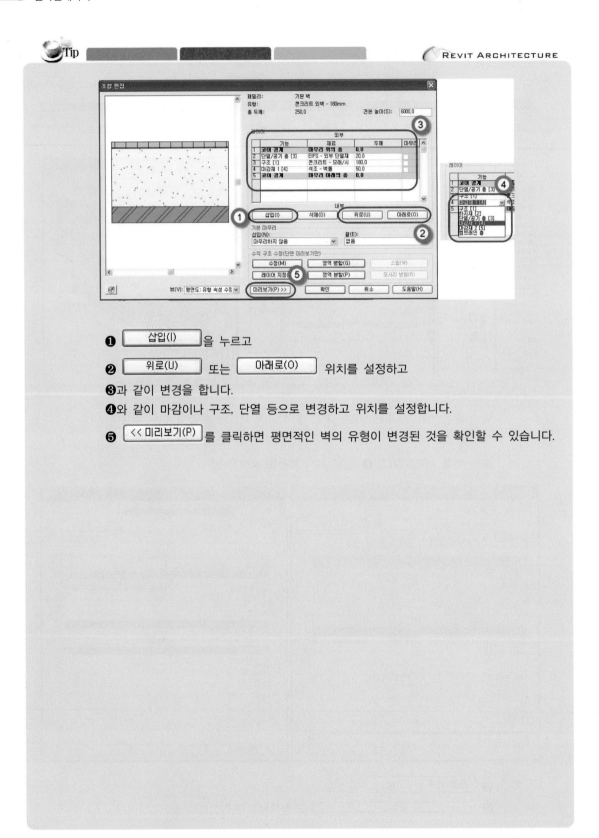

❶ 삽입(I) 을 누르고

❷ 위로(U) 또는 아래로(O) 위치를 설정하고

❸과 같이 변경을 합니다.

❹와 같이 마감이나 구조, 단열 등으로 변경하고 위치를 설정합니다.

❺ << 미리보기(P) 를 클릭하면 평면적인 벽의 유형이 변경된 것을 확인할 수 있습니다.

S·T·E·P 05 바닥 작성

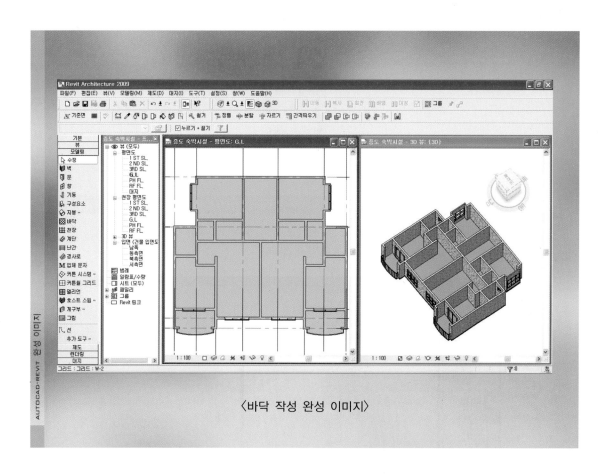

〈바닥 작성 완성 이미지〉

1) 벽선을 이용하여 바닥 작성

설계막대에서

❶ | 모델링 |을 선택하고

❷ ▦바닥 을 클릭하면 스케치 모드로 들어갑니다.

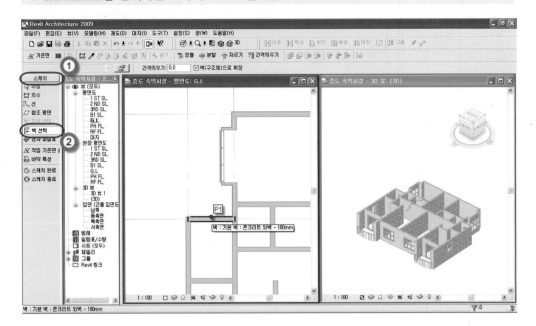

❶ | 스케치 |모드에서

❷ |← 벽 선택 을 클릭하고 P1에 마우스를 가져가면 벽의 바깥쪽이 선택이 되며 클릭을 하면 보라

색으로 선이 그려집니다. 전체적으로 벽을 선택한 후 ✅ 스케치 완료 를 클릭하여 바닥을 완성

합니다.

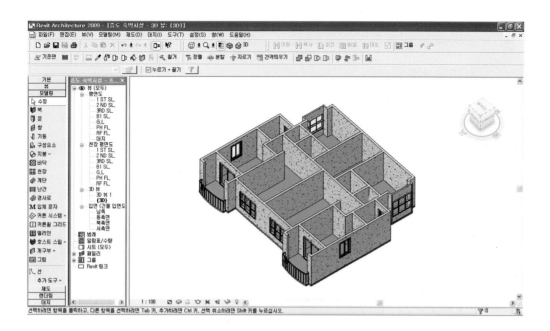

바닥이 완성된 모습입니다.

Tip

REVIT ARCHITECTURE

① 바닥 수정

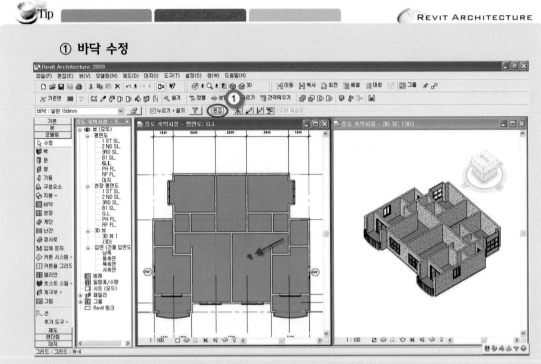

바닥을 수정하기 위해서는 우선 바닥을 선택하고 ❶ 편집 을 클릭합니다.

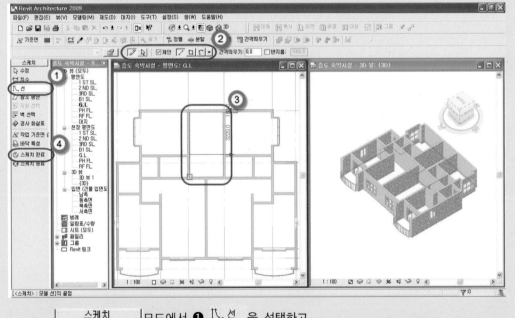

스케치 모드에서 ❶ 선 을 선택하고

❷ ☑체인 스케치 선을 선택하고 ❸과 같이 그려 줍니다. 완성
이 되면 ❹ 스케치 완료 를 클릭합니다.

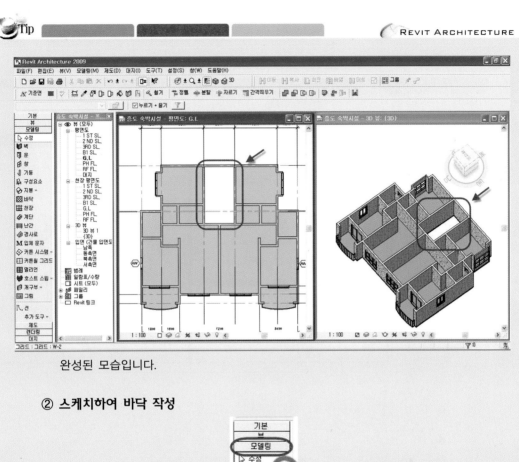

완성된 모습입니다.

② 스케치하여 바닥 작성

설계막대에서

❶ | 모델링 |을 선택하고

❷ 🔳 바닥 을 클릭해서 스케치 모드로 들어갑니다.

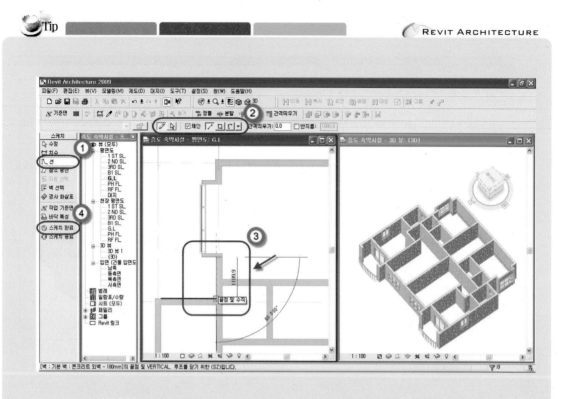

❶ 선 을 선택하고

❷ ☑체인 그리기 선을 선택한 다음

❸과 같이 벽의 외곽으로 선을 그립니다. 그리기가 완성되면

❹ 스케치 완료 를 클릭하여 완성합니다.

S·T·E·P 06 > 문/창 작성

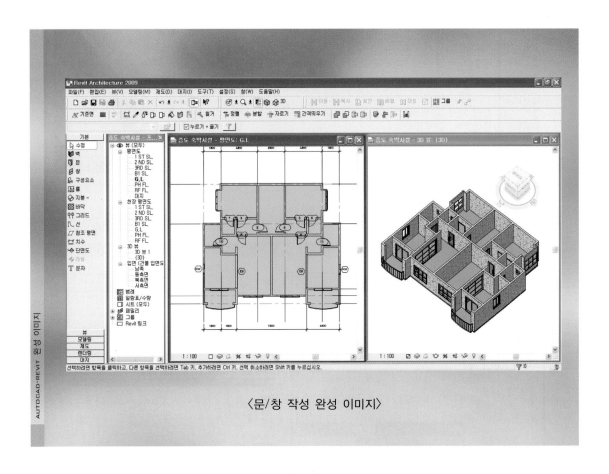

〈문/창 작성 완성 이미지〉

1) 문 유형 만들기

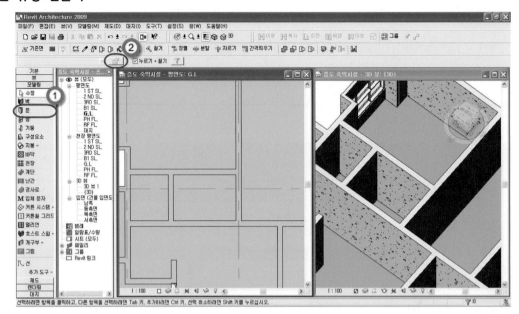

❶ 🚪 문   을 선택하고 ❷ 📋 요소특성을 클릭합니다.

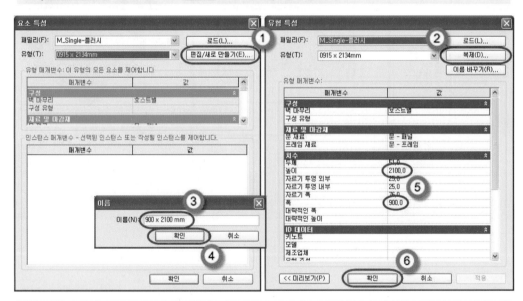

❶ 편집/새로 만들기(E)... 를 클릭하면 유형 특성 창이 활성화됩니다.

❷ 복제(D)... 를 눌러

❸ 900×2100mm로 이름을 변경하고

❹ 확인 을 클릭합니다. 문의 크기를 설정하기 위해

❺와 같이 두께 2100 폭 900으로 변경하고

❻ 확인 을 클릭하여 종료를 하면 문의 유형이 만들어집니다.

2) 문 작성

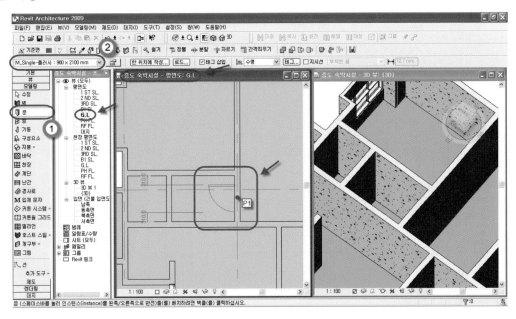

❶ | 문 | 을 클릭하고

❷ 문의 유형이 맞는지 확인한 다음 P1에 마우스를 가져가면 문이 가상의 선으로 설정됩니다. 클릭을 하면 문이 삽입됩니다.

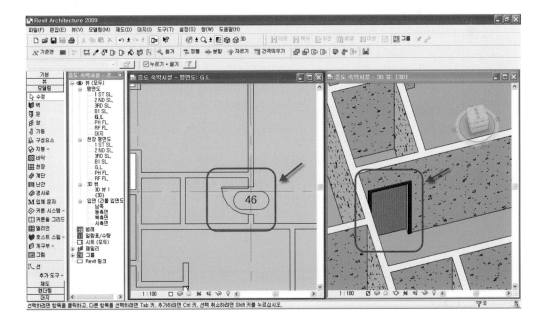

문이 작성된 것을 확인할 수 있습니다.

3) 문 위치 수정

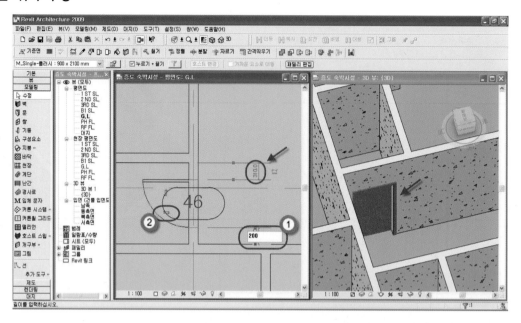

문을 선택하고 문의 아래쪽에 치수를 클릭하면

❶과 같이 200으로 수정하면 문의 위치를 수정할 수 있습니다. 문의 열리는 방향을 수정하기 위해
❷를 클릭하면 문의 방향이 바뀝니다.

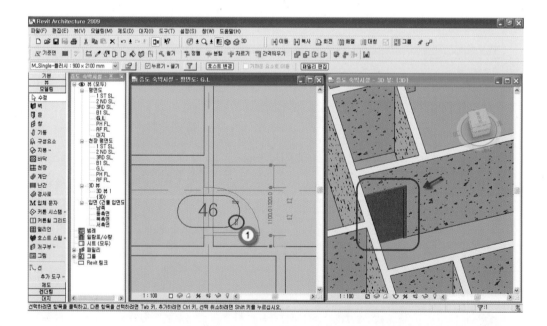

문이 열리는 방향을 바꾸기 위해

❶을 클릭하면 그림과 같이 수정된 문을 확인할 수 있습니다.

4) 창 유형 만들기

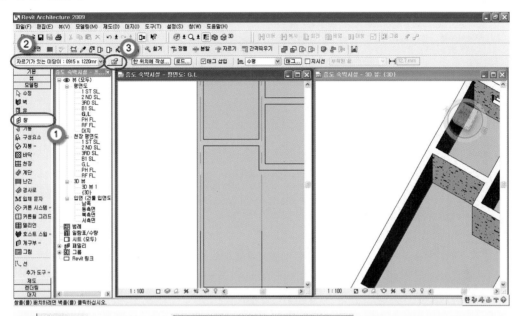

❶ 📁 **창** 을 선택하고 **❷** 자르기가 있는 미닫이 : 0915 × 1220mr ⌄ 유형을 선택하고

❸ 📇 요소특성을 클릭합니다.

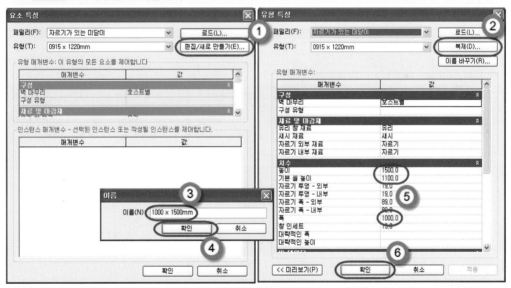

❶ 편집/새로 만들기(E)... 를 클릭하면 유형 특성 창이 활성화됩니다.

❷ 복제(D)... 를 누르고 **❸** 이름을 1000×1500mm로 변경하고

❹ 확인 을 클릭합니다.

❺ 치수에서 높이를 1500, 기본 씰 높이를 1100, 폭을 1000으로 변경하고

❻ 확인 을 클릭하여 유형 만들기를 종료합니다.

5) 창 작성

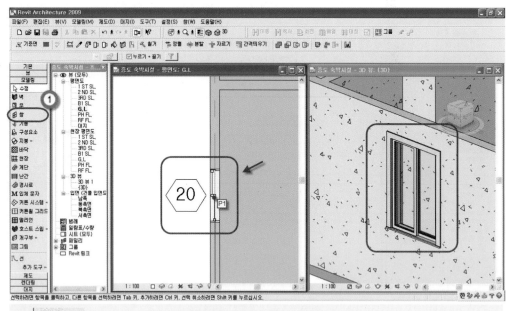

❶ 　⊞ 창　　을 클릭하고 P1을 클릭하면 그림과 같이 창문이 삽입됩니다.

6) 창 위치 수정하기

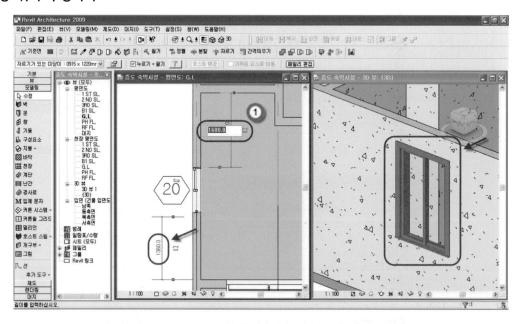

창을 선택하고 ❶의 숫자를 더블 클릭하면 그림과 같이 위치를 수정할 수 있습니다.
1600으로 변경하고 　Enter　를 누릅니다.

Tip

창의 이름과 방향 바꾸기

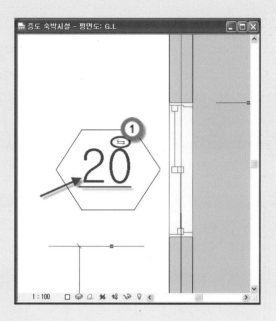

❶을 클릭하면 창의 방향을 바꿀 수 있습니다.

화살표의 20 숫자를 더블 클릭하면 창의 이름을 변경할 수 있습니다.

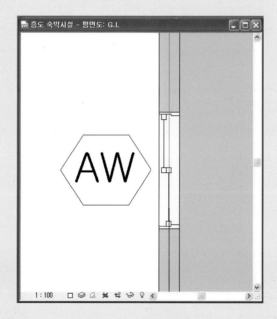

창의 이름과 방향이 바뀐 것을 확인할 수 있습니다.

S·T·E·P **07** 계단 작성

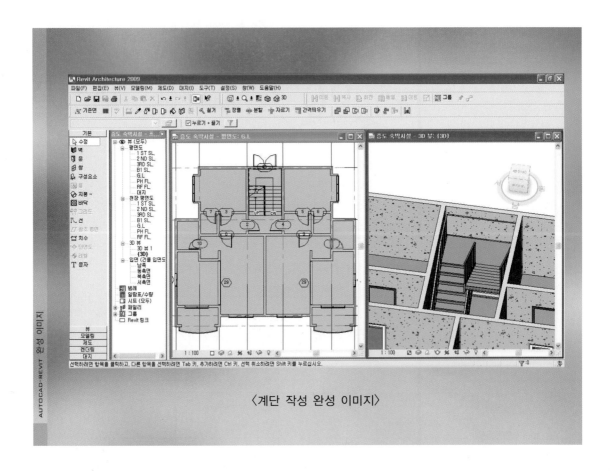

〈계단 작성 완성 이미지〉

1) 계단 진행을 통한 계단 작성

❶ 모델링 을 선택하고

❷ ⚙ 계단 을 클릭합니다.

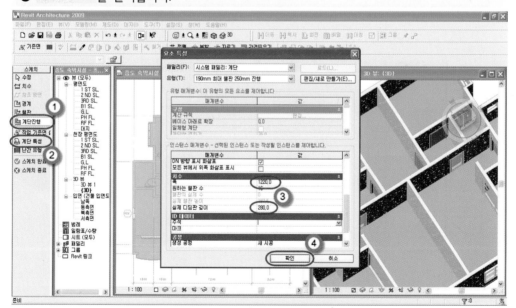

❶ 🔢 계단진행 을 선택하고

❷ 🔧 계단 특성 을 클릭합니다. 요소 특성에서

❸ 치수에서 폭을 1220, 원하는 챌판 수 18, 실제 디딤판 깊이 280으로 변경합니다.

❹ 확인 을 눌러 계단의 요소 변경을 종료합니다.

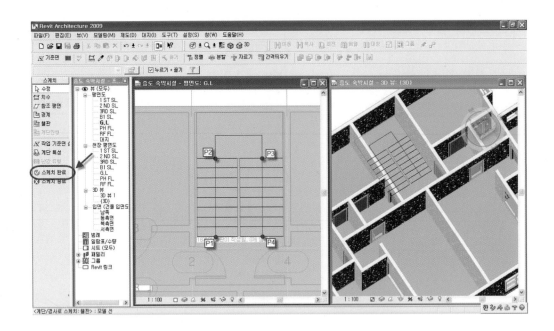

P1부터 P4까지 클릭을 하면 계단의 진행방향으로 그려집니다. ✅ 스케치 완료 를 누르면 계단이 완성됩니다.

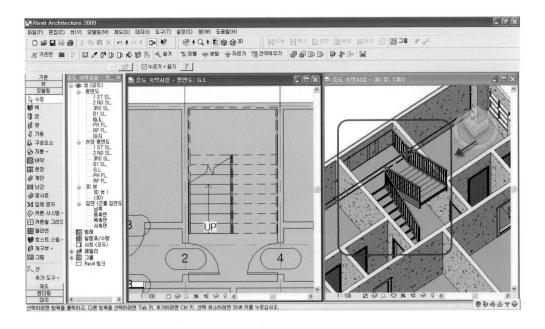

그림에서 계단의 완성된 모습을 확인할 수 있습니다.

챌판과 경계를 이용한 계단 작성

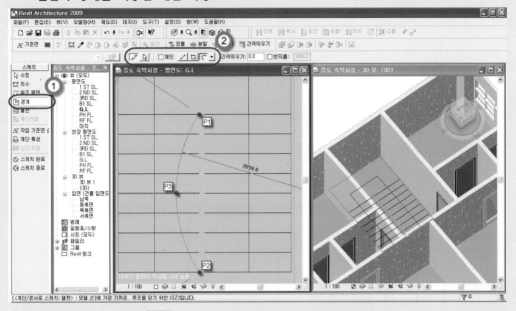

계단을 선택하고 [편집]을 눌러 계단 스케치 모드로 들어갑니다.

❶ [凸 경계] 를 클릭하고 ❷ [그리기 도구] │ ☑체인 [그리기]그리기를 선택하고 호를
선택합니다. 그림과 같이 P1, P2, P3를 클릭하여 계단의 경계를 완성합니다. 반대쪽도 같은
방법으로 그리면 됩니다.

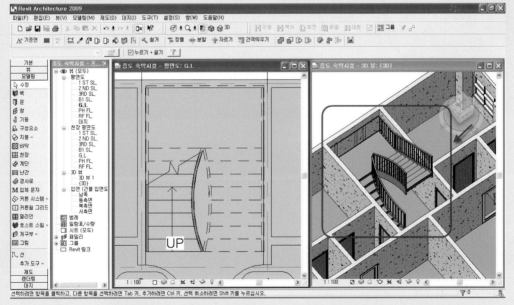

계단의 경계를 활용하여 계단의 형태를 완성한 모습입니다.

S·T·E·P **08** 천장 작성

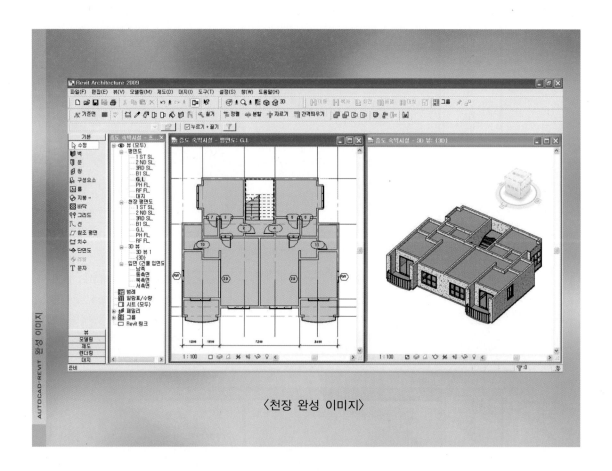

〈천장 완성 이미지〉

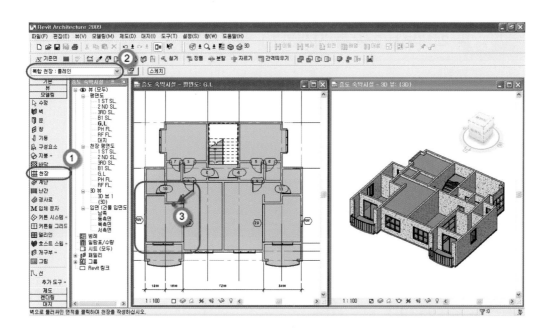

설계막대에서 모델링 을 선택하고

❶ ▦ 천장 을 클릭합니다.

❷ 복합 천장 : 플레인 ▼ 선택하고

❸ 실 구역으로 마우스를 가져가면 실의 경계를 자동으로 인식하여 붉은 선으로 실 경계를 표시 합니다. 실 경계가 표시되면 클릭을 합니다. 그림과 같이 클릭하면 완성된 천장을 확인할 수 있습니다.

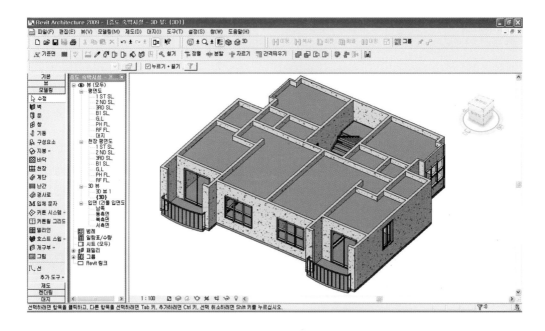

같은 방법으로 천장을 만들면 그림과 같이 완성된 모습을 확인할 수 있습니다.

S·T·E·P 09 › 객체복사(2~4층 작성하기)

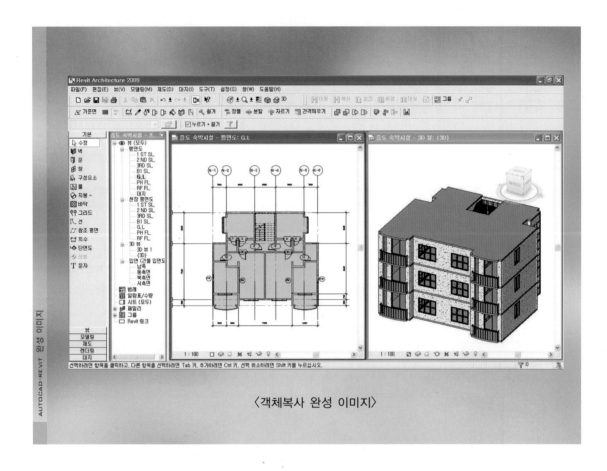

〈객체복사 완성 이미지〉

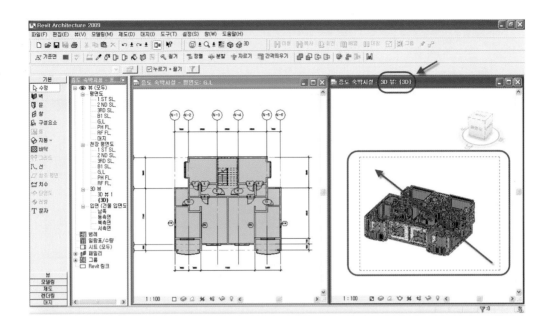

우선 3D뷰를 활성화시키고 그림과 같이 만들어진 건물을 드래그하여 전체를 선택합니다.

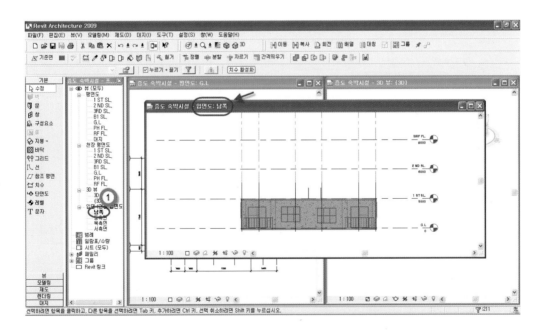

입면 뷰에서

❶ 남쪽을 더블 클릭하여 그림과 같이 남쪽 뷰의 창을 활성화시킵니다.

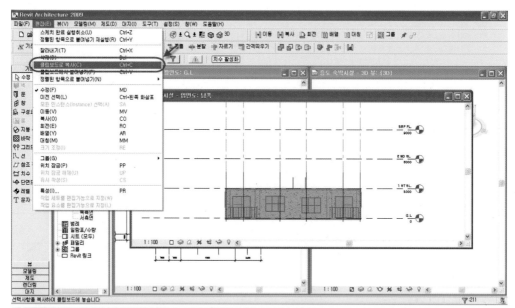

선택된 객체를 복사하기 위해 메뉴막대 편집에서 클립보드로 복사(C)를 클릭합니다.
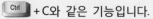 +C와 같은 기능입니다.

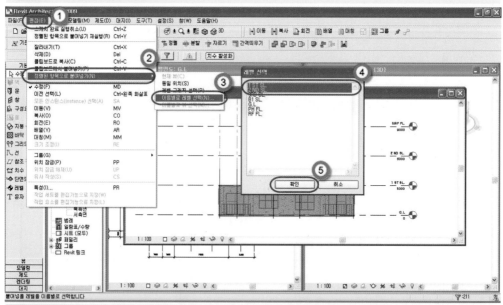

다시 메뉴막대에서

❶ 편집을 누르고

❷ 정렬된 항목으로 붙여넣기(N) 를 클릭하고

❸ 이름별로 레벨 선택(N)... 을 누르면 레벨 선택 창이 보입니다.

❹ 복사할 레벨을 선택하고

❺ 확인 을 클릭하면 완성됩니다.

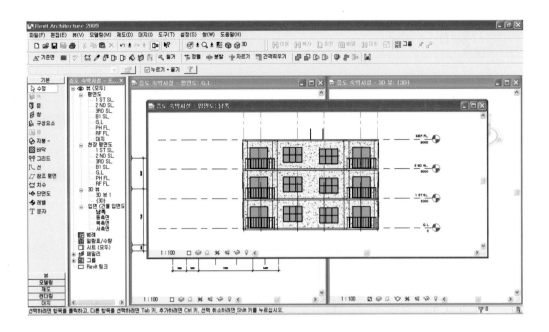

완료된 모습입니다.

S·T·E·P **10** 바닥 수정

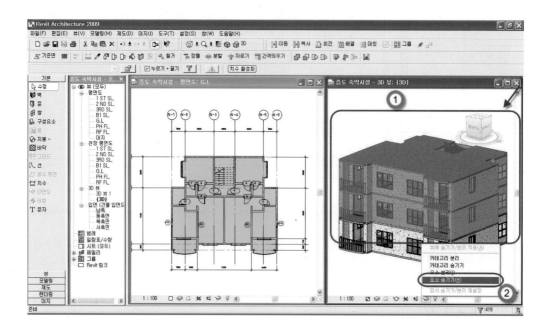

❶ 그림과 같이 객체를 선택하고

❷ 요소 숨기기(H) 를 클릭하면 선택된 요소를 숨기기 모드로 전환할 수 있습니다.

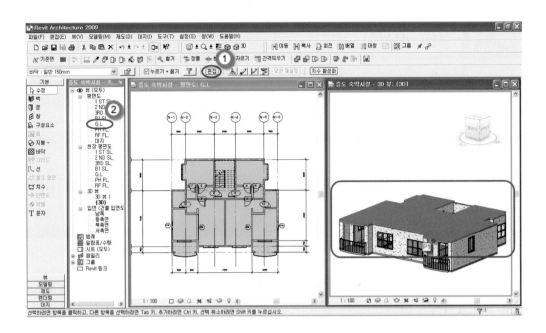

1층 객체를 그대로 붙여 넣었기 때문에 계단 부분의 바닥을 수정하겠습니다.

1층 바닥 P1을 클릭하고

❶ 편집 을 클릭하고 평면도 뷰에서

❷ G.L 뷰를 활성화시킵니다.

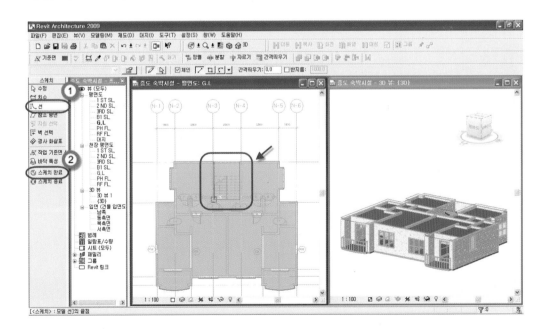

❶ 선을 클릭하고 그림과 같이 바닥을 수정합니다.

❷ ✅ 스케치 완료 를 클릭하여 수정을 완료합니다.

S·T·E·P **11** 〉 지붕 작성

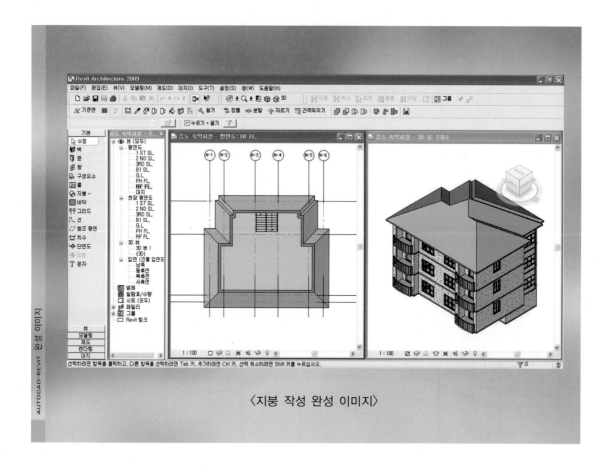

〈지붕 작성 완성 이미지〉

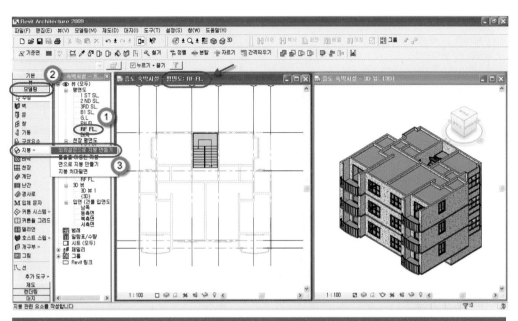

프로젝트 탐색기의 뷰<모두>에서

❶ 평면도 RF FL창을 그림과 같이 활성화시킵니다. 설계막대에서

❷ ⬚ 모델링 ⬚ 을 선택하고

❸ ◇ 지붕 » 에서 외곽설정으로 지붕 만들기 를 클릭합니다.

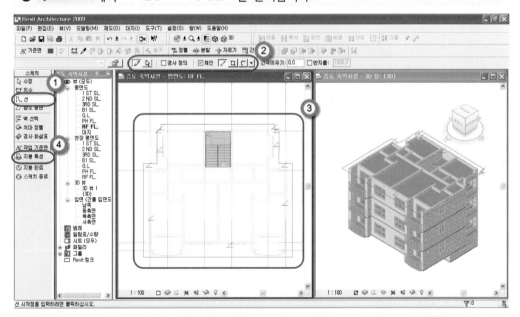

❶ ⊓ 선 을 누르고

❷ ✎ ▷ | ☑체인 ╱ □ ⊂ ▾ 그리기에 경사정의를 체크하고 선을 선택한 다음

❸과 같이 벽선에서 600을 띄워 외곽으로 지붕 선을 그려 줍니다. 스케치가 끝나면

❹ ▤ 지붕 특성 을 클릭합니다.

요소특성 창이 뜨면

❶ 편집/새로 만들기(E)... 를 클릭하고

❷ 복제(D)... 를 누르고 이름을

❸ 지붕 150mm로 변경하고

❹ 확인 을 누릅니다. 이름이 변경되면

❺ 편집... 을 클릭합니다.

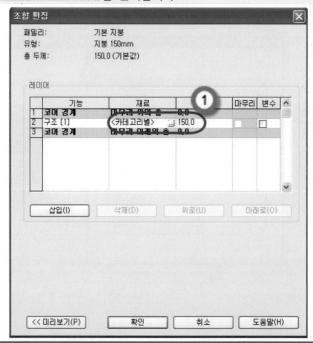

재료와 두께를 설정합니다.

❶ 두께 150으로 변경하고 <카테고리별> 을 클릭합니다.

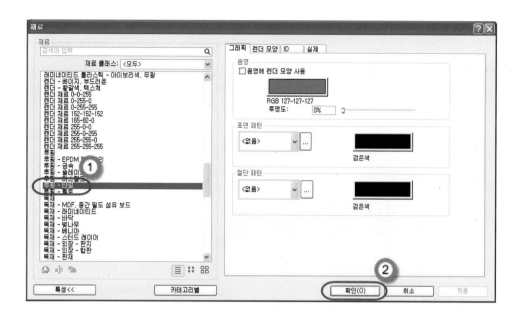

재료를

❶ 루핑 - 타일로 변경하고

❷ [확인] 을 클릭하여 재료 변경을 종료합니다. ✅ 지붕 완료 를 클릭하여 지붕 작성하기
를 완료합니다.

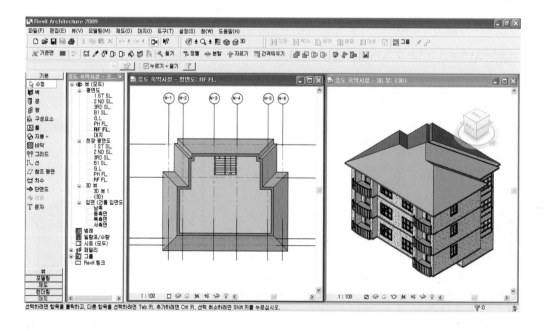

완료된 모습입니다.

Tip   REVIT ARCHITECTURE

① 지붕 수정

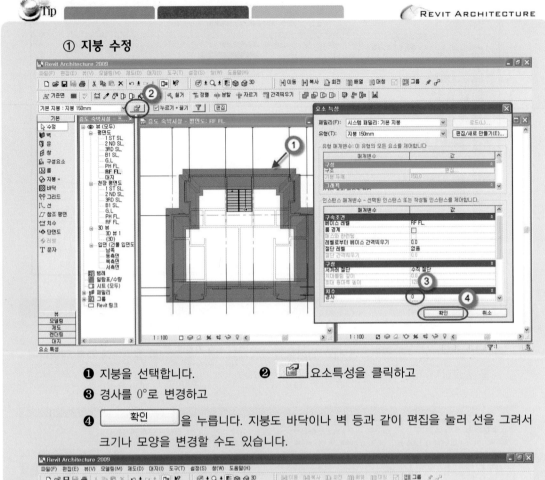

❶ 지붕을 선택합니다.　　　　❷ 요소특성을 클릭하고

❸ 경사를 0°로 변경하고

❹ 확인 을 누릅니다. 지붕도 바닥이나 벽 등과 같이 편집을 눌러 선을 그려서 크기나 모양을 변경할 수도 있습니다.

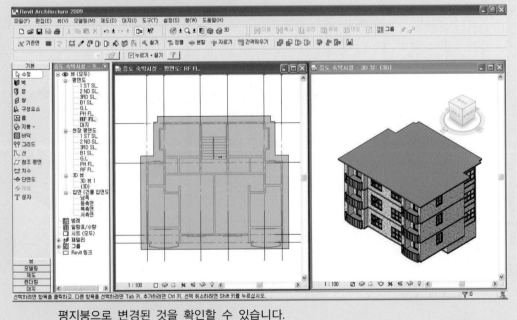

평지붕으로 변경된 것을 확인할 수 있습니다.

PART

04

AUTODESK REVIT

대지 작성

〈대지 작성 완성 이미지〉

AUTOCAD-REVIT 완성 이미지

S·T·E·P **01** ▶ 데이터 불러오기

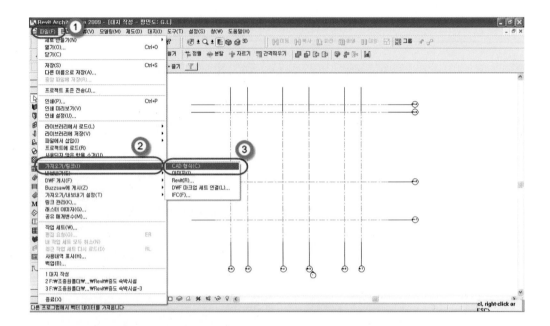

시작하기 전 프로젝트 탐색기에 평면도에서 대지 뷰를 활성화시킵니다.

메뉴막대에서

❶ 파일을 선택하고

❷ 가져오기/링크(I)에서

❸ CAD 형식(C)을 클릭합니다.

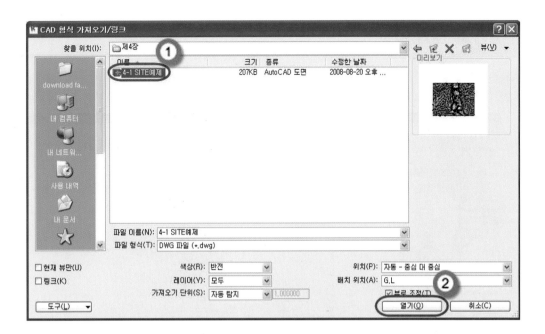

파일을 open합니다.

캐드 형식의

❶ 예제 파일을 선택하고

❷ 를 클릭합니다.

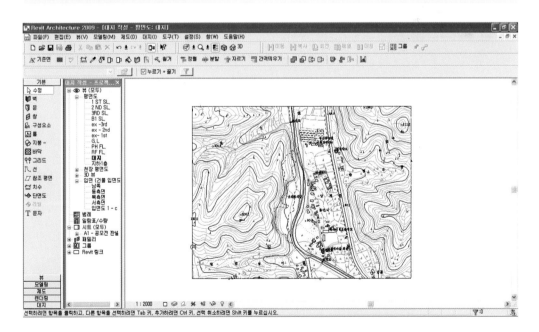

대지 뷰에 예제 파일이 캐드 형식으로 불러온 것을 확인할 수 있습니다.

S·T·E·P **02** 대지 작성

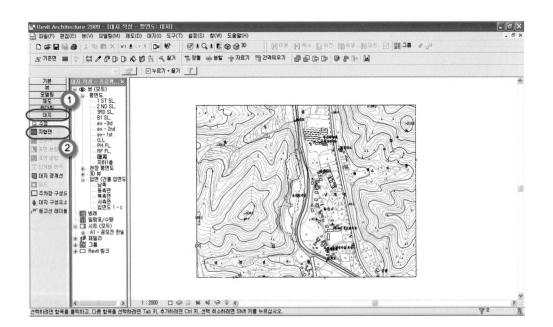

설계막대에서

❶ 　　대지　　 를 선택하고

❷ 　지형면 을 클릭합니다.

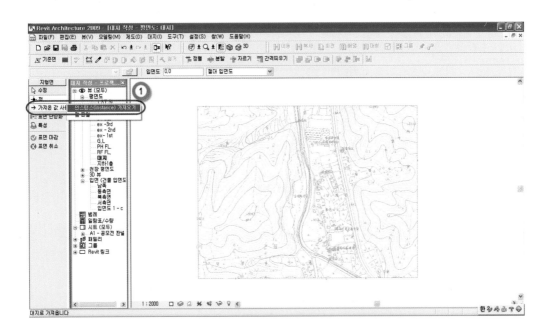

지형면에서

❶ → 가져온 값 사용 ≫ 을 선택하고 인스턴스(instance) 가져오기를 클릭합니다.

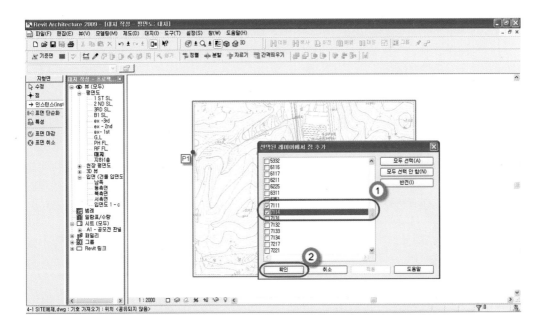

P1에 마우스를 가져가면 그림과 같이 선택영역이 생기는데 클릭을 하면 점 추가창이 활성화됩니다.
레이어 ❶ 7111과 7114만 선택하고 모두 선택 해제를 합니다.

❷ 확인 을 클릭합니다.

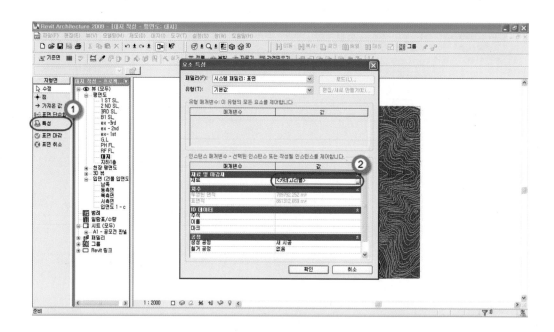

❶ 특성 을 누르고

❷ <카테고리별> 을 클릭합니다.

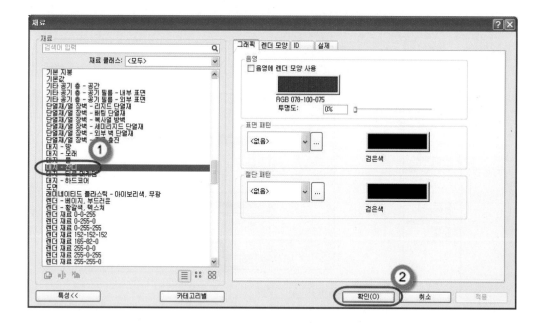

❶ 대지 - 잔디를 선택하고

❷ 확인 을 클릭하여 재료 선택을 완료합니다. ✅ 표면 마감 클릭하여 대지 작성을 완료합니다.

S·T·E·P 03 ▶ 표면 분할

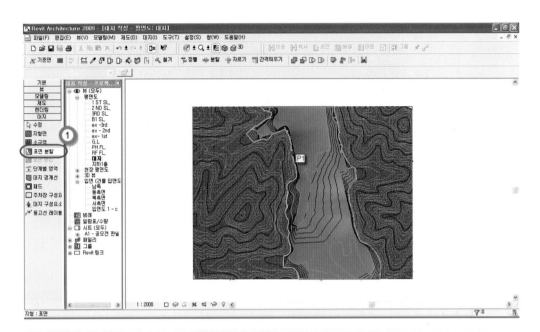

❶ 🖼 표면 분할 을 클릭하고 만들어진 현재 대지의 <P1>을 클릭합니다.

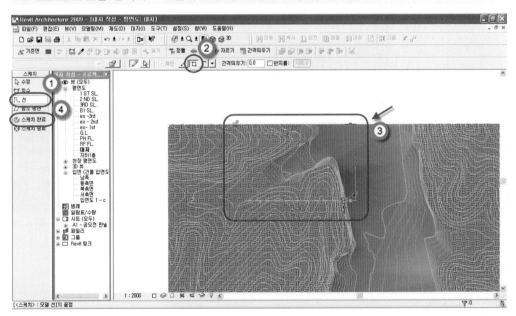

적당한 크기로 화면을 확대하고 ❶ 선을 클릭하고 ❷ 🗖 사각툴을 선택한 다음

❸ 적당한 크기로 대지위치를 선정하여 그려 줍니다.

❹ 스케치 완료를 눌러 완료합니다.

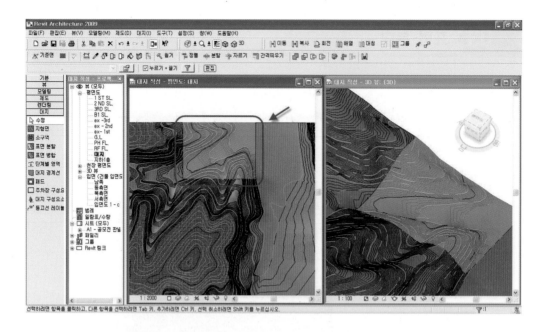

그림과 같이 분할된 대지를 확인할 수 있습니다.

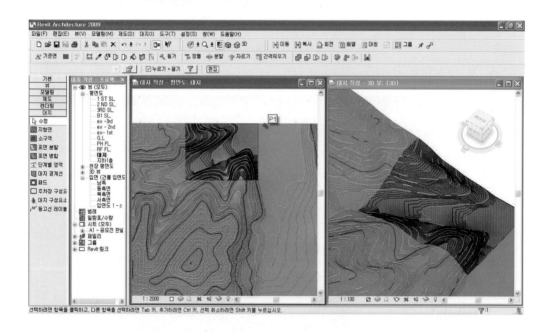

분할된 지형이 아닌 주변 지형을 선택하여 <P1>을 삭제해 줍니다.

Tip

REVIT ARCHITECTURE

간단한 대지 만들기

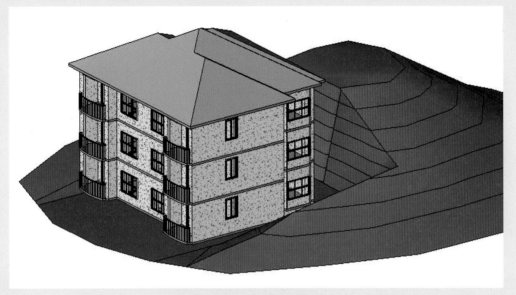

〈간단한 대지 만들기 완성 이미지〉

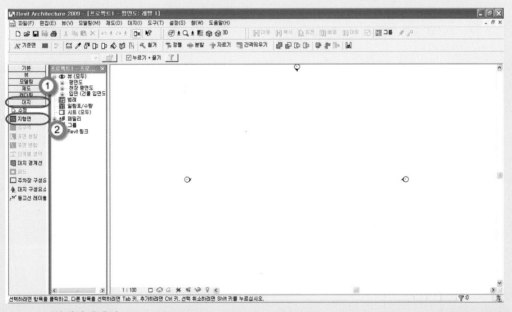

설계막대에서

❶ | 대지 |를 선택하고

❷ 🖳 지형면 을 클릭합니다.

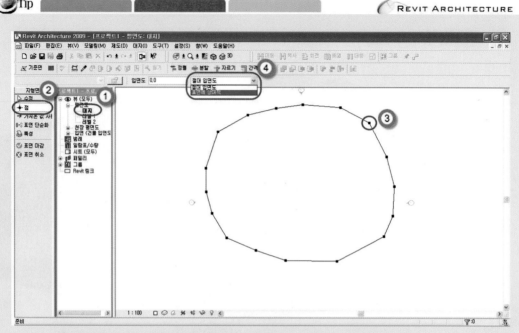

① 평면도 뷰에서 대지 뷰를 활성화시킵니다.

② ✛ 점 을 선택하고

③ 점을 클릭하여 그림과 같이 그려 줍니다. 등고선을 만들기 위해

④ 표면에 상대적 을 선택합니다.

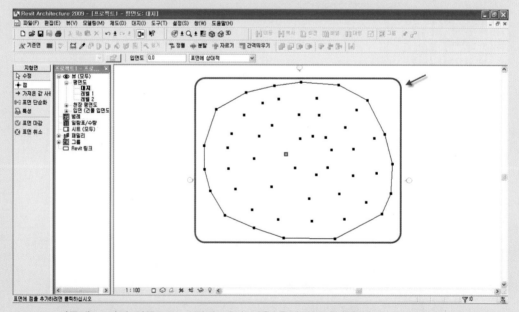

기존에 그려진 안쪽으로 그림과 같이 점을 추가하여 완성합니다.

Tip

REVIT ARCHITECTURE

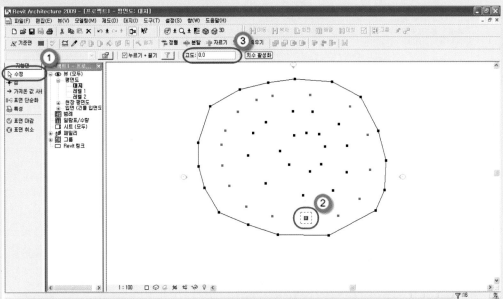

❶ ⬚ 수정 을 클릭하고

❷ 그림과 같이 점을 선택합니다. 등고선의 높이 값을 주기 위해

❸ 고도에 1000을 입력합니다.

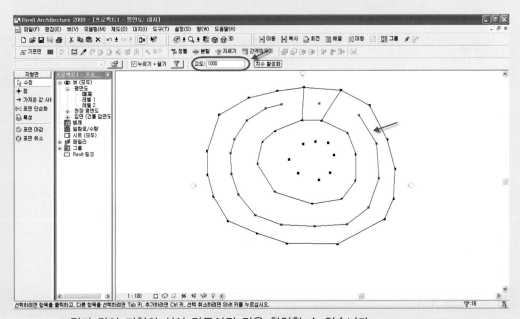

그림과 같이 지형의 선이 만들어진 것을 확인할 수 있습니다.

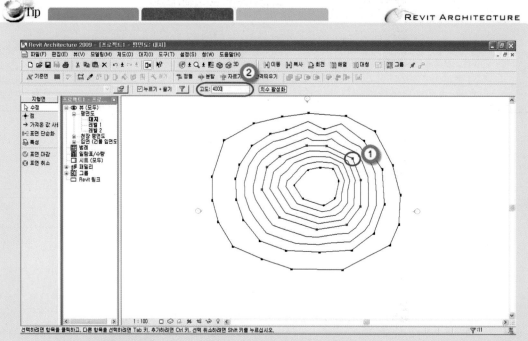

다시 안쪽의 점을

❶과 같이 선택을 하고

❷ 고도 값을 4000으로 입력하게 되면 등고선이 좀더 긴결하게 형성되는 것을 확인할 수 있습니다. ✔ **표면 마감** 을 클릭하여 완성하면 됩니다.

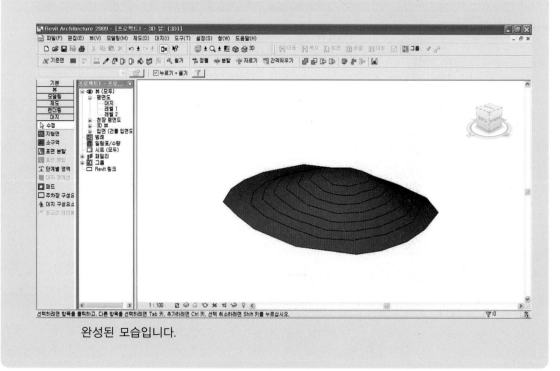

완성된 모습입니다.

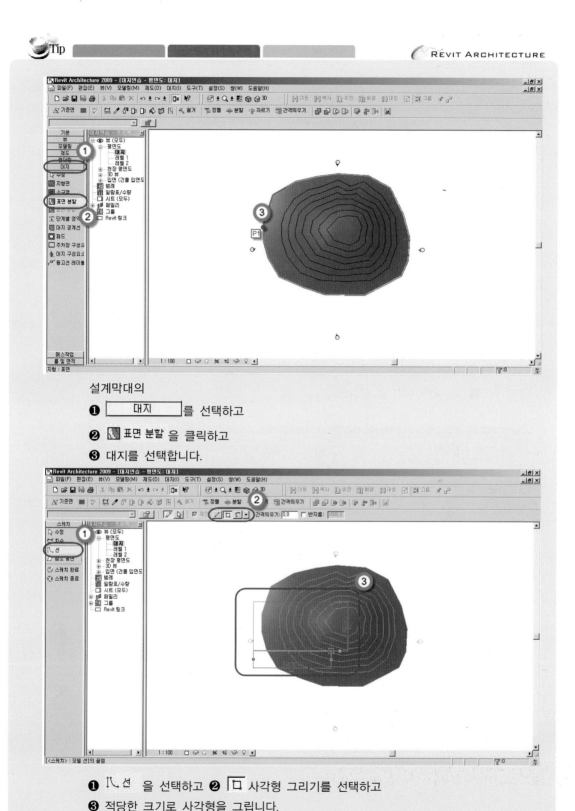

설계막대의

❶ | 대지 | 를 선택하고

❷ 표면 분할 을 클릭하고

❸ 대지를 선택합니다.

❶ 선 을 선택하고 ❷ 사각형 그리기를 선택하고

❸ 적당한 크기로 사각형을 그립니다.

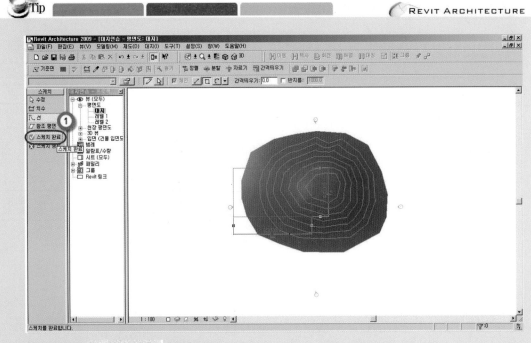

❶ 스케치 완료 를 클릭합니다.

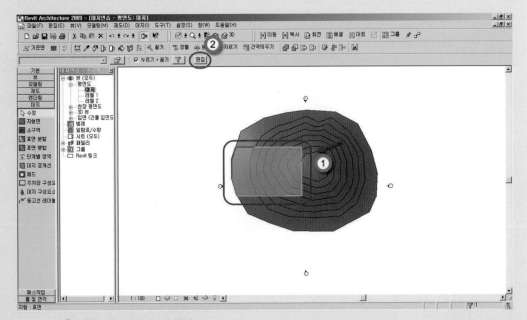

❶ 분할 된 대지를 선택하고

❷ 편집 을 누릅니다.

Tip

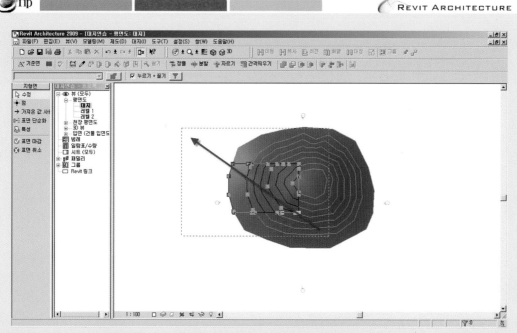

화살표 방향으로 드래그하여 점을 모두 선택합니다.

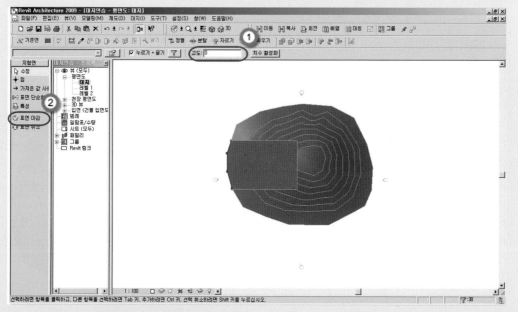

❶ 고도 값을 0으로 변경하고

❷ ✅ 표면 마감 을 클릭합니다.

REVIT ARCHITECTURE

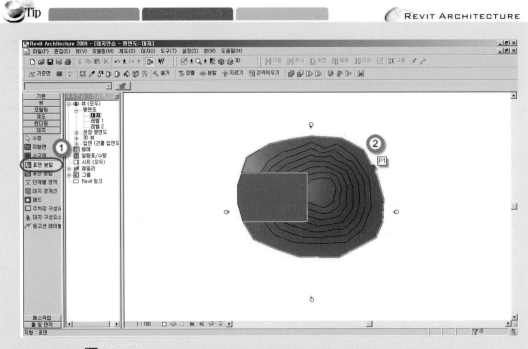

❶ 🔲 표면 분할 을 선택하고

❷ P1을 클릭하여 분할되지 않은 대지를 다시 선택합니다.

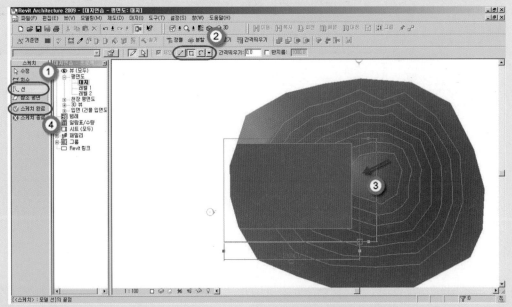

❶ 🔭 선 을 선택하고

❷ 🔲 사각형 그리기를 선택하고

❸ 그림과 같이 사각형을 좀더 크게 그려줍니다.

❹ ✅ 스케치 완료 를 클릭합니다.

REVIT ARCHITECTURE

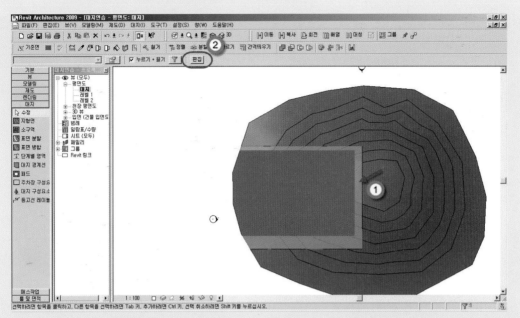

❶ 위에서 분할한 대지를 선택하고

❷ 편집 을 클릭합니다.

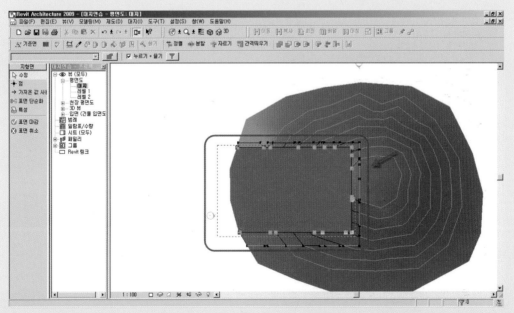

그림과 같이 안쪽의 점들을 선택합니다.

229

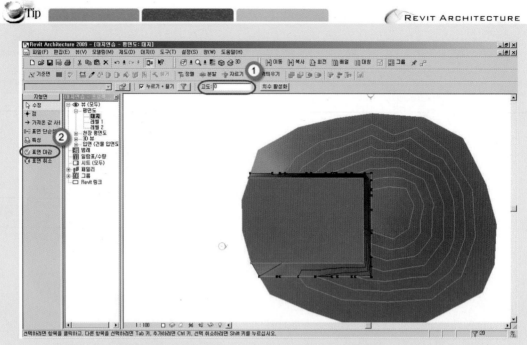

❶ 고도 값을 0으로 변경하고

❷ ✅ 표면 마감 을 클릭합니다.

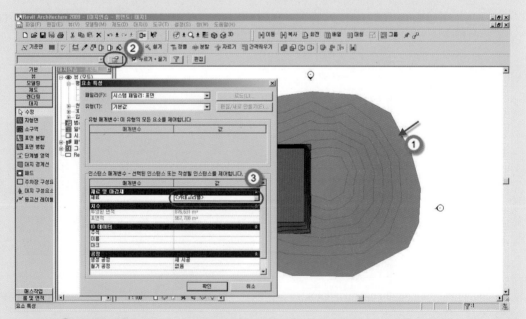

❶ 대지를 선택하고

❷ 🖎 요소특성을 클릭하여

❸ <카테고리별> ⋯ 를 선택합니다.

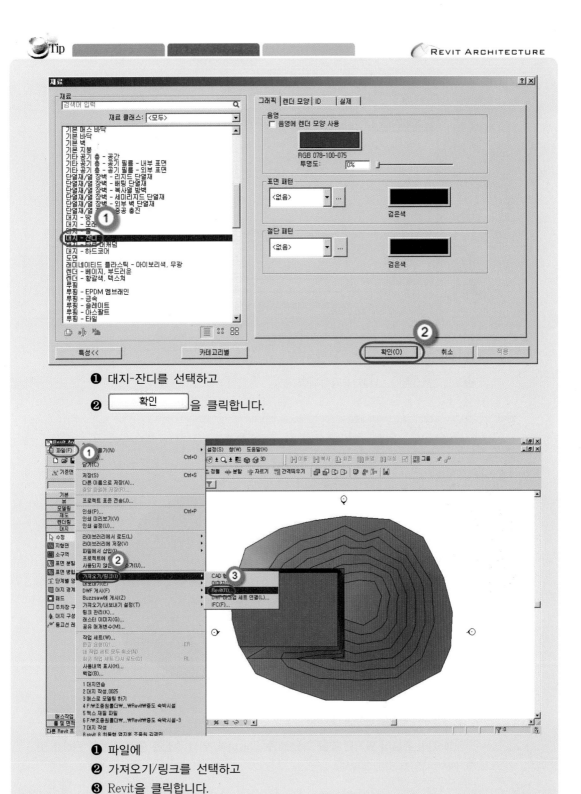

❶ 대지-잔디를 선택하고

❷ 확인 을 클릭합니다.

❶ 파일에

❷ 가져오기/링크를 선택하고

❸ Revit을 클릭합니다.

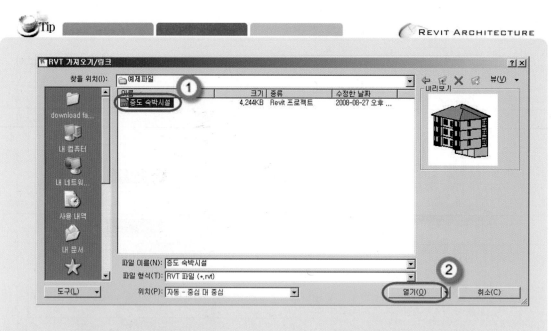

❶ 파일을 선택하고

❷ [열기(O)] 를 클릭합니다.

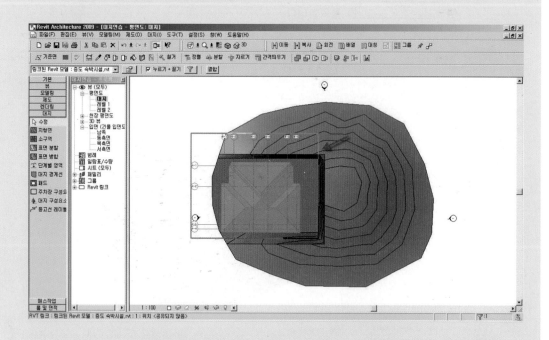

그림과 같이 건물이 위치한 것을 확인할 수 있습니다. 위치 수정을 통해 건물을 원하는 곳으
로 배치하면 완성이 됩니다.

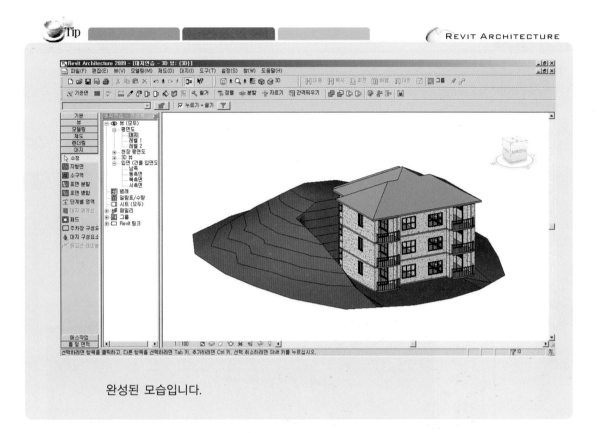

완성된 모습입니다.

S·T·E·P **04** 지형 정리

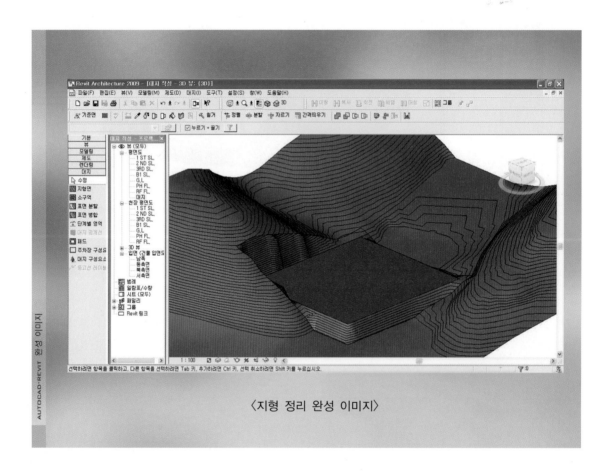

〈지형 정리 완성 이미지〉

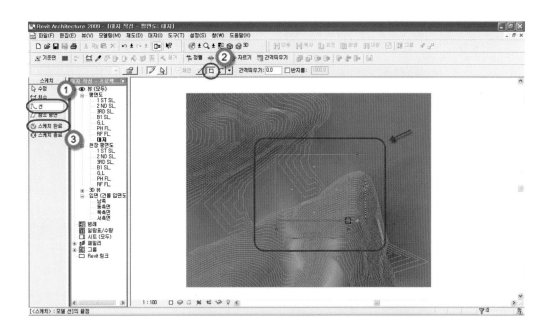

표면 분할을 선택하고 만들어진 대지를 클릭하여 스케치 모드로 들어갑니다.

❶ **선** 을 클릭하고

❷ **사각형 그리기**를 선택하여 그림과 같이 그려 줍니다.

❸ **스케치 완료** 를 클릭합니다.

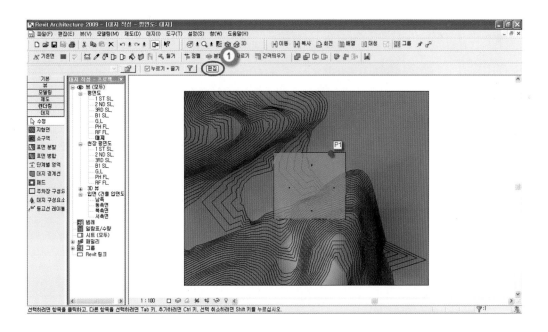

분할된 지형을 <P1>선택하고 ❶ **편집**을 클릭합니다.

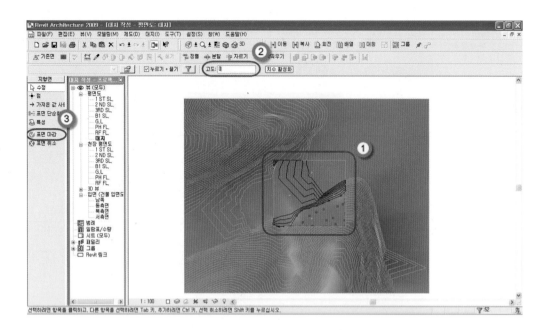

❶ 점을 모두 선택하고 ❷ 고도 값을 0으로 변경합니다.

❸ ✅ 표면 마감 을 클릭하여 완성합니다.

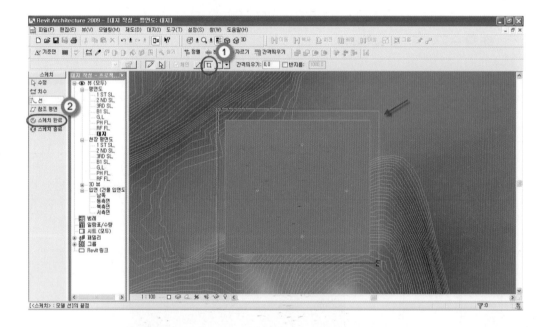

설계막대 대지에서 📖 표면 분할 을 선택하고 지형은 선택합니다. 같은 방법으로 그림과 같이 좀 더 큰 사각형을 만듭니다.

❶ 🔲 사각형 툴로 드래그하면 됩니다.

❷ ✅ 스케치 완료 를 클릭하여 완성합니다.

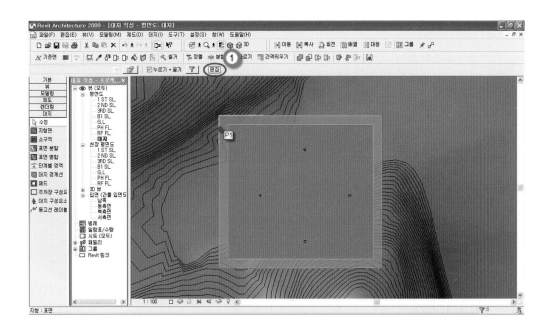

P1 분할된 지형을 선택하고 다시 ❶ 편집 을 클릭합니다.

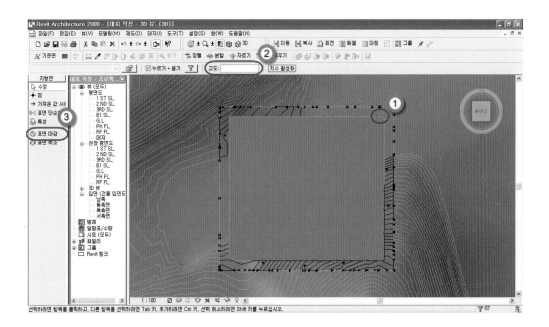

❶ 안쪽 분할된 지형과 인접해 있는 점들을 모두 다 선택하고

❷ 고도 값을 0으로 변경하고

❸ ✅ 표면 마감 을 클릭하여 완성합니다.

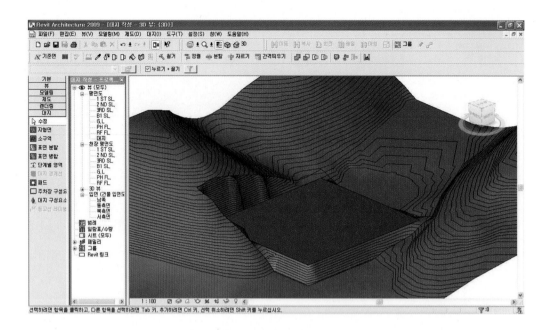

완료된 모습입니다.

S·T·E·P 05 > 도로 만들기

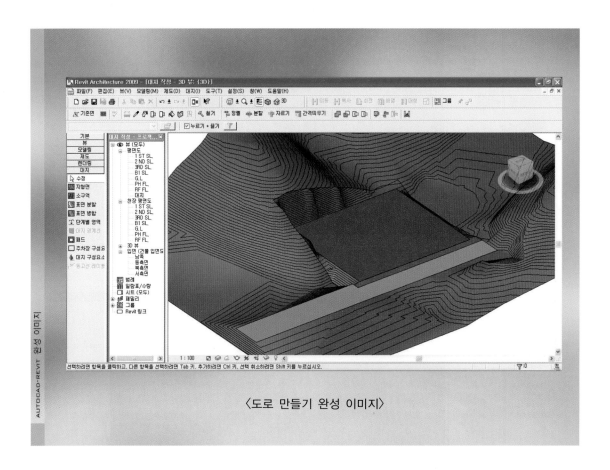

〈도로 만들기 완성 이미지〉

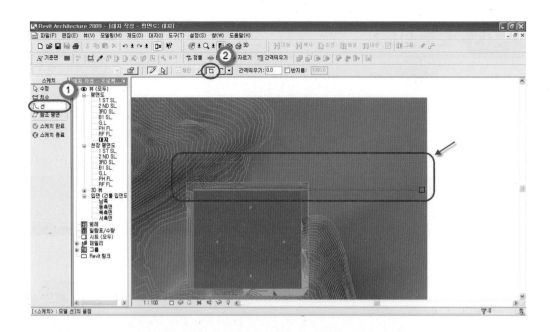

설계막대 대지에서 ▨ 표면 분할 를 클릭하여 앞에서 만들었던 방법으로 똑같이 만들어 줍니다.

❶ 𝖨∖ 선 을 선택하고

❷ 🗖 사각형 그리기를 선택한 다음 그림과 같이 사각형을 만들어 줍니다.

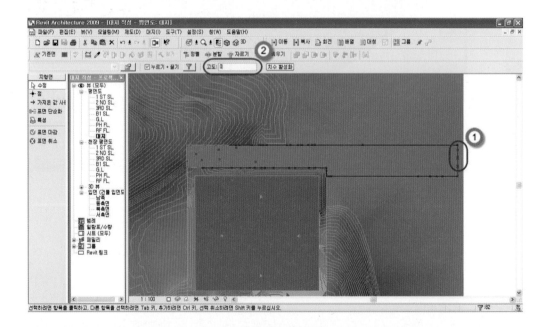

분할된 지형을 선택하고 편집을 클릭한 후

❶ 점을 모두 다 선택하고

❷ 고도값을 0으로 변경하고 ✅ 표면 마감 을 눌러 완성합니다.

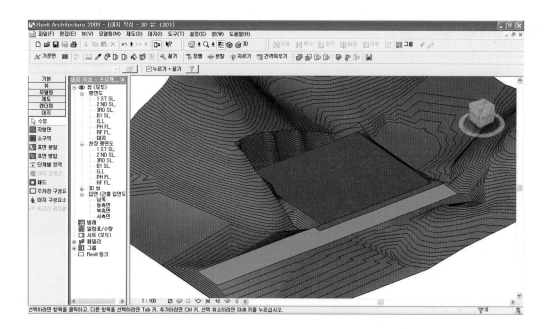

완료된 모습입니다.

S·T·E·P **06** 〉 건물 배치

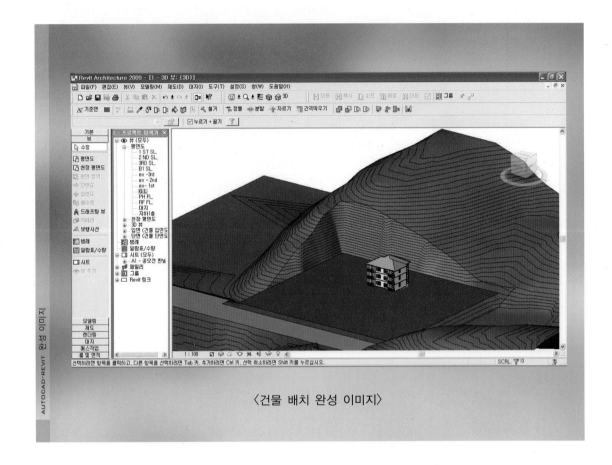

〈건물 배치 완성 이미지〉

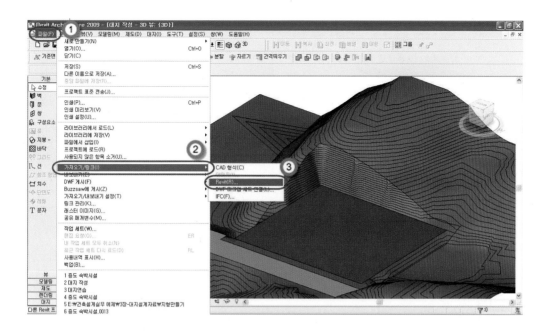

메뉴막대의

❶ 파일에서

❷ 가져오기/링크(I)를 선택하고

❸ Revit을 클릭합니다.

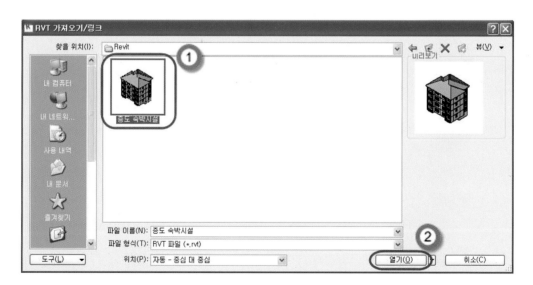

❶ 배치할 도면을 선택하고

❷ 열기를 클릭합니다.

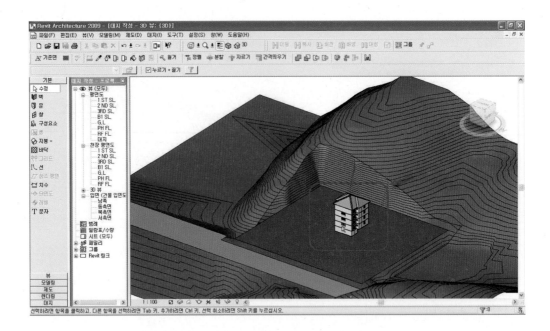

그림에서 건물이 배치된 모습을 확인할 수 있습니다.

S·T·E·P 07 주차장, 나무 배치

〈주차장, 나무 배치 완성 이미지〉

1) 주차장 배치

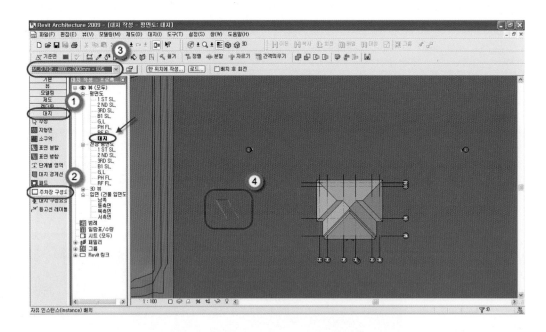

프로젝트 탐색기에 평면도 뷰에서 대지뷰를 활성화시키고 적당한 크기로 확대를 합니다.

설계막대의

❶ **대지** 를 선택하고

❷ □ 주차장 구성요소 를 클릭하고

❸ M_주차장 : 4800 x 2400mm - 60도 ▼ 를 선택하고

❹와 같이 배치하면 됩니다.

2) 나무 배치

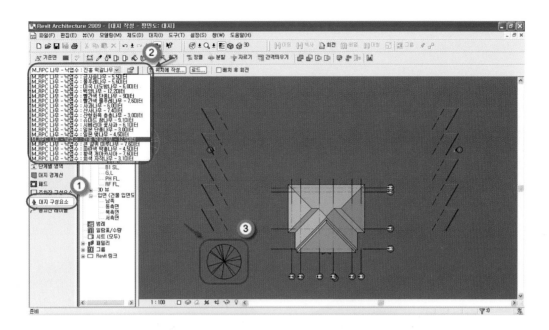

설계막대의 대지에서

❶ 🌲 대지 구성요소 를 클릭하고

❷ 사용자가 원하는 나무를

❸과 같이 배치하면 됩니다.

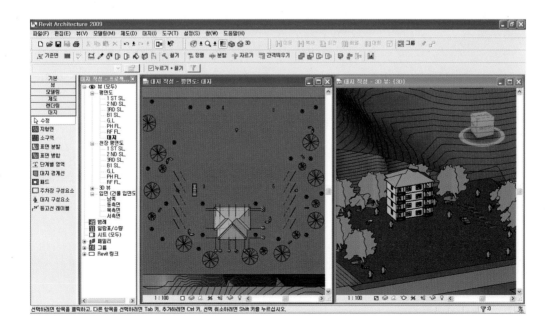

완료된 모습입니다.

S·T·E·P 08 > 카메라 뷰 작성

〈카메라 뷰 완성 이미지〉

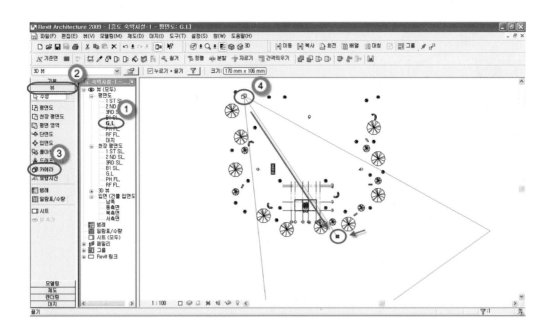

프로젝트 탐색기의

❶ G.L뷰를 활성화시킵니다. 설계막대에

❷ [　　　　　뷰　　　　　]를 선택하고

❸ 📷 카메라 를 클릭합니다.

❹와 같이 클릭하고 화살표시 방향으로 드래그하면 카메라 뷰가 나타납니다.

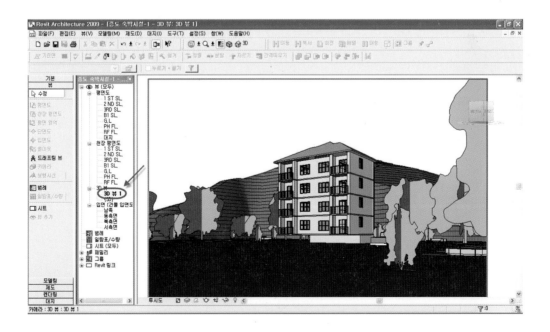

카메라 뷰는 프로젝트 탐색기의 3D뷰에서 언제든지 볼 수 있습니다.

MEMO...

_____
_____
_____
_____
_____
_____

콘셉트 디자인 〈매스 작성〉

S·T·E·P 01 매스 만들기와 건축물로 전환하기

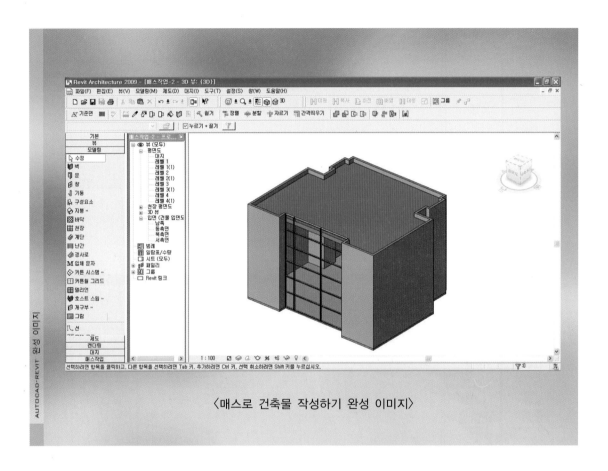

〈매스로 건축물 작성하기 완성 이미지〉

① 프로젝트 실행

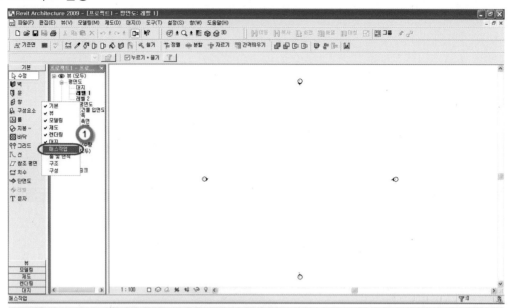

새 프로젝트를 실행합니다. 매스작업을 하기에 앞서 매스작업 툴이 보이지 않을 경우 설계막대에서 마우스 오른쪽을 클릭하면 그림과 같이 ❶ 매스작업을 체크합니다.

② 레벨 작성

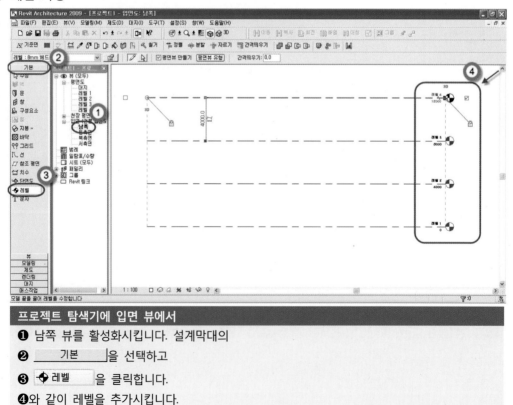

프로젝트 탐색기에 입면 뷰에서

❶ 남쪽 뷰를 활성화시킵니다. 설계막대의

❷ | 기본 |을 선택하고

❸ | ◆ 레벨 |을 클릭합니다.

❹와 같이 레벨을 추가시킵니다.

③ 매스 작성

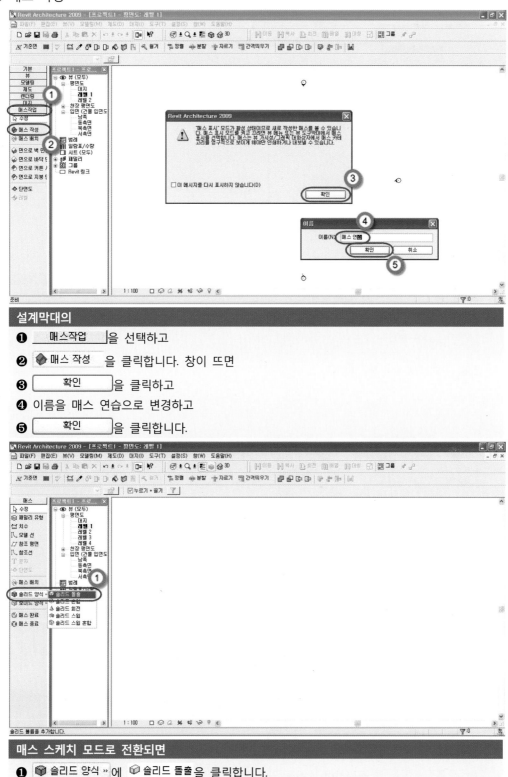

설계막대의

❶ 　매스작업　을 선택하고

❷ ◆ 매스 작성　을 클릭합니다. 창이 뜨면

❸ 　확인　을 클릭하고

❹ 이름을 매스 연습으로 변경하고

❺ 　확인　을 클릭합니다.

매스 스케치 모드로 전환되면

❶ 🔷 솔리드 양식 » 에 🔷 솔리드 돌출을 클릭합니다.

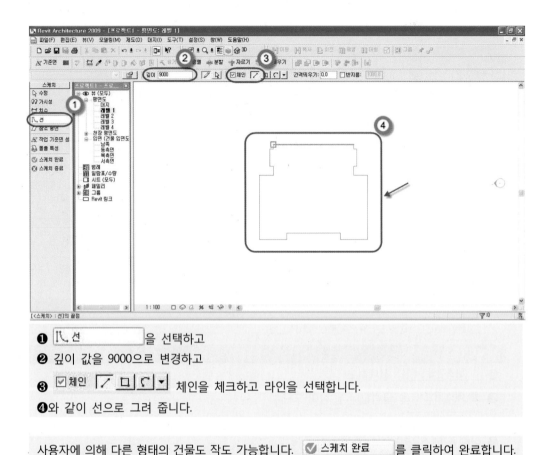

❶ 선 을 선택하고

❷ 깊이 값을 9000으로 변경하고

❸ ☑체인 체인을 체크하고 라인을 선택합니다.

❹와 같이 선으로 그려 줍니다.

사용자에 의해 다른 형태의 건물도 작도 가능합니다. ☑ 스케치 완료 를 클릭하여 완료합니다.

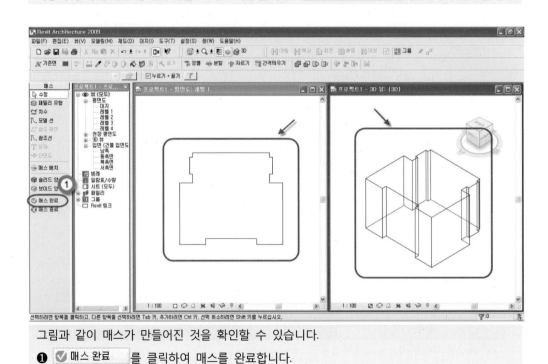

그림과 같이 매스가 만들어진 것을 확인할 수 있습니다.

❶ ☑ 매스 완료 를 클릭하여 매스를 완료합니다.

④ 벽 작성

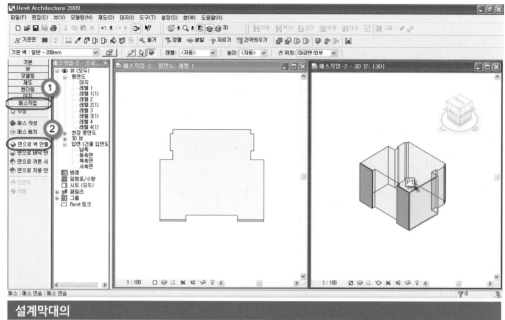

설계막대의

❶ 매스작업 을 선택하고

❷ 면으로 벽 만들기 를 클릭합니다. P1에 마우스를 가져가면 벽이 자동 선택되어 클릭을 하게 되면 그림과 같이 벽을 만들 수 있습니다.

⑤ 커튼 월 작성

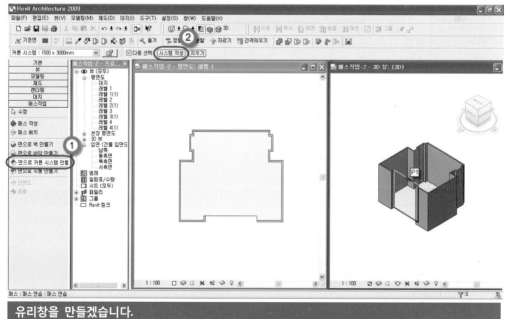

유리창을 만들겠습니다.

❶ 면으로 커튼 시스템 만들기 를 클릭하고 P1을 선택한 후 ❷ 시스템 작성 을 클릭합니다.

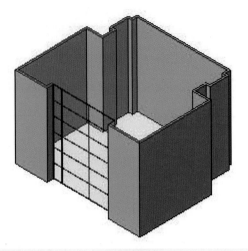

커튼월 시스템이 형성된 것을 확인할 수 있습니다.

⑥ 바닥 작성

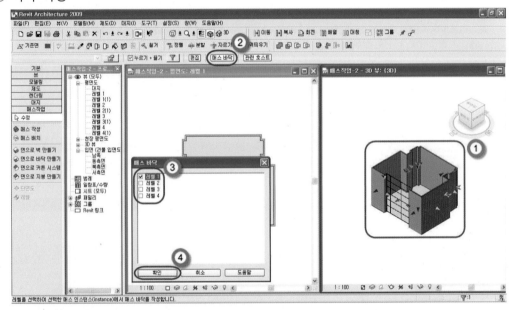

바닥을 만들겠습니다.

❶ 매스를 선택하고

❷ 매스 바닥 을 클릭하면 창이 뜹니다.

❸ 레벨 1을 체크하고

❹ 확인 을 클릭합니다.

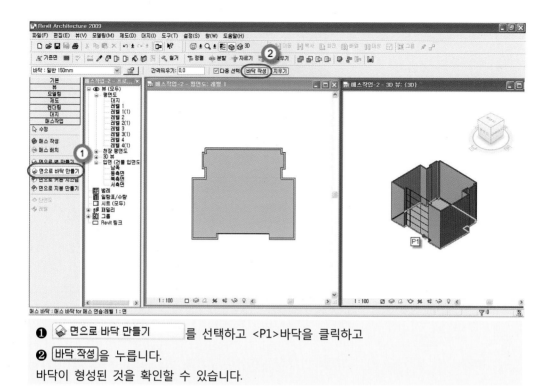

❶ 면으로 바닥 만들기 를 선택하고 <P1>바닥을 클릭하고

❷ 바닥 작성 을 누릅니다.

바닥이 형성된 것을 확인할 수 있습니다.

⑦ 지붕 작성

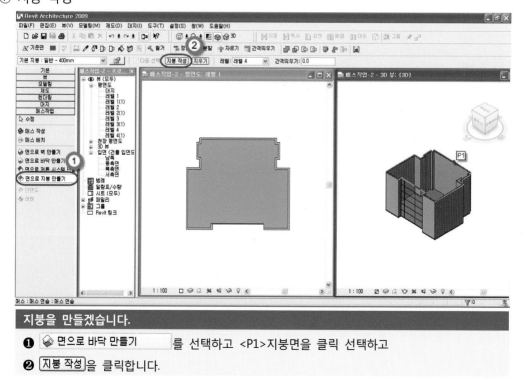

지붕을 만들겠습니다.

❶ 면으로 바닥 만들기 를 선택하고 <P1>지붕면을 클릭 선택하고

❷ 지붕 작성 을 클릭합니다.

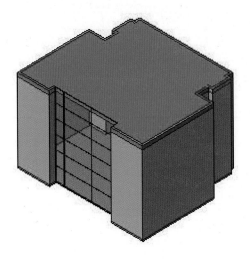

지붕이 완성된 것을 확인할 수 있습니다.

S·T·E·P **02** 매스 수정하기 및 개조하기

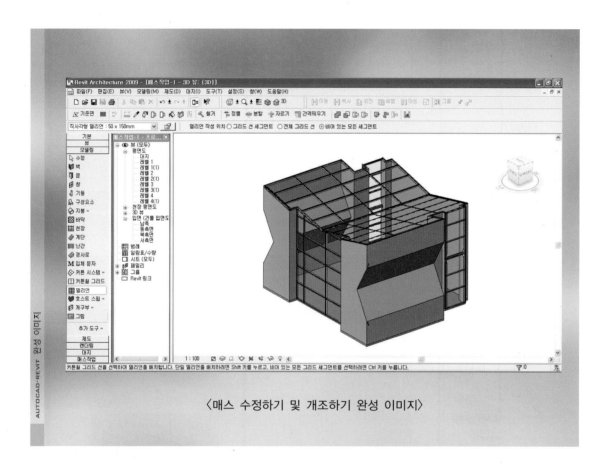

〈매스 수정하기 및 개조하기 완성 이미지〉

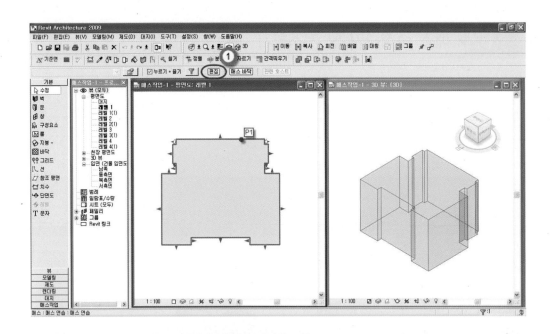

P1매스를 클릭하여 선택하고

❶ 편집 을 누릅니다.

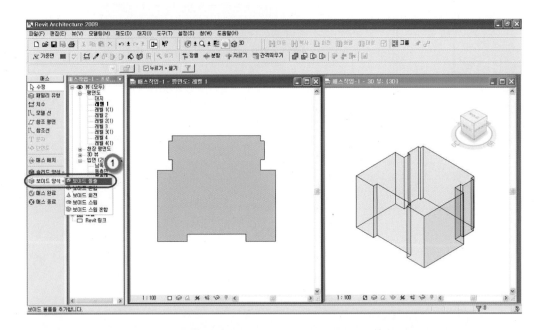

매스 스케치 모드로 전환되면

❶ 🟦 보이드 양식 » 에 🟦 보이드 돌출 을 클릭합니다.

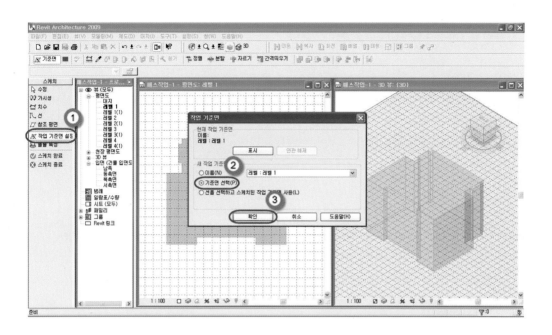

❶ 작업 기준면 설정 을 선택하고

❷ ◉ 기준면 선택(P) 체크하고

❸ 확인 을 클릭합니다.

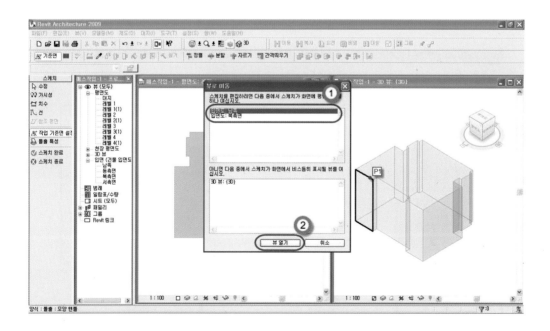

P1에 마우스를 가져가면 벽을 선택할 수 있고, 클릭을 하게 되면 뷰로 이동 창이 뜹니다.

❶ 입면도 : 남쪽을 선택하고

❷ 뷰 열기 를 클릭합니다.

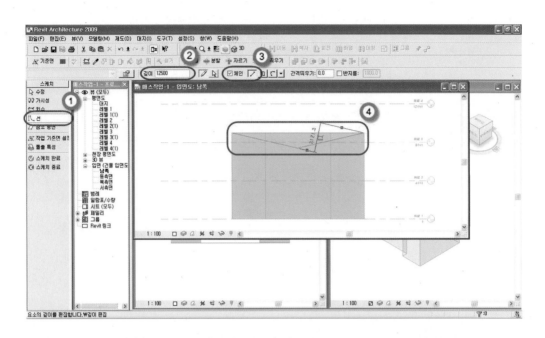

남쪽 입면 뷰가 활성화되면

❶ 선 을 선택하고

❷ 깊이를 12500으로 변경하고

❸ ☑체인 을 체크하고 ▱ 을 선택한 다음

❹와 같이 그려 줍니다.

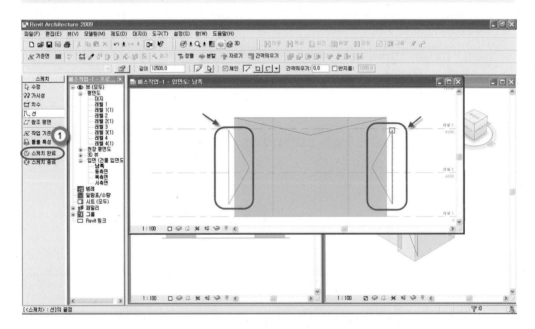

그림과 같이 그려주고 ❶ ☑ 스케치 완료 를 클릭하여 완료합니다.

위 방법과 같은 방법으로 벽, 지붕, 커튼월 시스템 등으로 완성하면 됩니다.

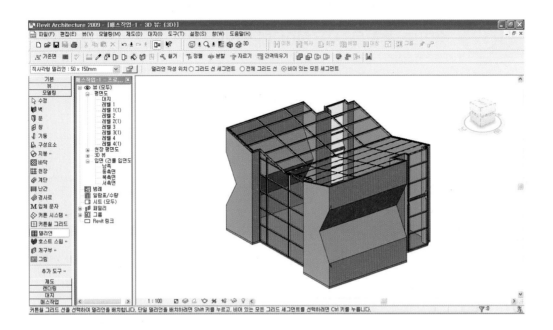

완성된 모습입니다.

S·T·E·P 03 솔리드 혼합을 사용하여 매스 만들기

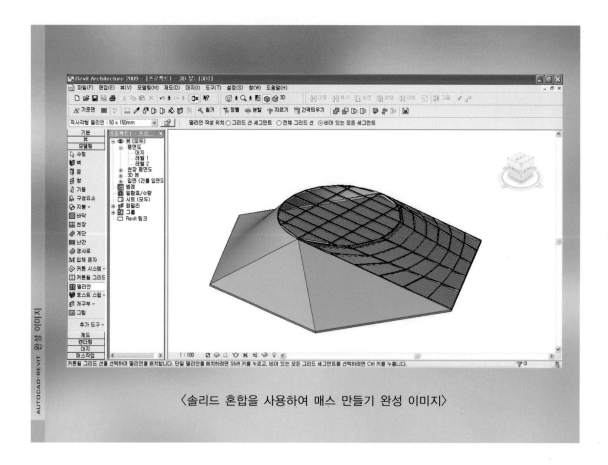

〈솔리드 혼합을 사용하여 매스 만들기 완성 이미지〉

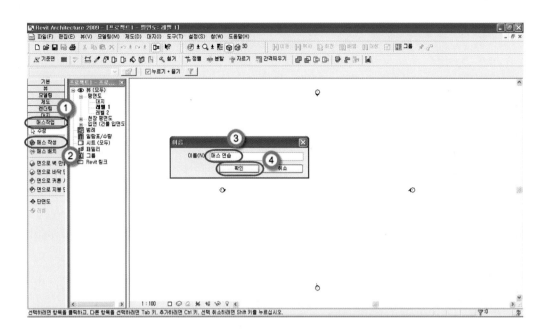

설계막대의

❶ <u>매스작업</u> 에서

❷ ◈ 매스 작성 을 클릭합니다.

❸ 이름을 매스 연습으로 변경하고

❹ <u>확인</u> 을 클릭합니다.

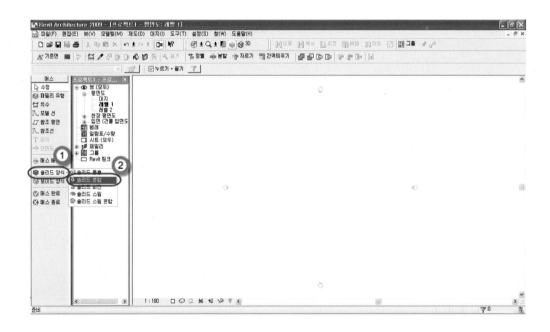

❶ 🗊 솔리드 양식 » 에서

❷ 🗊 솔리드 혼합을 클릭합니다.

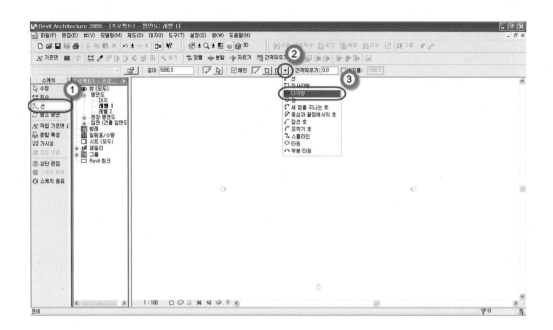

❶ 🖎 선　　　　　　을 선택하고 옵션막대의

❷ ▾를 누르고

❸ 다각형을 선택합니다.

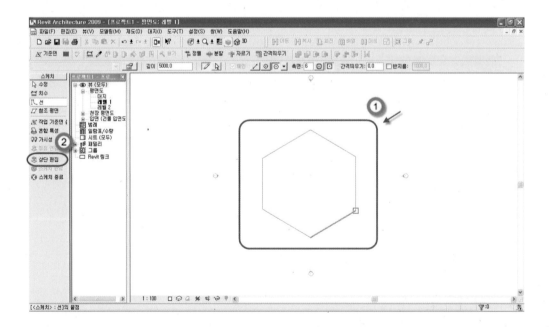

❶ 그림과 같이 그려 주고

❷ 🥄 상단 편집　　　을 클릭합니다.

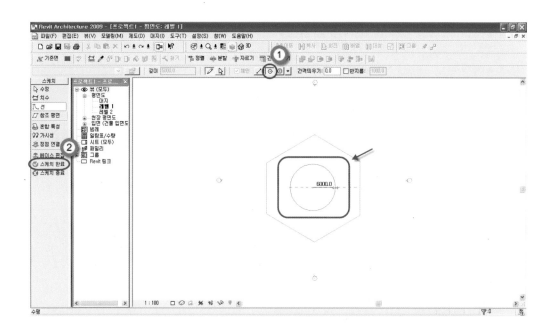

❶ [⊙](원 그리기)를 선택하고 그림과 같이 그려주고

❷ ☑ 스케치 완료 를 클릭합니다.

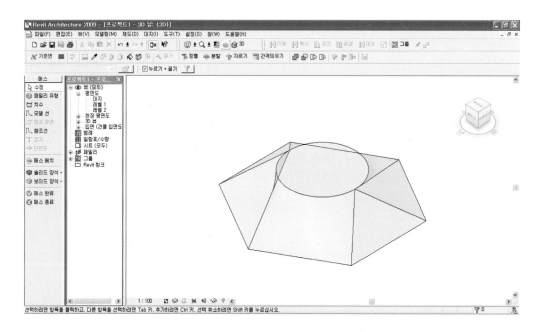

그림과 같은 결과가 만들어진 것을 확인할 수 있습니다.

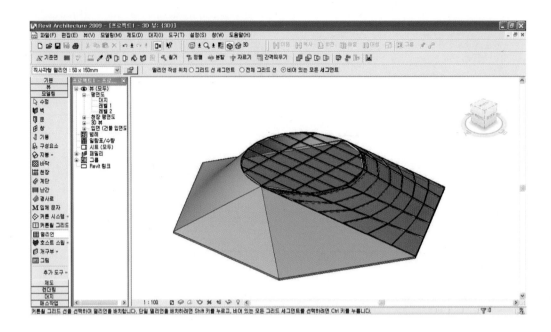

매스의 지붕, 벽, 바닥, 커튼월 시스템 만들기를 활용하여 같은 방법으로 만들면 그림과 같은 결과
가 나옵니다.

S·T·E·P **04** ▶ 매스작업 따라 하기

1) 솔리드 양식

①-② 돌출   AUTOCAD-REVIT

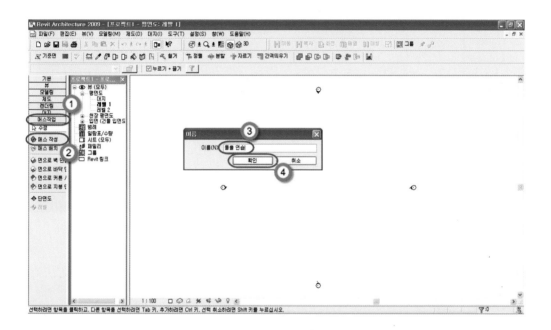

설계막대에서

❶ ◻️ 매스작업 ◻️ 을 선택하고

❷ ◆ 매스 작성 ◻️ 을 클릭합니다.

❸ 이름을 돌출연습으로 변경하고

❹ ◻️ 확인 ◻️ 을 클릭합니다.

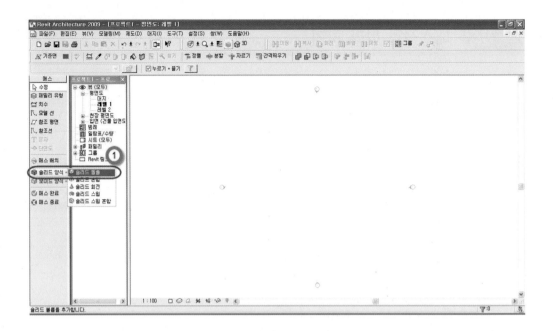

❶ 🔲 솔리드 양식 » 에서 🔲 솔리드 돌출을 클릭합니다.

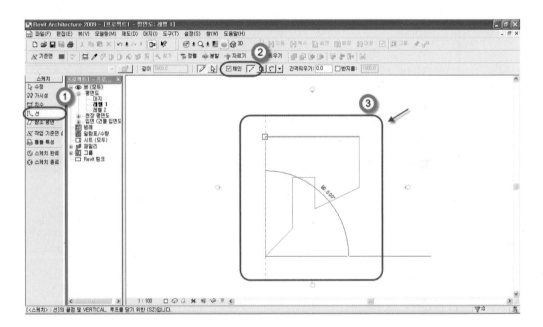

❶ 🔲 선 　　　　　　을 선택하고

❷ ☑ 체인 을 체크하고 ⬚ 을 선택한 다음

❸ 그림과 같이 그려줍니다.

272

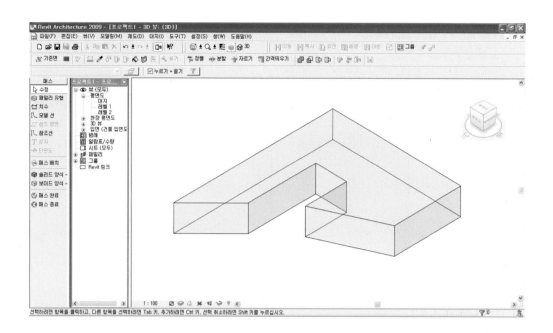

✅ 스케치 완료 를 클릭하여 완성하면 그림과 같은 결과를 확인할 수 있습니다.

①-② 회전

AUTOCAD·REVIT

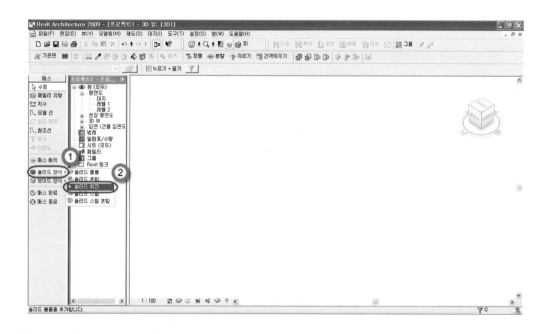

매스작업 모드에서

❶ 🗊 솔리드 양식 »을 선택한 후

❷ ♨ 솔리드 회전을 클릭합니다.

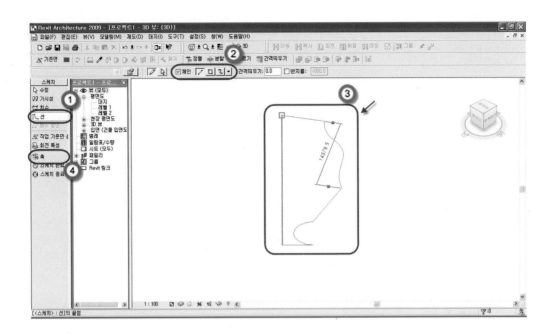

❶ 🖎 선 을 선택하고

❷ ☑체인 🖊 ㅁ ㄷ ▾ 선 종류를 자유롭게 선택하여

❸과 같이 모양으로 만들고

❹ 🖎 축 을 클릭합니다.

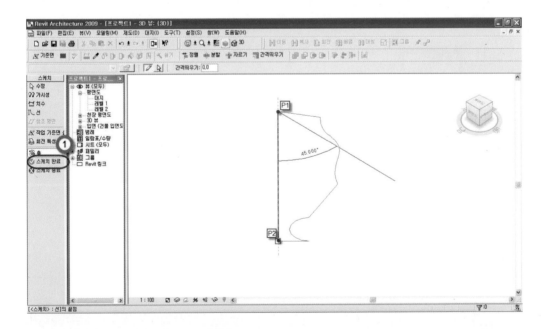

P1과 P2를 클릭하여 축을 긋고

❶ ✅ 스케치 완료 를 눌러 완료합니다.

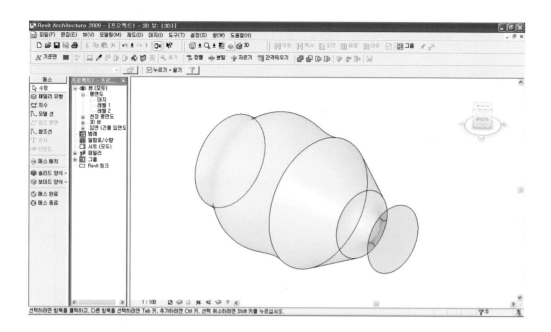

회전이 완성된 모습입니다.

①-③ 스윕

AUTOCAD-REVIT

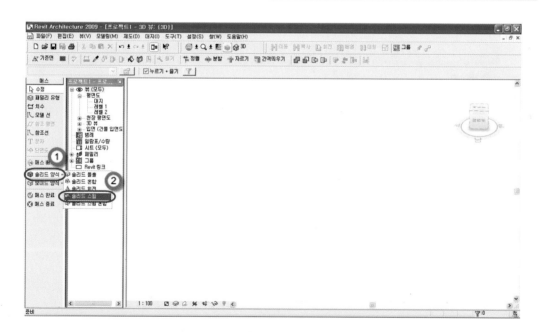

매스 모드에서

❶ 🔲 솔리드 양식 » 의

❷ 🔲 솔리드 스윕을 클릭합니다.

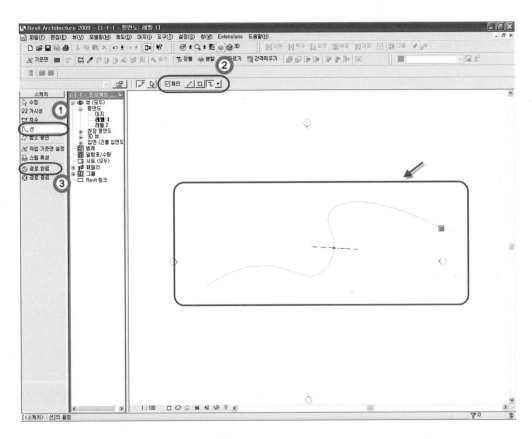

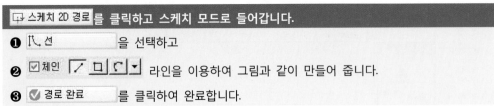

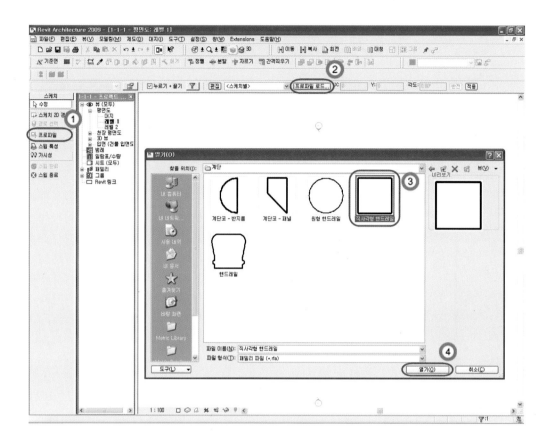

❶ 프로파일 을 선택하고

❷ 프로파일 로드... 클릭하고

❸ 원하는 프로파일 형태를 선택합니다.

❹ 열기(O) 를 선택합니다.

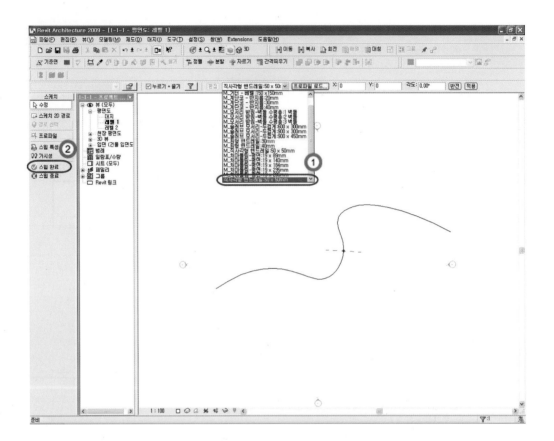

❶ 로드로 불러 왔던 프로파일을 선택하고

❷ ✅ 스윕 완료 를 클릭하여 완료합니다.

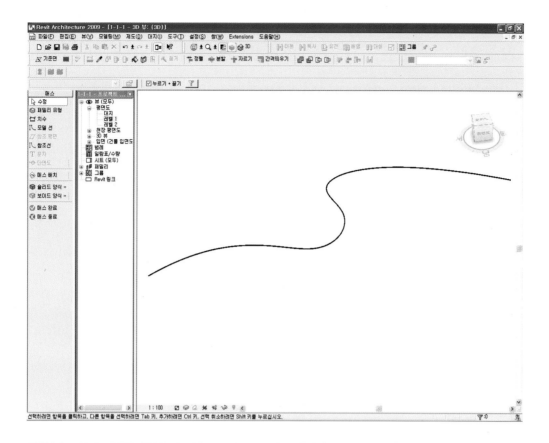

완성된 모습입니다.

①-④ 혼합

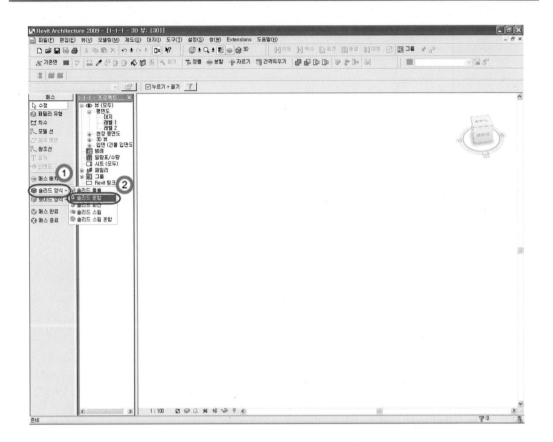

매스 모드에서

❶ 🧊 솔리드 양식 » 을 선택하고

❷ 🧊 솔리드 혼합을 클릭합니다.

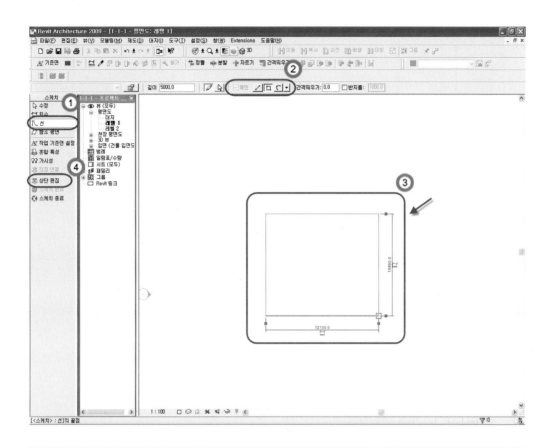

❶ ⎯ 선 ⎯ 을 선택하고

❷ ▢ (사각형 그리기)를 클릭하고

❸과 같이 그려 줍니다.

❹ ⬡ 상단 편집 ⎯ 을 클릭합니다.

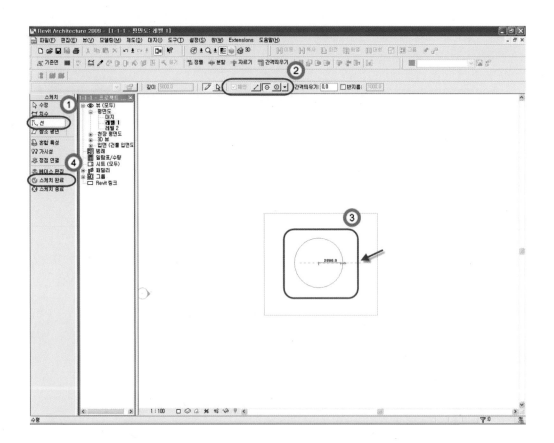

❶ [선]을 선택하고

❷ [⊙](원 그리기)를 클릭하고

❸과 같이 그려주고

❹ [✔ 스케치 완료]를 클릭하여 완료합니다.

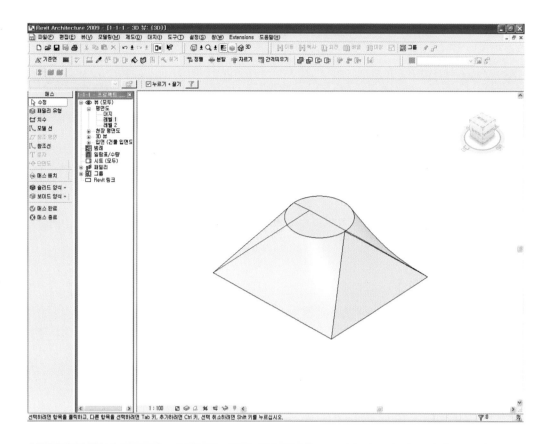

완성된 모습입니다.

2) 보이드 양식

②-① 돌출 절단

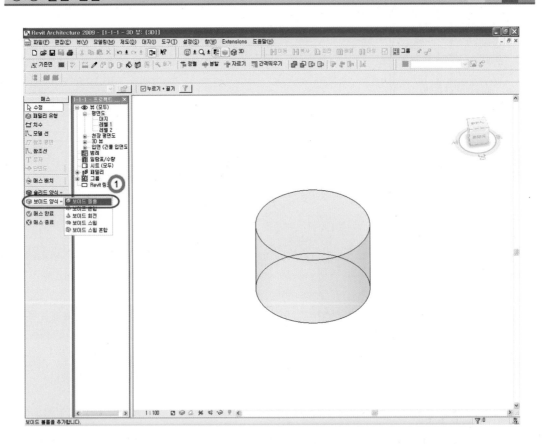

매스 모드에서 🧊 솔리드 양식 »의 🧊 솔리드 돌출을 클릭하여 그림과 같은 솔리드를 하나 만들어 줍니다.

❶ 🧊 보이드 양식 »에서 🧊 보이드 돌출 을 클릭합니다.

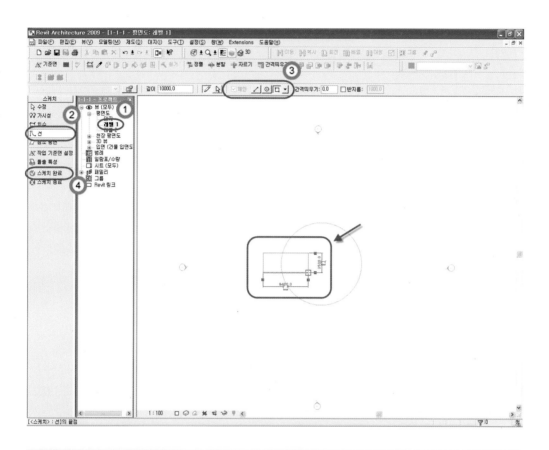

❶ 레벨 1을 활성화시키고

❷ [선]을 선택하고

❸ [□](사각형 그리기)를 클릭하여 그림과 같이 만들어 줍니다.

❹ [✔ 스케치 완료]를 클릭하여 완료합니다.

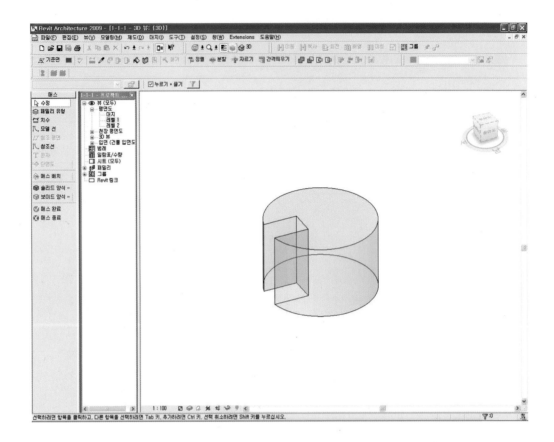

완성된 모습입니다.

②-② 보이드 회전

AUTOCAD-REVIT

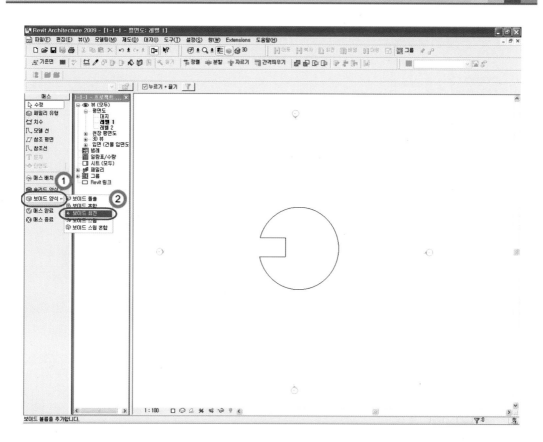

매스모드에서

❶ 🗍 보이드 양식 » 의

❷ ⚖ 보이드 회전 을 클릭합니다.

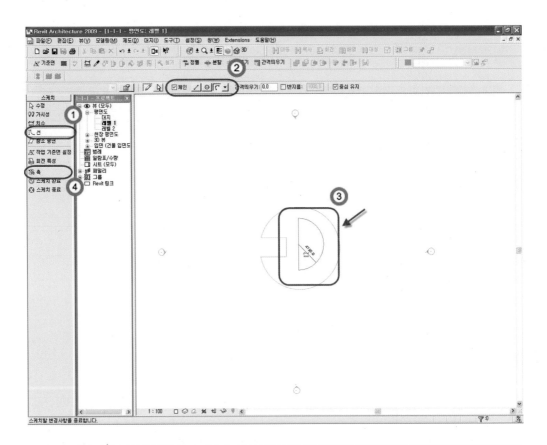

❶ 선을 선택하고

❷ 과 툴로

❸ 그림과 같이 그려주고

❹ 축을 클릭합니다.

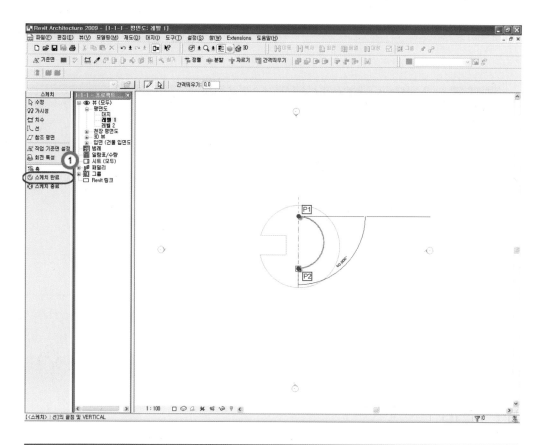

P1과 P2를 클릭하여 축을 완성하고

❶ ✅ 스케치 완료 를 눌러 완료합니다.

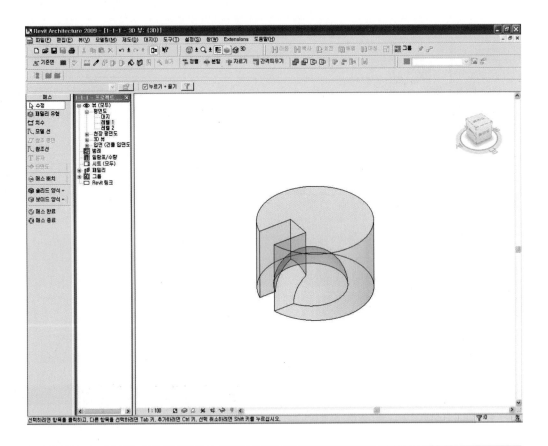

완성된 모습입니다.

②-③ 보이드 스윕

AUTOCAD-REVIT

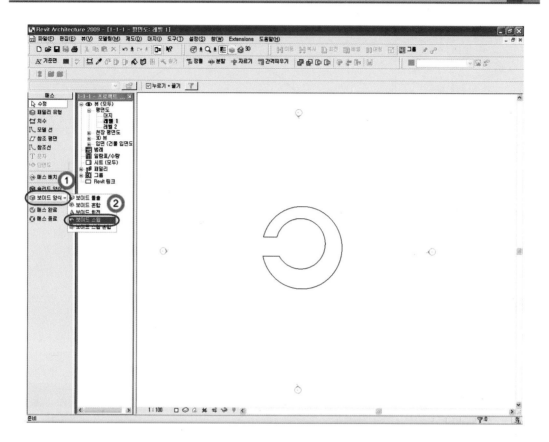

매스모드에서

❶ 🗔 보이드 양식 » 의

❷ 🗔 보이드 스윕을 클릭합니다.

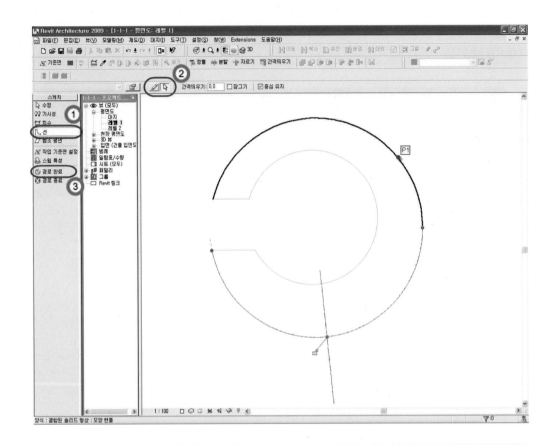

스케치 2D 경로를 클릭하고 스케치 모드로 전환되면

❶ 선 을 선택하고 옵션막대의

❷ (선 선택)을 선택하고 P1에 마우스를 가져가면 자동 선택이 되며 클릭하여 그림처럼 선을 그려 줍니다.

❸ 경로 완료 를 클릭합니다.

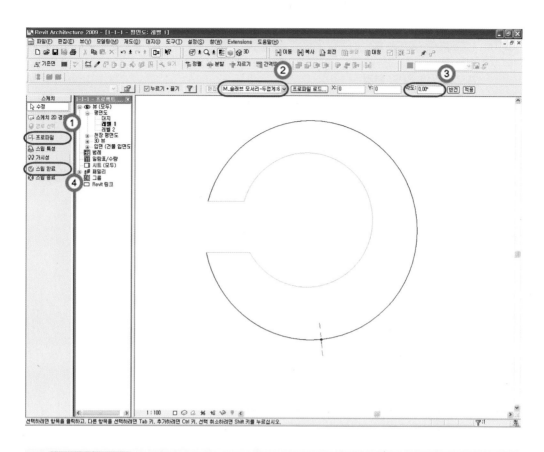

❶ 🖿 프로파일 을 선택하고

❷ 원하는 프로파일을 선택한 다음

❸ 각도를 지정해 줍니다.

❹ ☑ 스윕 완료 를 클릭하여 완료합니다.

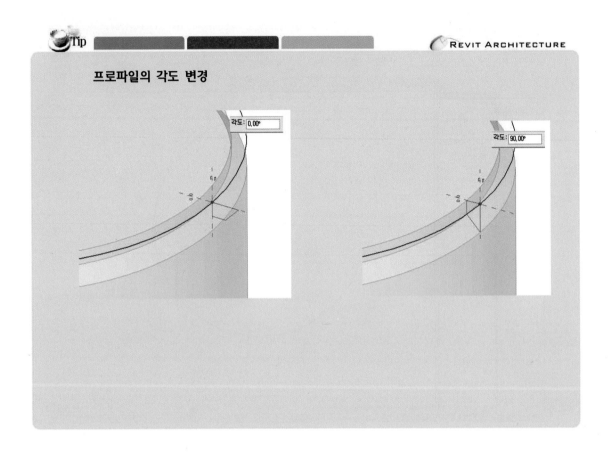

프로파일의 각도 변경

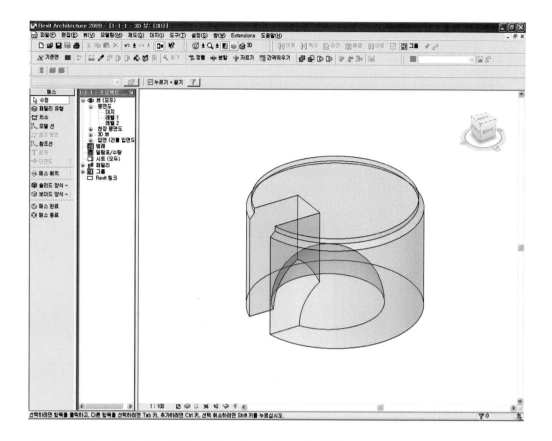

완성된 모습입니다.

②-④ 보이드 혼합

AUTOCAD·REVIT

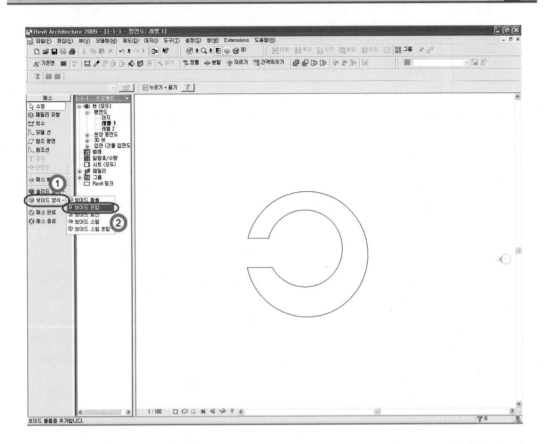

매스모드에서

❶ 📦 보이드 양식 » 에

❷ 📦 보이드 혼합 을 클릭합니다.

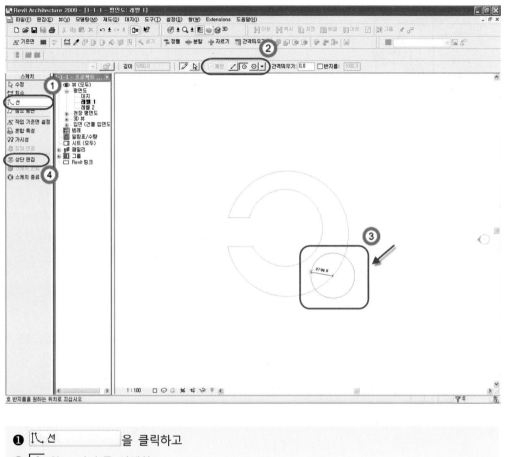

❶ 🖍️ 선 을 클릭하고

❷ 🔘(원 그리기)를 선택하고

❸과 같이 그려 주고

❹ 🔆 상단 편집 을 클릭합니다.

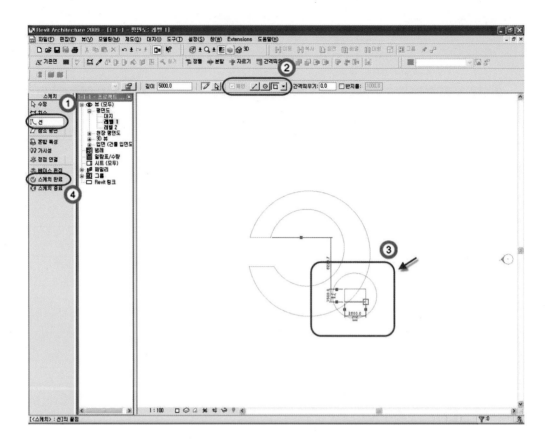

❶ <kbd>人, 선</kbd> 을 선택하고

❷ <kbd>冂</kbd>(사각형 그리기)를 클릭하고

❸과 같이 그려주고

❹ <kbd>✅ 스케치 완료</kbd> 를 클릭하여 완료합니다.

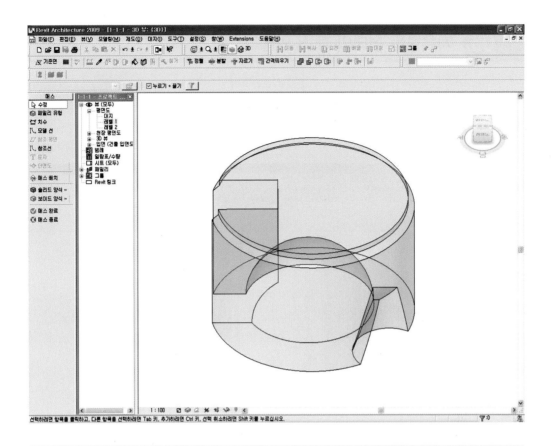

완성된 모습입니다.

S·T·E·P 05 자유로운 형태의 매스 만들기

1) 솔리드 혼합과 솔리드 돌출을 이용한 매스

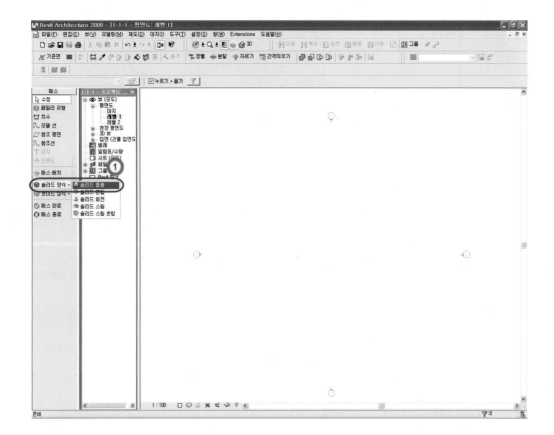

매스모드에서

❶ 🔲 솔리드 양식 »의 🔲 솔리드 돌출을 클릭합니다.

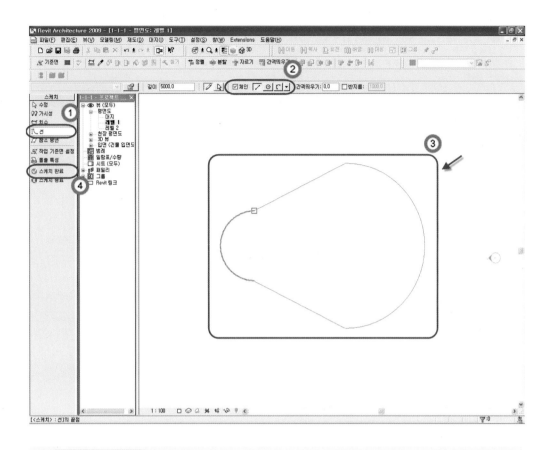

❶ ⌐ 선 ⌐ 을 선택하고

❷ ⌐/⌐ 과 ⌐/⌐ 툴을 사용하여

❸ 그림과 같이 만들고

❹ ⌐✓ 스케치 완료 ⌐ 를 클릭하여 완료합니다.

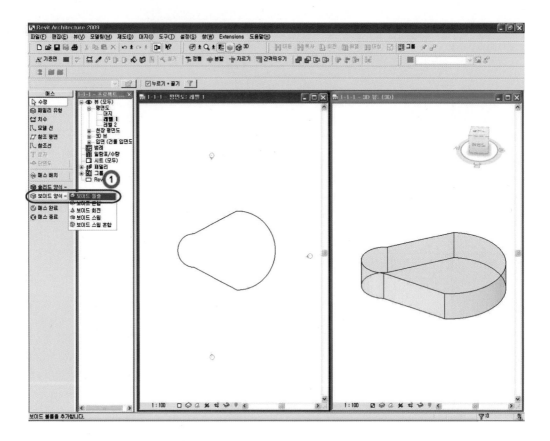

메뉴에 창에서 타일을 클릭하여 그림과 같이 창을 활성화시킵니다.

❶ 보이드 양식 » 의 보이드 돌출 을 클릭합니다.

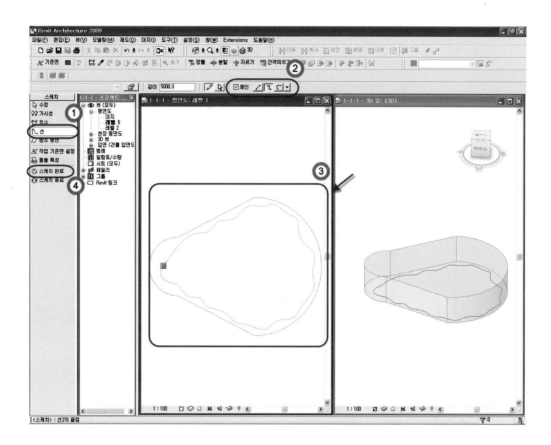

❶ ⎰ 선 　　　　 을 선택하고

❷ ⟲ (스플라인 그리기)을 이용하여

❸과 같이 그려주고

❹ ✅ 스케치 완료 　　 를 클릭하여 완료합니다.

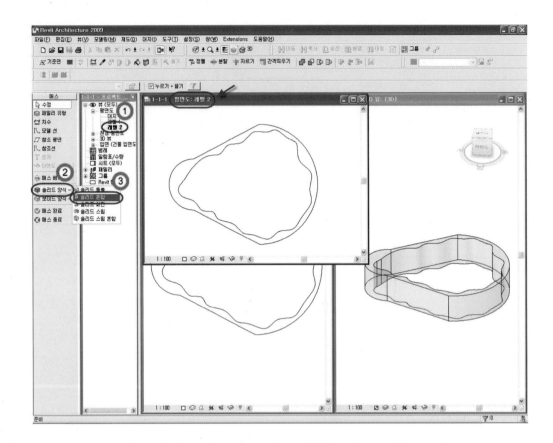

프로젝트 탐색기의 평면 뷰에서

❶ 레벨 2를 그림과 같이 활성화시킵니다.

❷ 🔷 솔리드 양식 » 의

❸ 🔷 솔리드 혼합 을 클릭합니다.

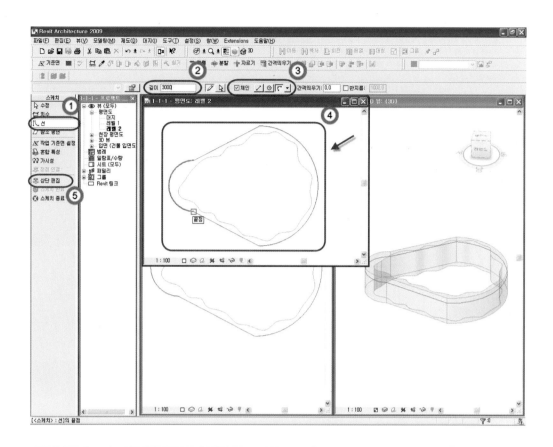

❶ ⌐ 선 _____ 을 선택하고

❷ 깊이를 3000으로 변경하고

❸ ⟋ 과 ⌐ 툴을 사용하여

❹와 같이 그려주고

❺ ⊛ 상단 편집 _____ 을 클릭합니다.

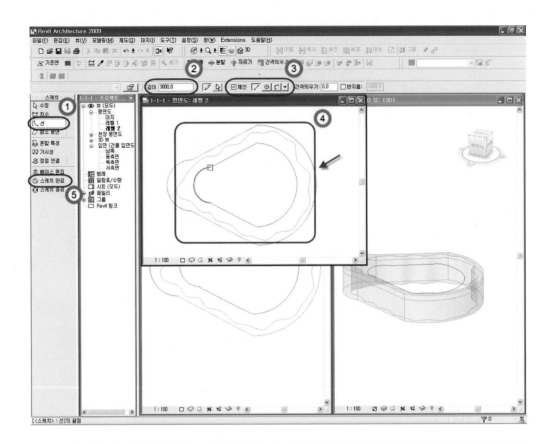

❶ [人 선] 을 선택하고

❷ 깊이를 3000으로 변경하고

❸ [✓]과 [C] 툴을 사용하여

❹와 같이 그려주고

❺ [✓ 스케치 완료] 를 클릭하여 완료합니다.

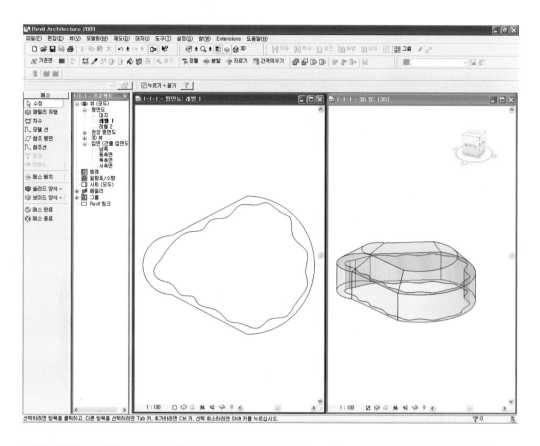

완성된 모습입니다.

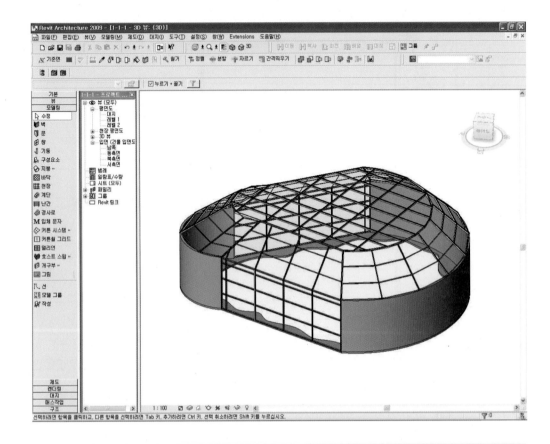

매스를 완성하고 매스로 벽, 지붕, 바닥, 커튼월 시스템 만들기를 이용하여 완성한 건물입니다.

2) 물결치는 형태의 커튼월 작성

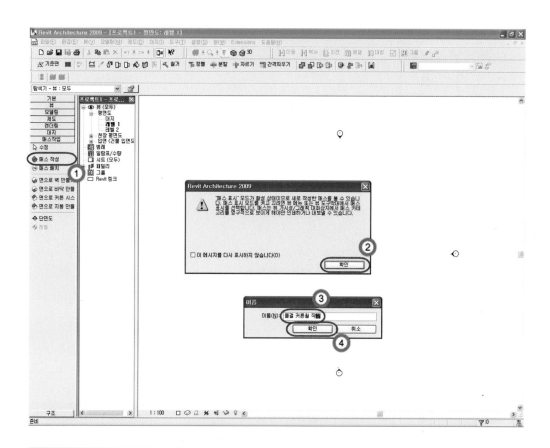

설계막대의 매스작업에서

❶ 🔷 매스 작성 │을 선택하고

❷ │ 확인 │을 클릭합니다.

❸ 이름을 물결 커튼월 작성으로 변경하고

❹ │ 확인 │을 누릅니다.

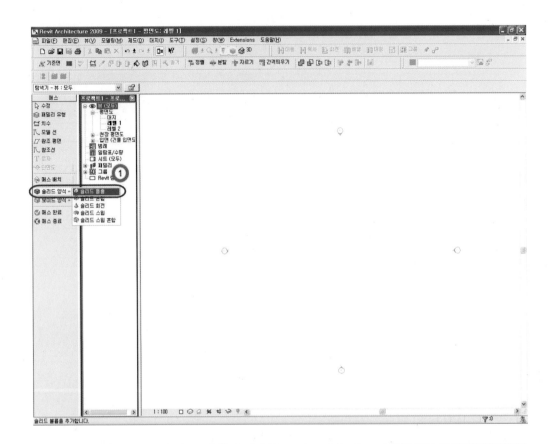

매스모드에서

❶ 🔲 솔리드 양식 » 의 🔲 솔리드 돌출을 클릭합니다.

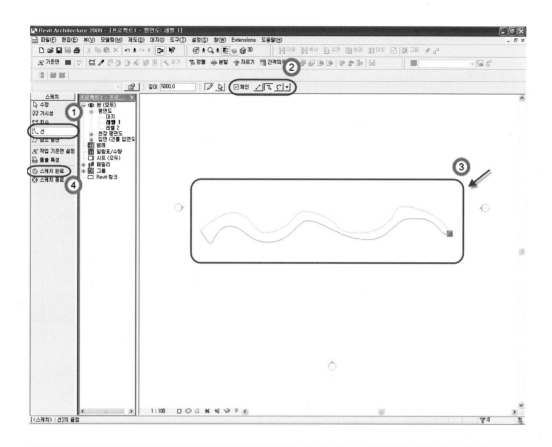

❶ [🖉 선] 을 선택하고

❷ [🖉](스플라인)을 선택한 다음

❸ 그림과 같이 자유로운 물결의 모양을 만들고

❹ [✅ 스케치 완료] 를 클릭합니다.

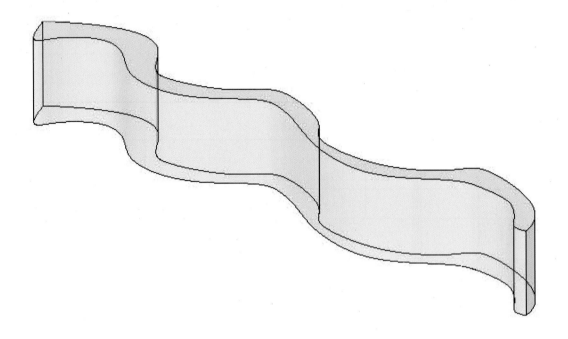

완성된 모습입니다.

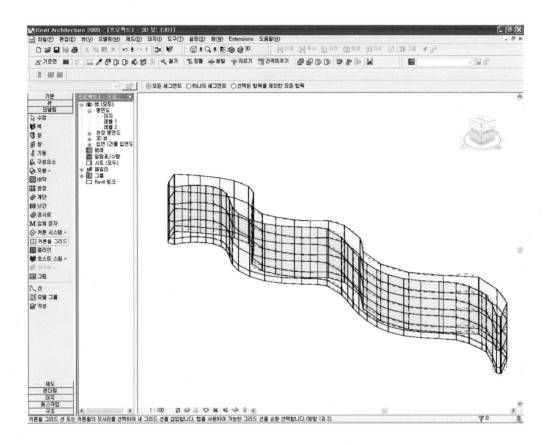

매스를 이용하여 커튼월을 완성하면 위와 같은 결과를 확인할 수 있습니다.

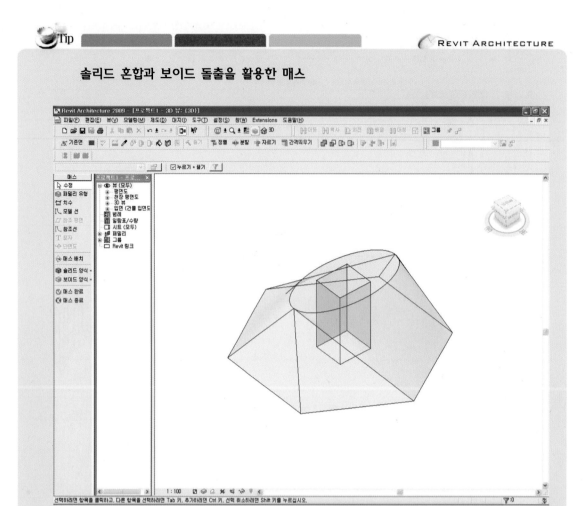

솔리드 혼합과 보이드 돌출로 간단한 매스 모형을 만들 수 있습니다.

보이드는 절단하는 부분이므로 활용을 잘하면 다양한 모양의 매스나 건물을 만들 수 있습니다.

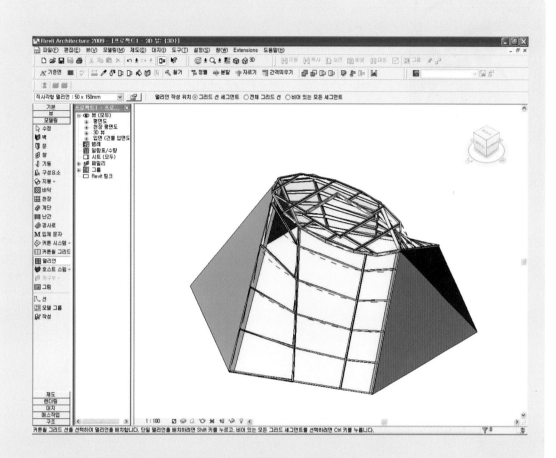

매스를 건물로 전환하여 만든 모습입니다.

MEMO...

_____
_____
_____
_____
_____
_____

매스를
이용한
모델링 작성

〈매스를 이용한 모델링 작성 완성 이미지〉

S·T·E·P 01 ▶ 매스 작성

① 본체 매스 작성

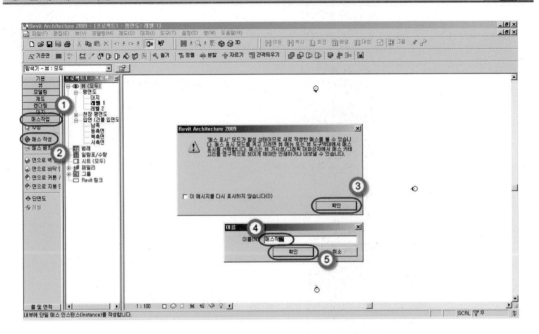

레빗을 오픈합니다.

설계막대의

❶ [매스작업]을 선택하고

❷ ◈ 매스 작성 을 클릭합니다.

❸ [확인]을 클릭하고

❹ 이름을 매스작업으로 변경하고

❺ [확인]을 클릭합니다.

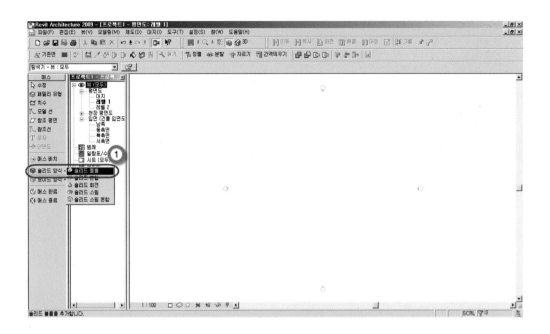

❶ 솔리드 양식 » 에서 솔리드 돌출을 클릭합니다.

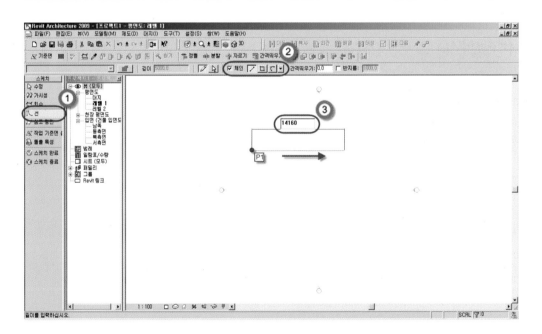

❶ 선 을 클릭하고

❷ ☑체인 을 체크하고 을 선택한 다음 P1을 클릭하고 화살표 방향으로 선을 위치시키고

❸ 14160을 기입합니다.

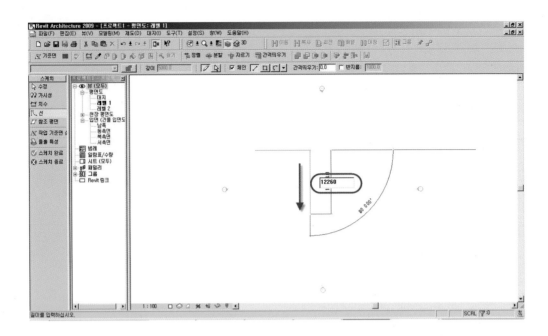

화살표 방향으로 선을 위치시키고 12260을 기입합니다. 그리고 <kbd>Enter</kbd>를 누릅니다.

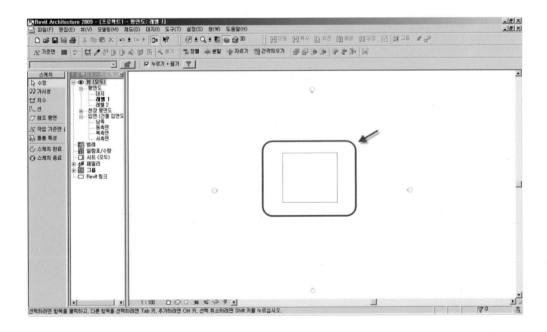

그림과 같이 사각형을 완성합니다.

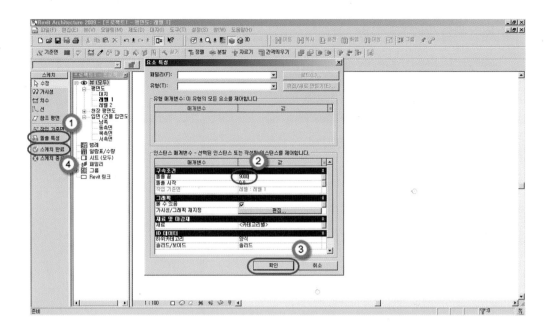

❶ 🖾 돌출 특성 을 클릭하고

❷ 9000을 기입합니다. 돌출 끝이 최고 높이가 됩니다.

❸ 확인 을 클릭하고

❹ ✅ 스케치 완료 를 클릭하여 완료합니다.

메뉴막대의 창에서 타일을 클릭하면 타일형식으로 창이 전환합니다. 작업 시 3D와 함께 한눈에
모든 것을 다 확인 가능하게 하는 장점이 있습니다.

② 매스 다듬기(보이드 작업)

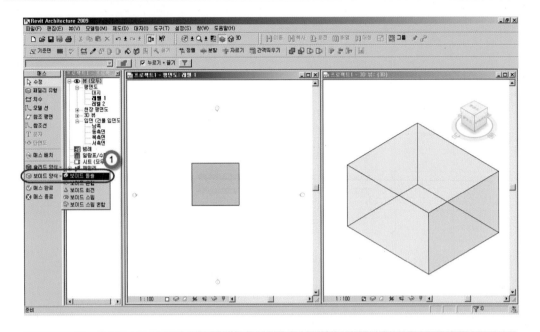

❶ 🏷️ **보이드 양식** ≫ 에서 🏷️ **보이드 돌출** 을 클릭합니다.

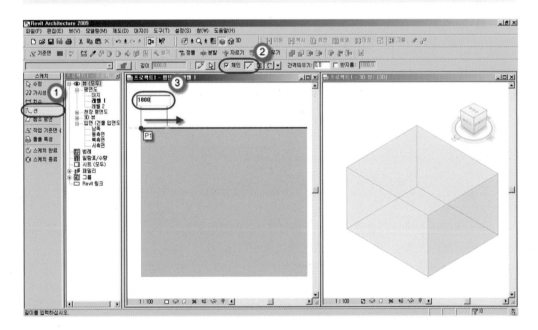

❶ 📐 선 을 클릭하고

❷ ☑체인 체크하고 ✓ 을 선택합니다.

P1을 클릭하고 화살표 방향으로 선을 위치시키고

❸ 1800을 기입합니다. [Enter]를 누릅니다.

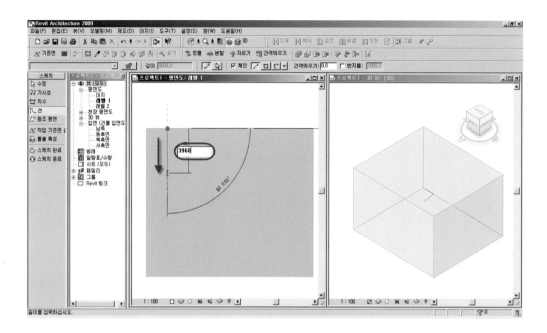

선을 화살표 방향으로 위치시키고 3960을 기입하고 Enter 를 누릅니다.

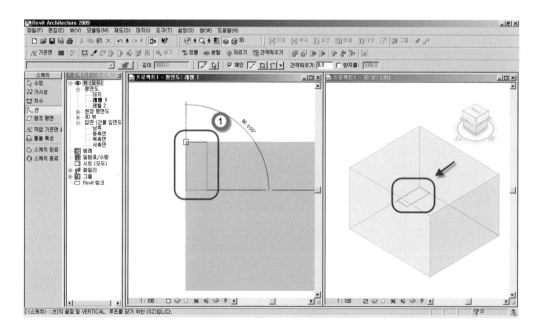

❶과 같이 사각형을 완성합니다. 3D 뷰에서 완성된 모습을 확인할 수 있습니다.

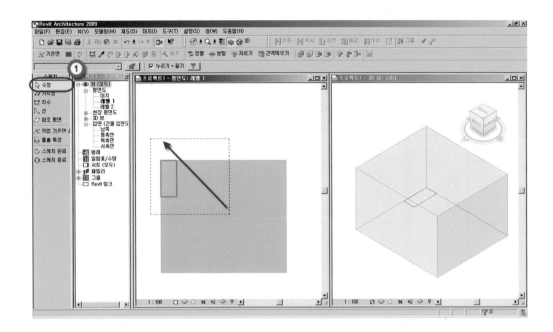

❶ ⌞ 수정 ⌟ 을 클릭하고 화살표 방향으로 드래그하여 방금 완성한 사각형을 선택합니다.

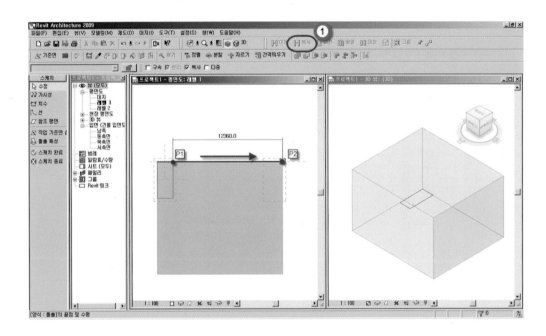

❶ |↔| 복사 를 선택하고 P1을 클릭합니다. 화살표 방향으로 이동시키고 P2를 클릭합니다.

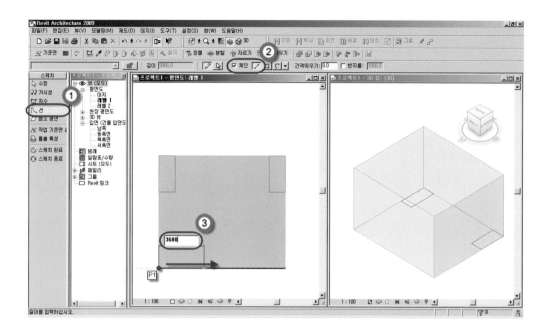

❶ 선 을 선택하고

❷ ☑체인 을 체크하고 / 을 선택한 다음 P1을 클릭하고 화살표 방향으로 선을 위치시키고

❸ 3680을 기입하고 Enter 를 누릅니다.

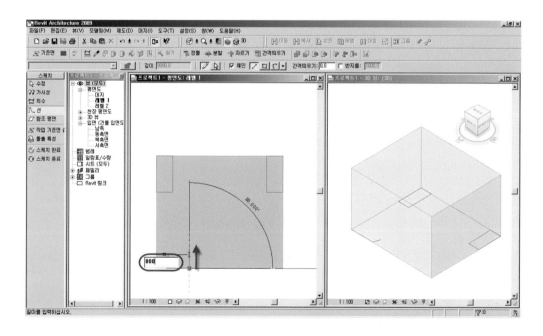

화살표 방향으로 선을 위치시키고 800을 기입하고 Enter 을 누릅니다.

327

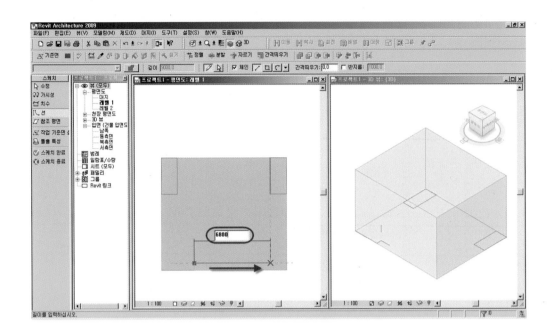

선을 화살표 방향으로 위치시키고 6800을 기입하고 Enter 를 누릅니다.

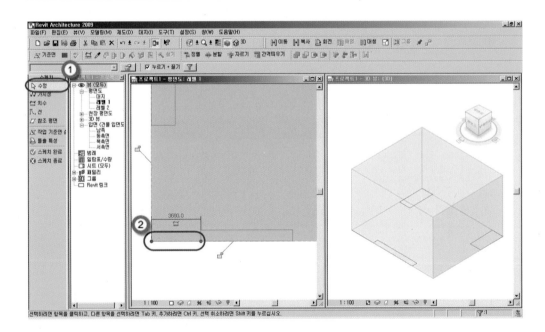

사각형이 완성되면 그림과 같이

❶ 수정 을 선택하고

❷ 그림과 같이 남은 선을 선택하고 지워버립니다.

끝선은 사각형의 위치를 잡기 위해 그린 선이므로 지우면 됩니다.

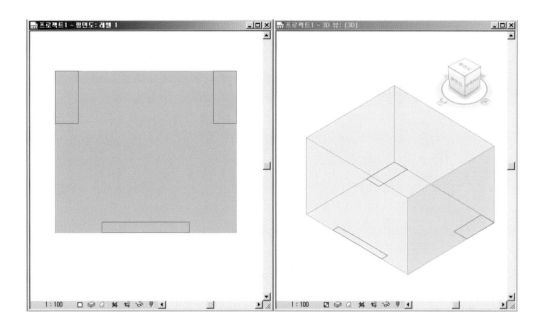

사각형이 완성된 모습입니다.

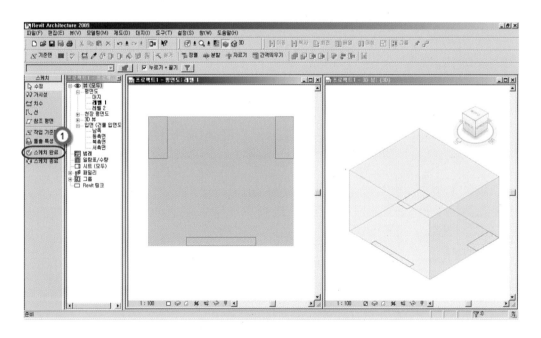

❶ ☑ 스케치 완료 를 클릭하여 보이드 돌출을 완료합니다.

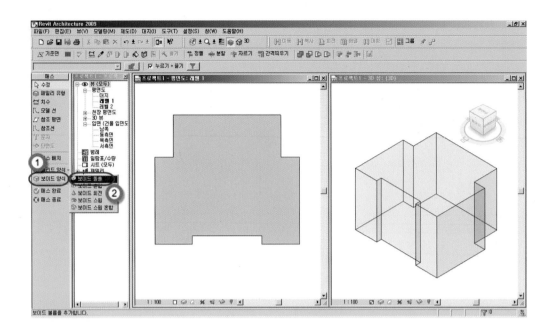

❶  보이드 양식 »을 선택하고 ❷ 보이드 돌출 을 클릭합니다.

③ 창 작성

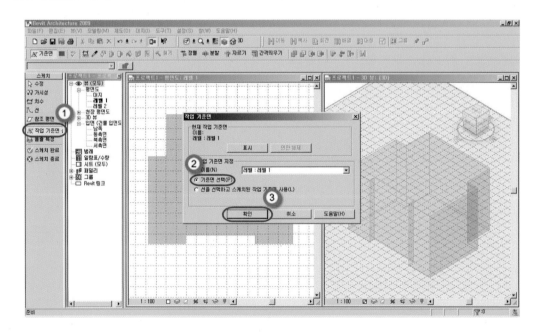

❶ 작업 기준면 설정 을 선택하고 ❷ 기준면 선택(P) 을 선택하고

❸ 확인 을 클릭합니다.

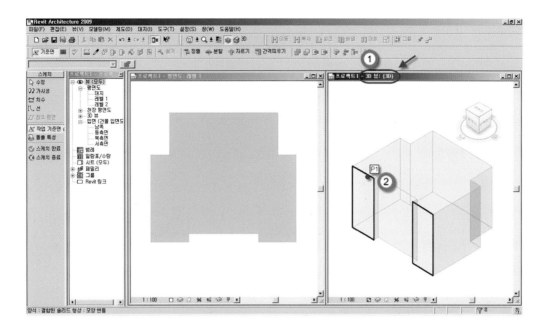

❶ 3D뷰 창을 활성화시키고
❷ P1에 마우스를 가져가 그림과 같이 자동 선택이 되면 클릭을 합니다.

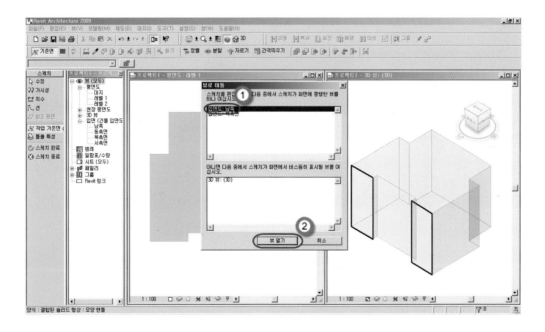

❶ 입면도 : 남쪽을 선택하고
❷ [뷰 열기]를 클릭합니다.

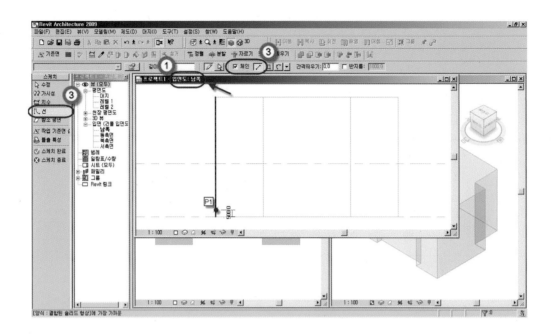

❶ 입면도 : 남쪽 뷰가 활성화되면

❷ [선] 을 선택하고

❸ ☑체인 을 체크하고 ☐ 을 클릭합니다. P1을 클릭하여 선 그리기를 시작합니다.

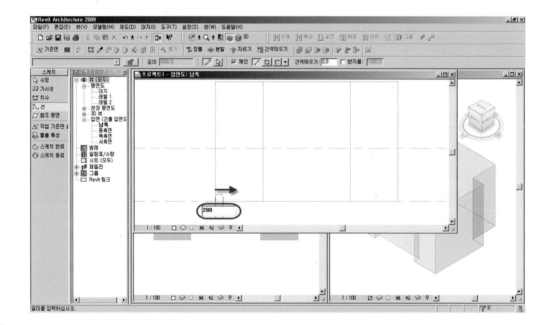

선을 화살표 방향으로 위치시키고 200을 기입하고 Enter 를 누릅니다.

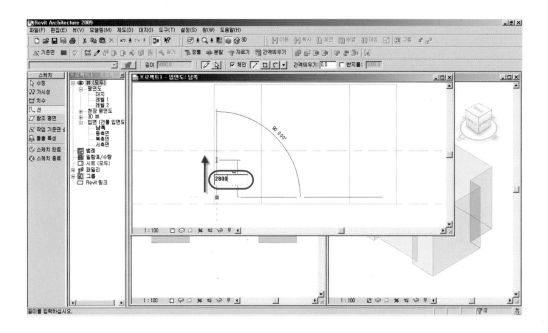

화살표 방향으로 선을 위치시키고 2800을 기입하고 <Enter> 를 누릅니다.

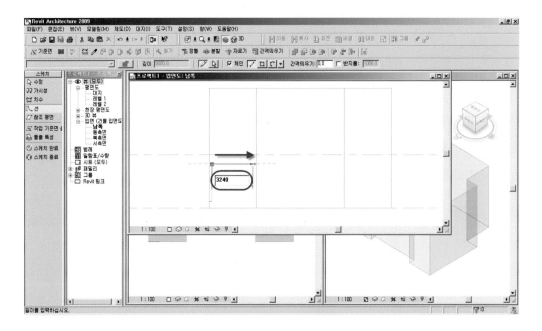

화살표 방향으로 선을 위치시키고 3240을 기입하고 <Enter> 를 누릅니다.

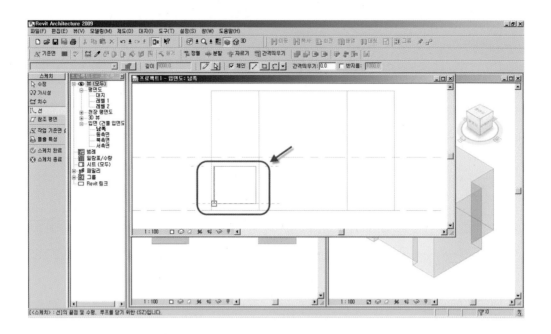

그림과 같이 사각형을 완성합니다.

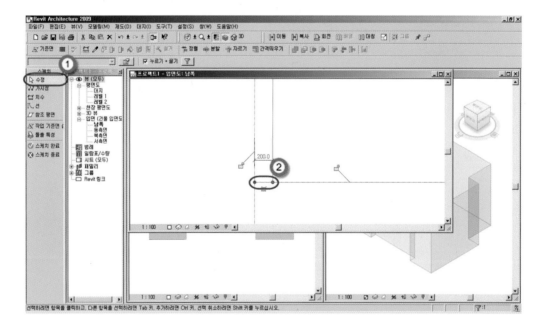

❶ ⟨ 수정 ⟩ 을 클릭하고

❷ 끝선을 선택하여 지웁니다. 끝선은 사각형을 만들기 위한 보조선이므로 지우면 됩니다.

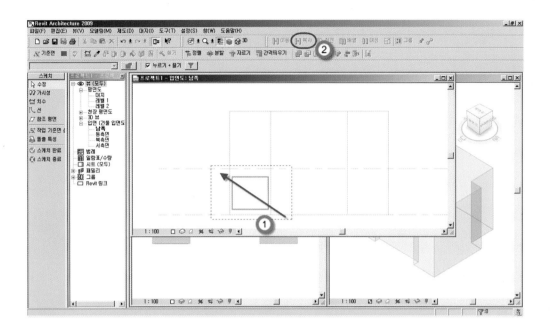

❶ 화살표 방향으로 선을 드래그하여 그린 사각형 전체를 선택하고

❷ ⊬ 복사 를 클릭합니다.

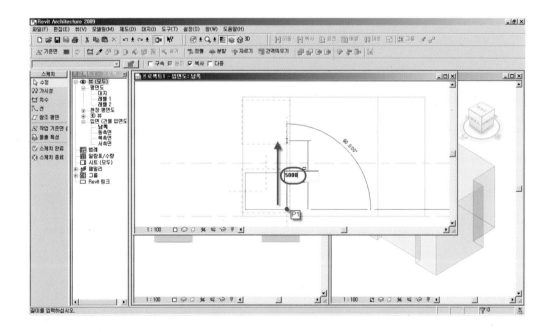

P1을 클릭하고 화살표 방향으로 배치시킨 다음 5000을 기입하고 Enter 를 누릅니다.

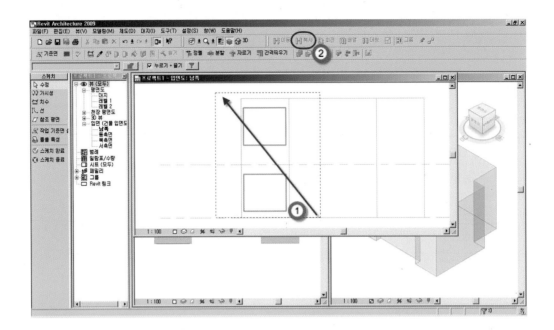

❶ 화살표 방향으로 드래그하고

❷ |H| 복사 를 클릭합니다.

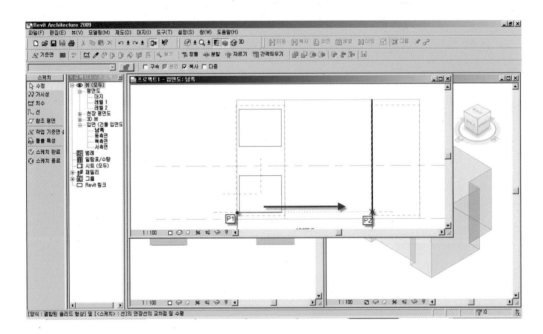

P1을 클릭하고 화살표 방향으로 이동시킨 다음 P2를 클릭합니다. 그대로 복사가 되어 양쪽의 사각형이 완성됩니다.

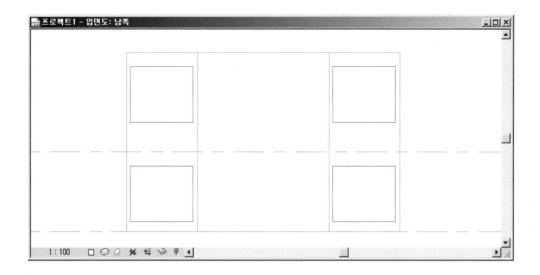

사각형이 완성된 모습입니다.

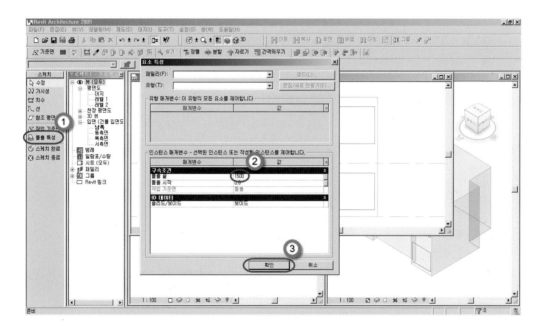

❶ 돌출 특성 을 클릭하고

❷ 1500을 기입하고

❸ 확인 을 누릅니다.

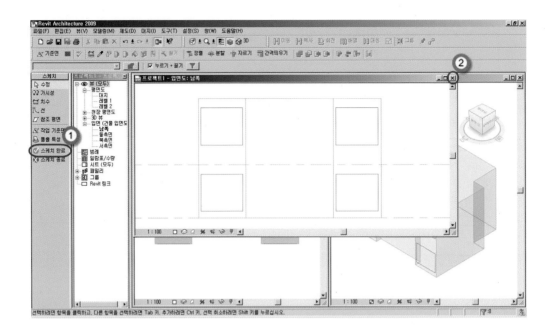

❶ ✅ 스케치 완료 를 선택하고

❷ 남쪽 뷰 창을 닫습니다.

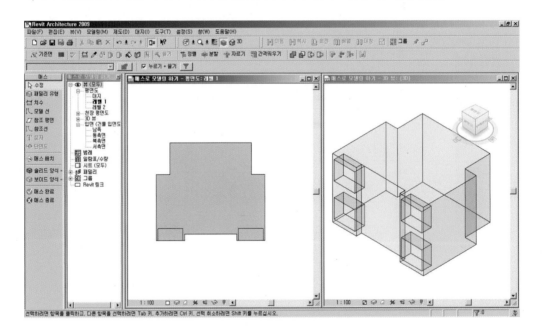

매스가 완성된 모습입니다.

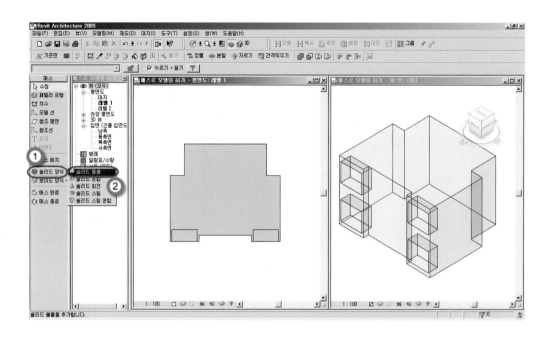

④ 지붕 작성

AUTOCAD·REVIT

지붕부분의 매스를 작성하겠습니다.

❶ 🔲 솔리드 양식 >> 을 선택하고 ❷ ◎ 솔리드 돌출을 클릭합니다.

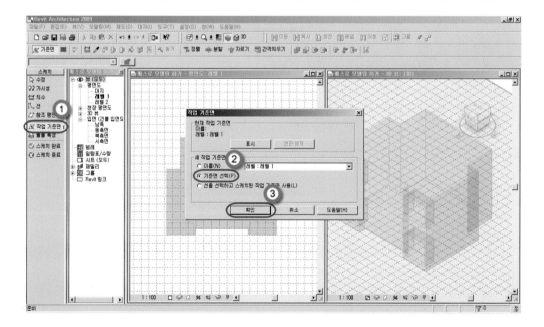

❶ 🔲 작업 기준면 설정 을 선택하고 ❷ ◉기준면 선택(P) 을 선택하고

❸ [확인   ]을 클릭합니다.

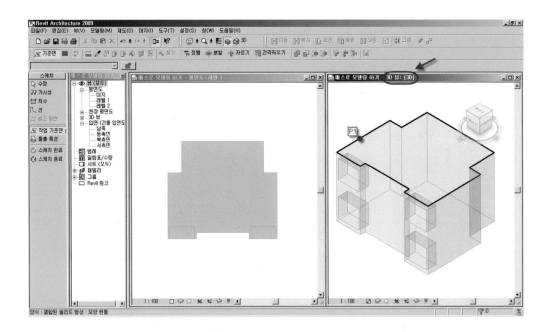

3D뷰 창을 활성화시키고 P1에 마우스를 가져가면 위쪽 부분이 그림과 같이 선택이 되고 클릭을
합니다.

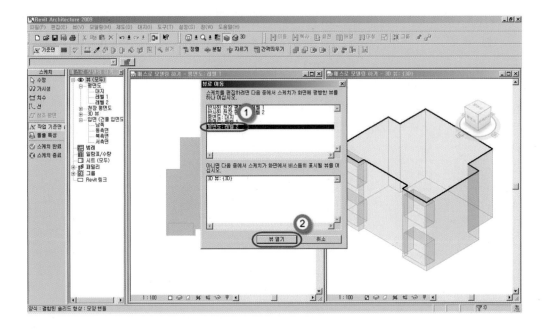

❶ 평면도 : 레벨 2를 선택하고

❷ [뷰 열기]를 클릭합니다.

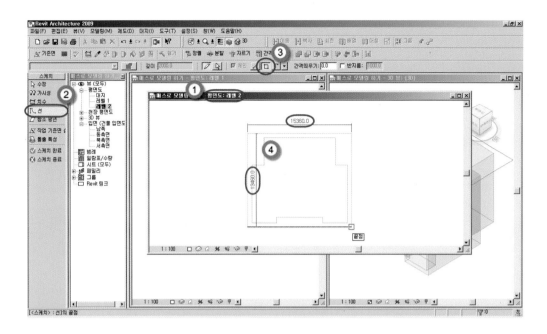

❶ 평면도 : 레벨 2 창이 활성화되면 ❷ [⎰ 선   ] 을 선택하고

❸ [口](사각형 그리기)를 선택하고

❹ 가로 15360, 세로 13460으로 기입합니다. 지붕은 건물에서 600 정도 간격을 두고 작성하기
때문에 이렇게 치수를 기입합니다.

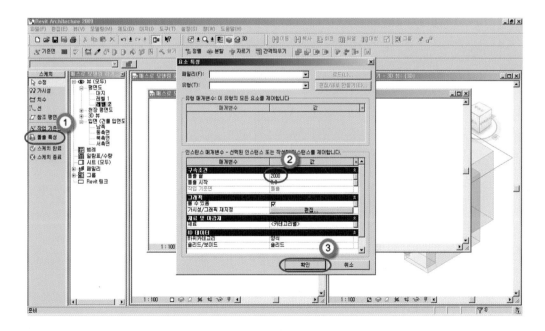

❶ [⎰ 돌출 특성   ] 을 선택하고 ❷ 2000을 기입합니다. 지붕 높이가 되는 치수입니다.

❸ [확인   ] 을 클릭합니다.

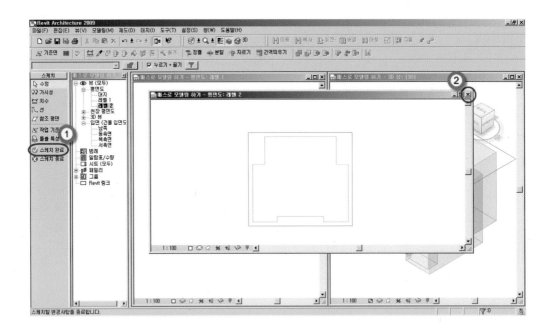

❶ ✅ 스케치 완료 를 클릭하고

❷ 평면도 : 레벨 2 창을 닫습니다.

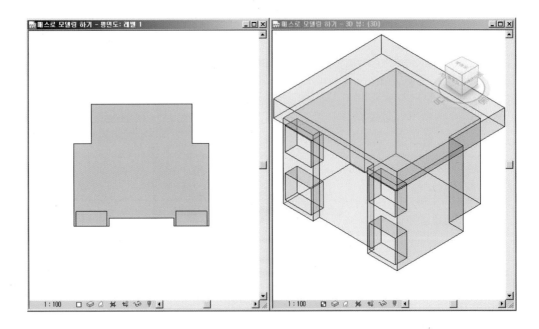

지붕의 매스가 완료된 모습입니다.

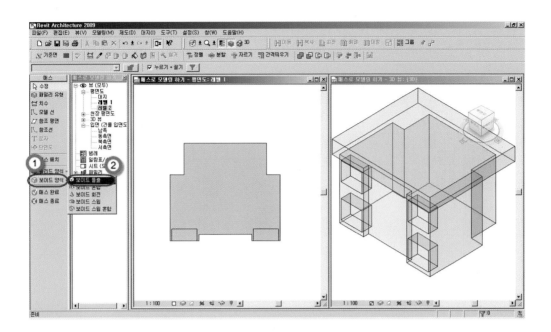

❶ 보이드 양식 » 을 선택하고

❷ 보이드 돌출 을 클릭합니다.

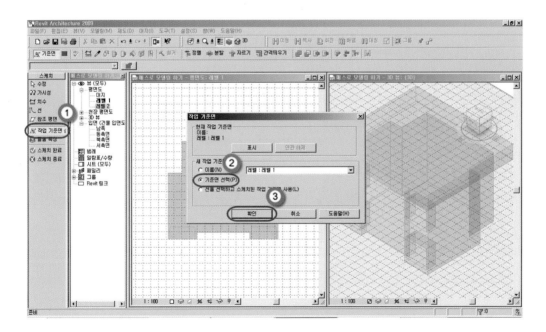

❶ 작업 기준면 설정 을 선택하고

❷ ⊙기준면 선택(P) 을 선택하고

❸ 확인 을 클릭합니다.

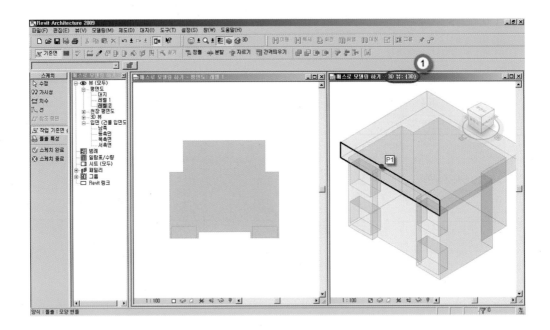

❶ 3D뷰 창을 활성화시키고 P1에 마우스를 가져가면 자동 선택이 되고 클릭을 합니다.

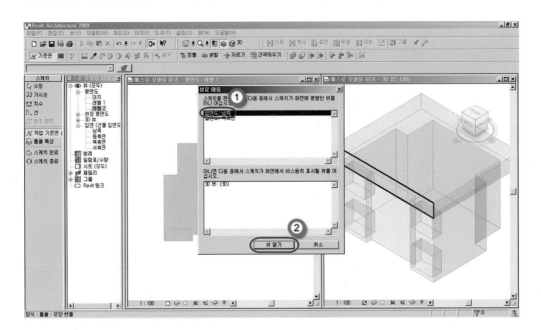

❶ 입면도 : 남쪽을 선택하고

❷ 뷰 열기 를 클릭합니다.

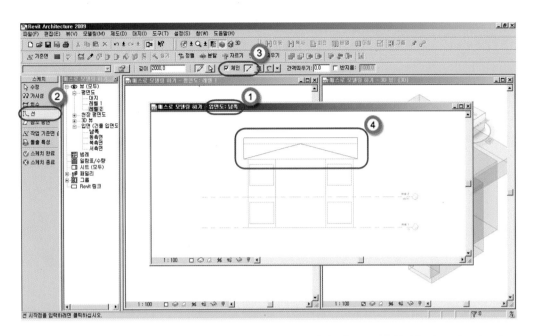

❶ 입면도 남쪽 창이 활성화되면 ❷ [선] 을 클릭하고

❸ ☑체인 을 체크하고 [/] 을 선택한 다음

❹ 그림과 같이 작성합니다. 보이드는 절단하는 명령이기 때문에 절단 부분을 그려주는 것입니다.
   사용자가 원하는 지붕형태로 그려도 됩니다.

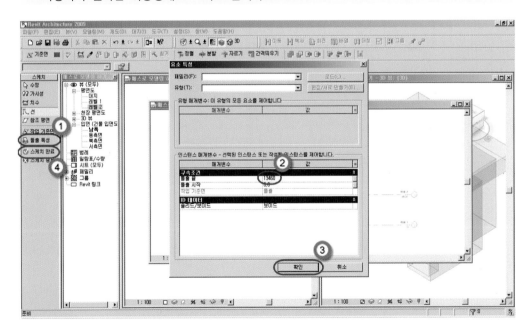

❶ [돌출 특성] 을 선택하고

❷ 13460을 기입합니다. 위에서 그렸던 지붕 부분의 세로길이입니다.

❸ [확인] 을 클릭하고 ❹ [✔ 스케치 완료] 를 클릭합니다.

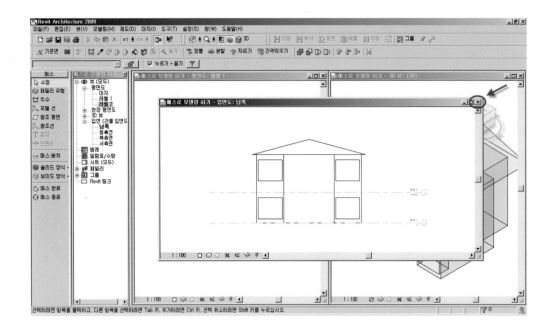

입면도 : 남쪽 창을 닫습니다.

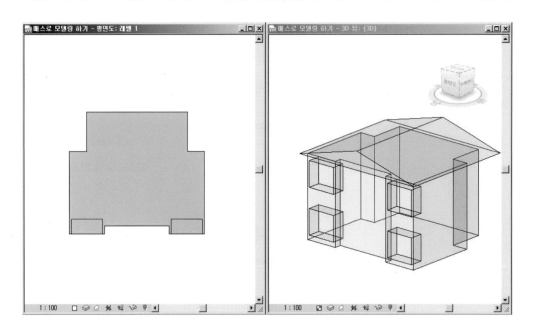

매스로 지붕 부분까지 완성된 모습입니다.

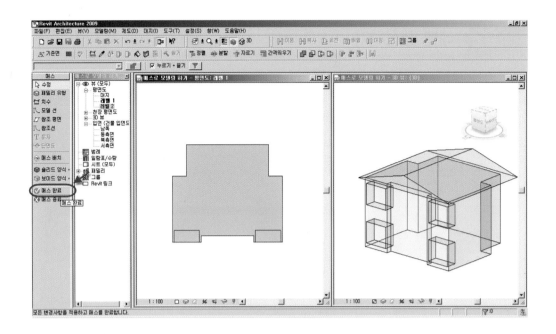

 를 클릭하여 매스 모드를 완료합니다.

S·T·E·P 02 › 레벨 생성하기

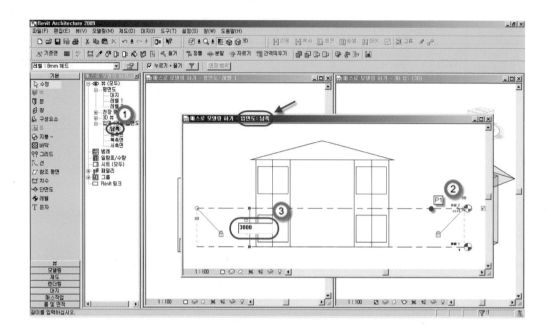

❶ 남쪽 뷰를 활성화시킵니다.
❷ P1 레벨을 선택하고
❸ 3000을 기입합니다.

층고의 높이를 수정하기 위해서입니다.

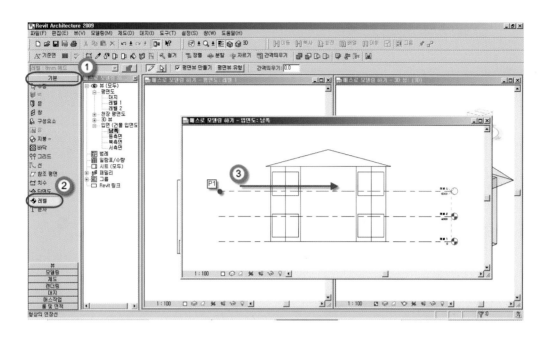

설계막대에서

❶ ┃　　　기본　　　┃을 선택하고

❷ ┃◆ 레벨　　　┃을 클릭하고

❸ P1을 클릭하고 화살표 방향으로 드래그하여 레벨 3을 만듭니다. 간격은 3000입니다.

그림과 같이 레벨을 추가적으로 완성합니다.

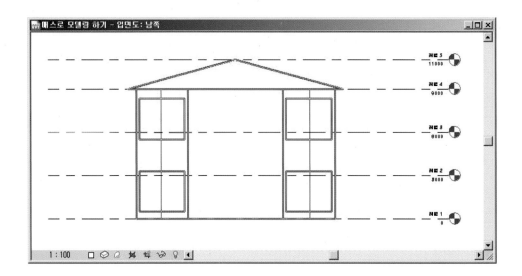

레벨이 완성된 모습입니다.

S·T·E·P 03 ▶ 면으로 벽 만들기

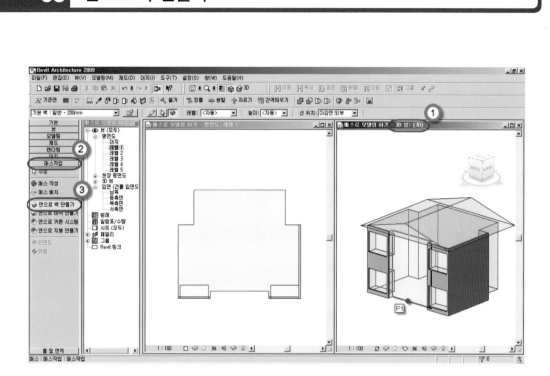

❶ 3D 뷰 창을 활성화시키고 설계막대의

❷ <u> 매스작업 </u>을 선택하고

❸ ◈ <u>면으로 벽 만들기   </u>를 클릭한 후

P1에 마우스를 가져가 자동 선택이 되면 클릭을 하여 벽을 만듭니다. 3D 뷰를 이용하여 벽을
완성하는 것이 편리합니다. 나머지 벽도 같은 방법으로 완성합니다.

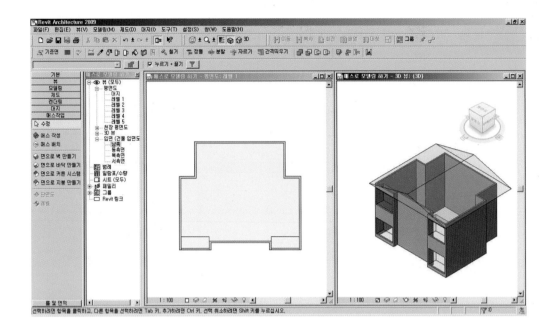

면으로 벽을 완성한 모습입니다.

S·T·E·P **04** 면으로 바닥 만들기

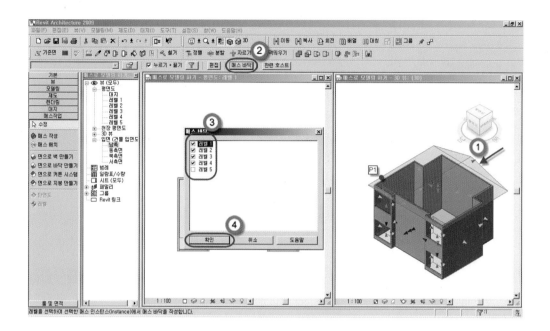

❶ 매스를 선택합니다. P1을 클릭하면 매스가 선택이 됩니다.

❷ [매스 바닥]을 선택하고

❸ 레벨 5를 제외한 나머지 레벨을 선택하고

❹ [확인]을 클릭합니다.

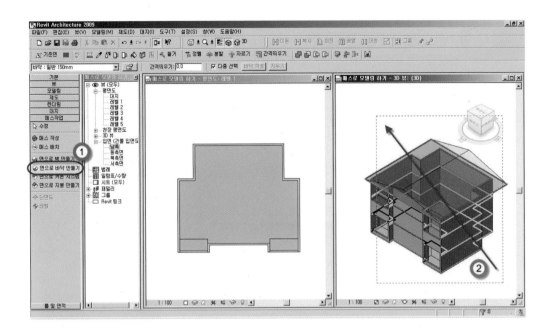

❶ ◇ 면으로 바닥 만들기 를 선택하고

❷ 화살표 방향으로 드래그하여 생성된 매스바닥을선택합니다. 드래그하면 자동으로 매스 바닥만 선택이 됩니다.

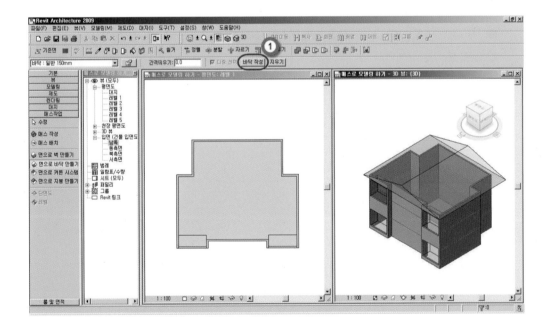

❶ 바닥 작성 을 클릭하면 바닥이 자동으로 생성됩니다.

S·T·E·P 05 › 면으로 지붕 만들기

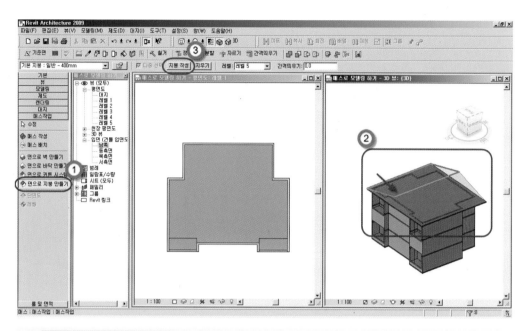

❶ ◈ 면으로 지붕 만들기 를 선택하고

❷ 지붕 부분을 선택합니다.

❸ 지붕 작성을 클릭하면 자동으로 지붕이 생성됩니다.

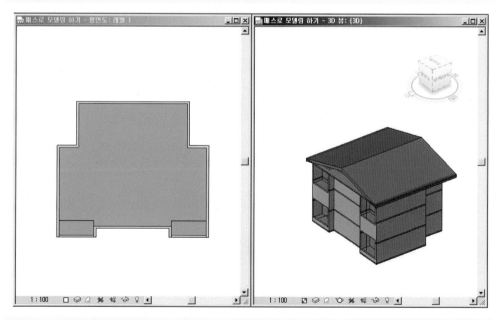

지붕이 완성된 모습입니다.

S·T·E·P 06 › 면으로 커튼 시스템 만들기

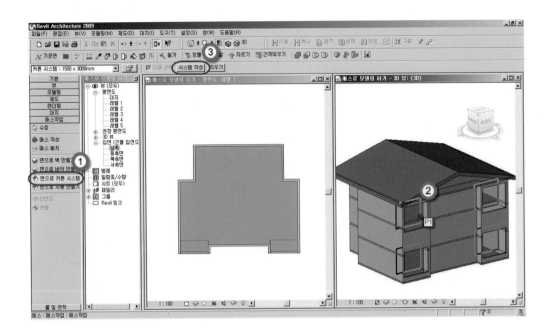

❶ 면으로 커튼 시스템 만들기를 클릭하고

❷ P1을 클릭하여 유리가 만들어질 부분을 선택합니다.

❸ 시스템 작성을 클릭하면 커튼월이 만들어집니다.

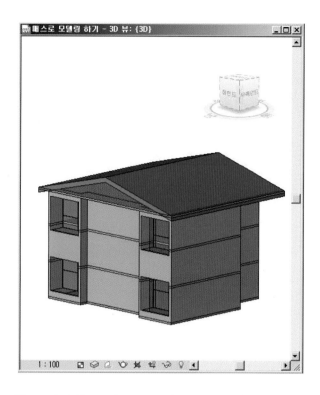

커튼월이 완성된 모습입니다.

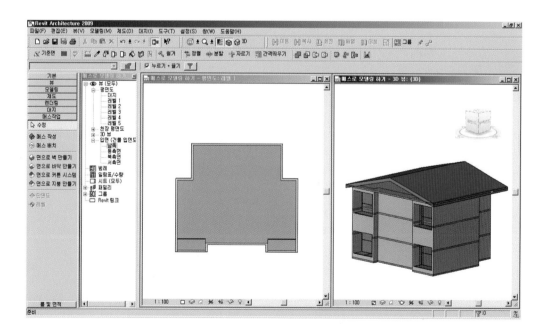

매스와 함께 완성된 모습입니다. 매스 표현을 클릭하여 매스를 보이지 않게 하겠습니다.

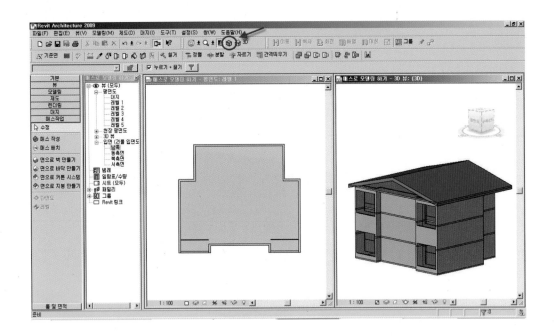

도구막대의 매스 표현을 누르게 되면 매스는 표현이 안 되고 건물만 표현이 됩니다.

07

마무리 작업

S·T·E·P **01** ▶ 룸 태그 및 알람표 작성

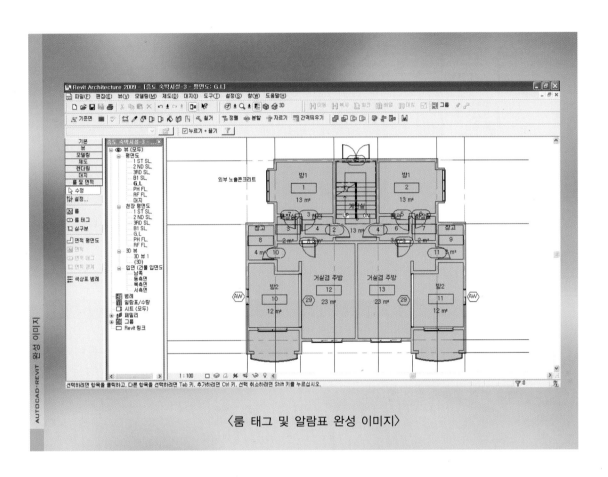

〈룸 태그 및 알람표 완성 이미지〉

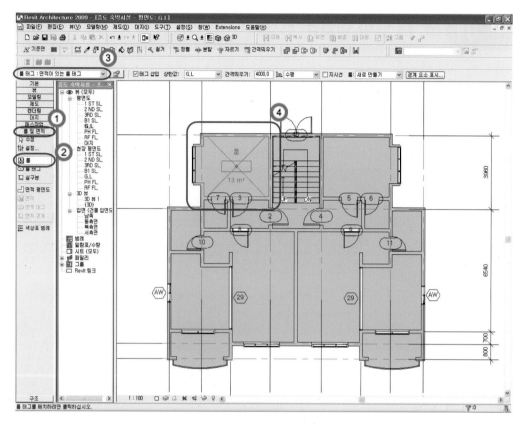

설계막대에서

❶ ［　룸 및 면적　］을 선택하고

❷ ［🗺 룸　　　］을 클릭하고

❸ ［ 룸 태그 : 면적이 있는 룸 태그　　　🔽］를 선택하고 각 실에 마우스를 가져가 ❹와 같이 자동 선택이 되면 클릭을 하면 됩니다.

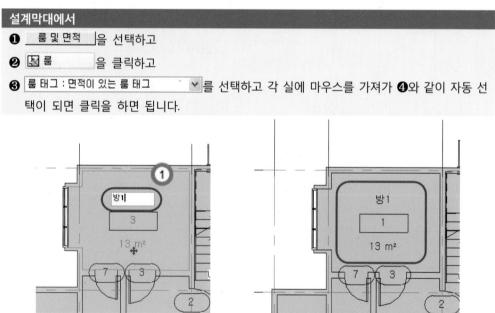

룸 글자를 더블 클릭하면 ❶과 같이 수정이 되며 방1로 수정하고 박스 안에 숫자도 더블 클릭을 하면 수정이 됩니다.

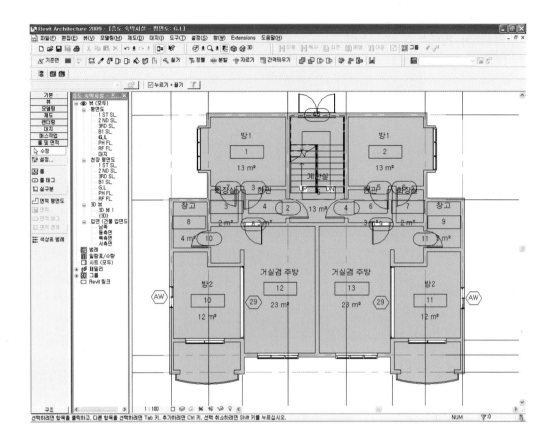

S·T·E·P 02 ▶ 색상 도표 작성

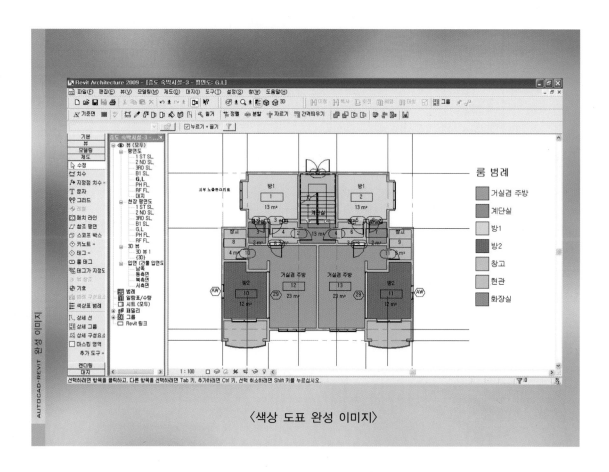

〈색상 도표 완성 이미지〉

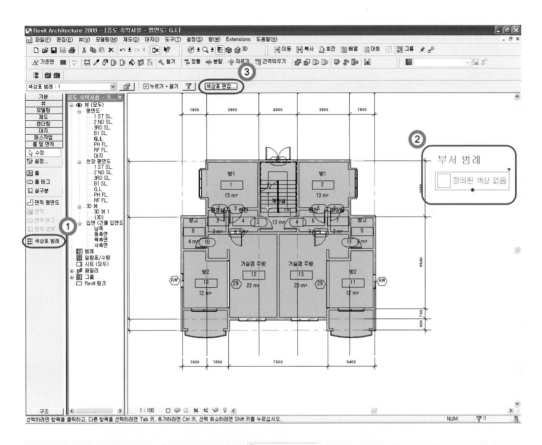

설계막대의 [룸 및 면적]을 선택하고 ❶ 〔色상표 범례〕를 클릭하고

❷ 부서범례라는 글자를 그림과 같은 위치에 클릭하고 다시 부서 범례글자를 선택합니다.

❸ 〔색상표 편집...〕을 클릭합니다.

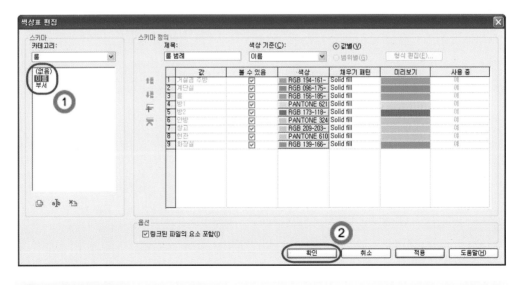

❶ 이름을 선택하고

❷ 〔 확인 〕을 클릭하면 자동 완성됩니다.

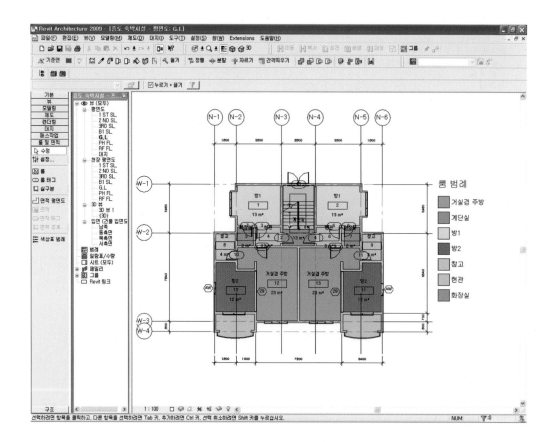

S·T·E·P **03** 치수 기입

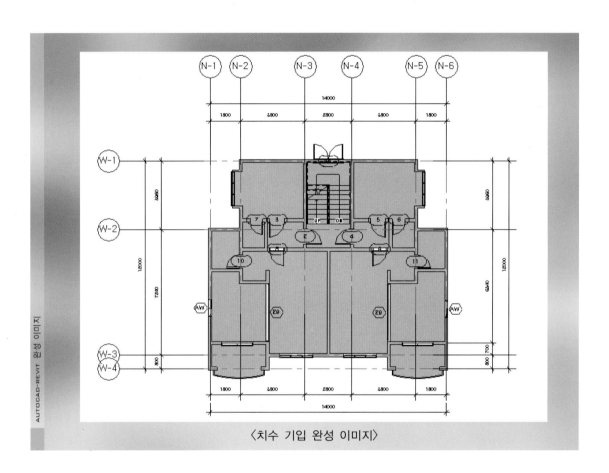

〈치수 기입 완성 이미지〉

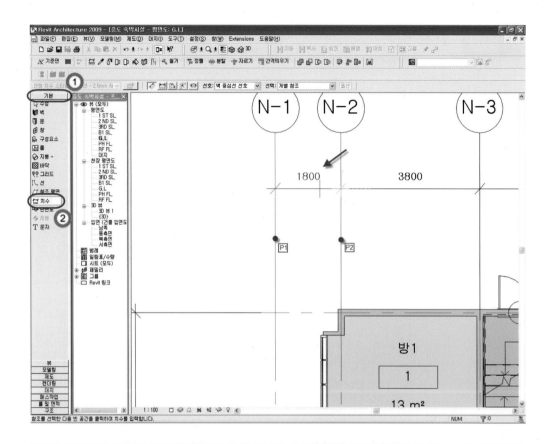

설계막대에서

❶ [기본] 을 선택하고

❷ [🏷 치수] 를 클릭하고

❸ P1과 P2를 클릭하여 그림과 같이 치수를 기입하면 됩니다.

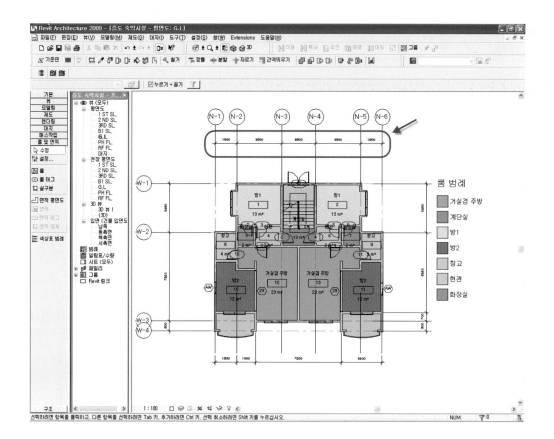

S·T·E·P 04 ▶ 문자 주석 작성

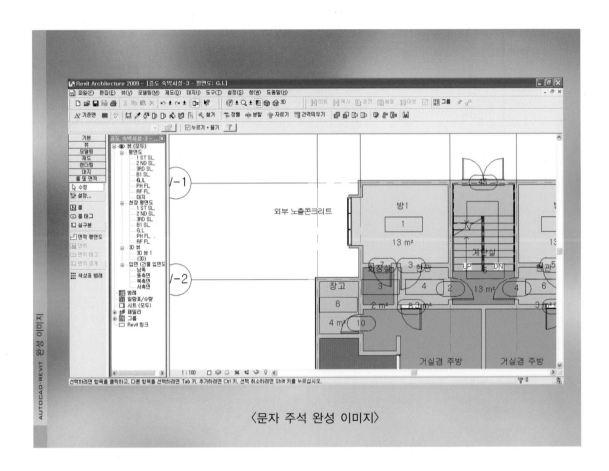

〈문자 주석 완성 이미지〉

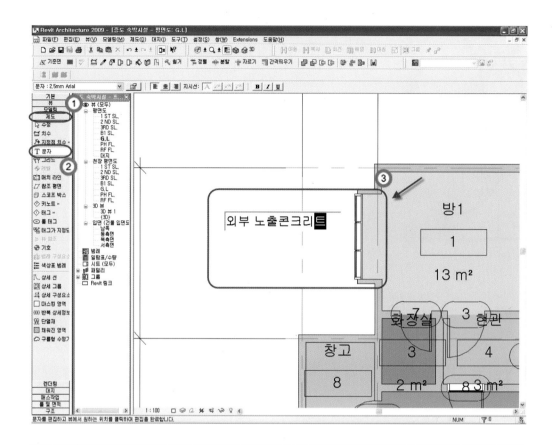

설계막대에서

❶ [　　제도　　]를 선택하고

❷ [T 문자　]를 클릭하고 원하는 위치에 드래그하여

❸ 그림과 같이 글자를 입력하면 됩니다.

MEMO...

패밀리
작업

S·T·E·P **01** 패밀리 로드

〈거실 가구 배치 이미지〉

AUTOCAD-REVIT 완성 이미지

거실에 배치할 가구를 로드합니다.

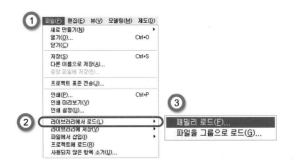

메뉴막대의

❶ 파일(F) ▶ ❷ 라이브러리에서 로드(L) ▶ ❸ 패밀리 로드(F)... 를 선택합니다.

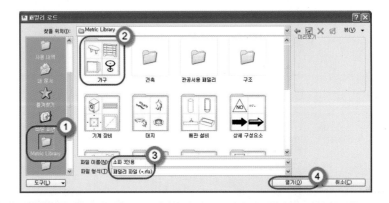

패밀리 로드 대화상자가 뜨면

❶ 📁 Metric Library ▶   ❷ 📁 가구 ▶

❸ 📄 소파 3인용.rfa ▶   ❹ [　열기(O)　] 를 선택하여 가구를 로드합니다.

설계막대의

[　기본　] (모델링) ▶ 🔲 구성요소 를 선택하고 유형선택기를 보면

로드된 '📄 소파 3인용.rfa' 가구를 확인할 수 있습니다.

S·T·E·P 02 〉 패밀리 삽입

가구를 배치할 평면을 열고 가구를 삽입합니다.

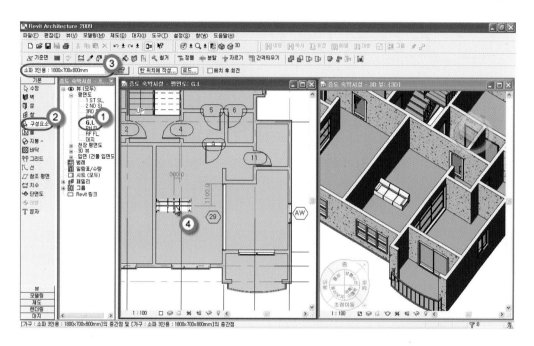

프로젝트 탐색기에서 ⊞ ◉ 뷰 (모두) ▶ ⊞ 평면도 ▶

❶ ⋯⋯ G.L을 더블 클릭하여 G.L 평면을 엽니다. 설계막대의 ___기본___ (___모델링___) ▶

❷ 🔧 구성요소 ▶

❸ 유형선택기에서 [소파 3인용 : 1800x700x800mm ⌄]선택 ▶

❹ 평면에서 삽입될 위치에 클릭

다른 가구 패밀리를 로드하여 거실에 가구를 삽입합니다.

참고 옵션막대의 [로드...]를 이용해 패밀리를 신속하게 로드할 수 있습니다.

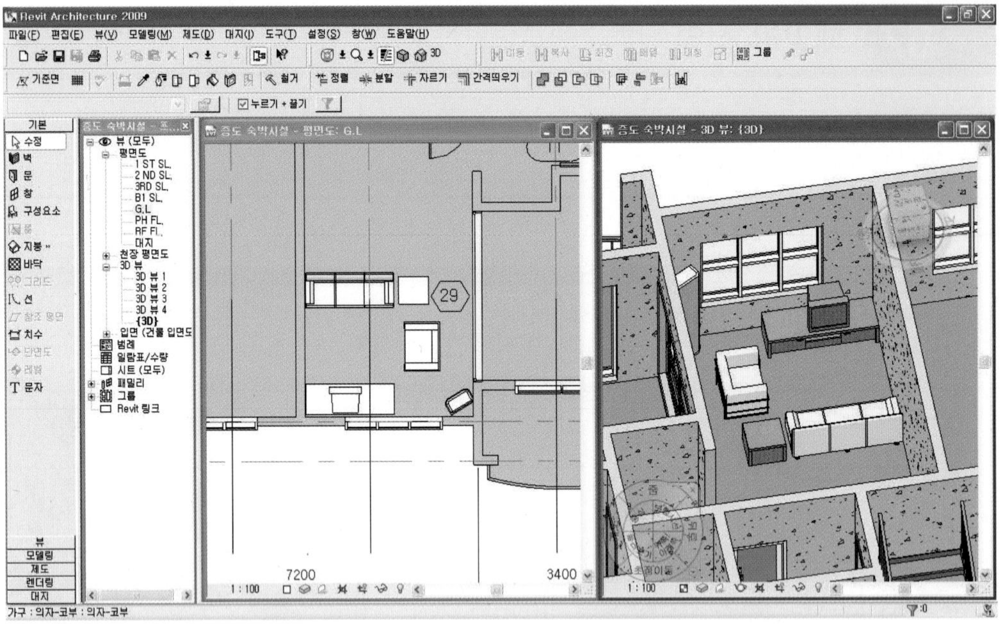
Revit Architecture 2009
파일(F) 편집(E) 뷰(V) 모델링(M) 제도(D) 대지(I) 도구(T) 설정(S) 창(W) 도움말(H)
7200
3400
1 : 100
가구 : 의자-코부 : 의자-코부

REVIT ARCHITECTURE

① 내부 패밀리 작성하기

내부 패밀리는 현재 프로젝트에서 작성되는 패밀리입니다. 패밀리는 이 프로젝트에만 존재하며 다른 프로젝트에 로드할 수 없고 하나의 패밀리에 여러 유형을 가질 수 없습니다.

곡선 형태의 가구 패밀리 작성하기

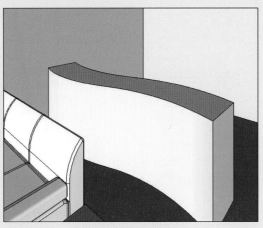

〈책상 작성 이미지〉

부엌과 거실을 분리하는 곡선 형태의 가구를 만드는데 이 가구는 일반적인 형태의 가구가 아니므로 내부 패밀리로 작성합니다.

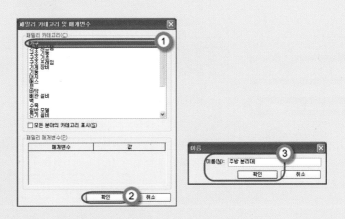

설계막대의 [　　기본　　] ([모델링]) ▶ 🔓 구성요소　▶

옵션막대의 [한 위치에 작성...] 선택(또는 메뉴막대의 모델링(M) ▶ [작성(C)...] 선택)

대화상자가 뜨면 패밀리 카테고리에서

❶ '가구'를 선택 ▶

❷ [확인] 선택 ▶

❸ 이름을 '주방 분리대'로 입력한 후 [확인] 선택

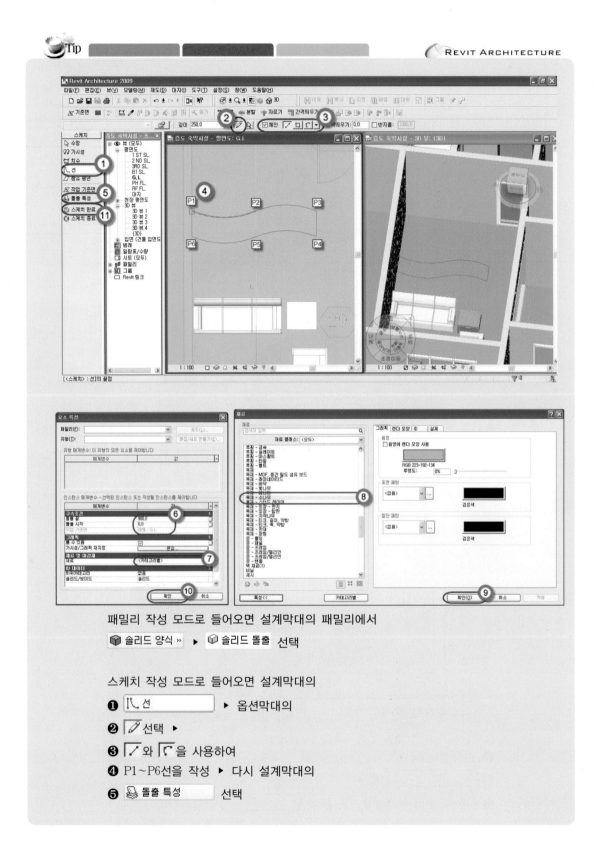

패밀리 작성 모드로 들어오면 설계막대의 패밀리에서

🔲 솔리드 양식 » ▶ 🔲 솔리드 돌출 선택

스케치 작성 모드로 들어오면 설계막대의

❶ 🔳 선 ▶ 옵션막대의

❷ 🖊 선택 ▶

❸ 🗆 와 🗂 을 사용하여

❹ P1~P6선을 작성 ▶ 다시 설계막대의

❺ 🔳 돌출 특성 선택

요소특성 대화상자에서 구속조건의

❻ 돌출 시작은 '0.0', 돌출 끝은 '900'을 입력(바닥으로부터 높이 900을 의미) ▶

재료 및 마감재의

❼ <카테고리별> 선택 ▶ 재료 대화상자에서

❽ '목재 - 소나무' 선택 ▶

❾ 확인

다시 요소특성 대화상자의

❿ 확인 ▶

⓫ ✅ 스케치 완료 ▶

⓬ ✅ 패밀리 완료 를 선택합니다.

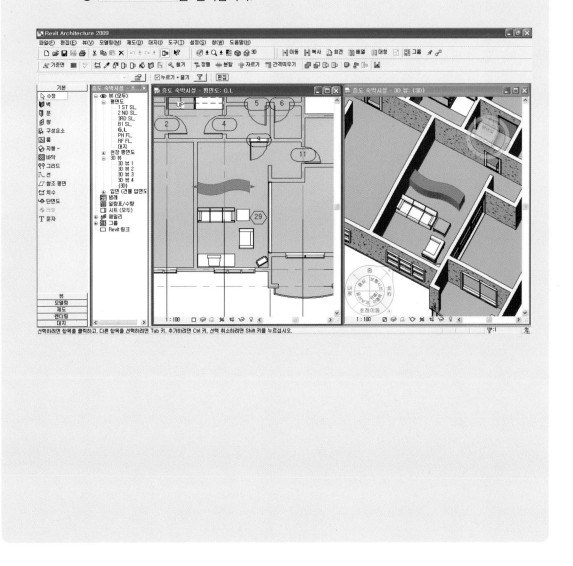

라이브러리에 있는 패밀리 말고도 원하는 형태와 사이즈의 패밀리를 작성할 수 있습니다.

1) 책상 작성

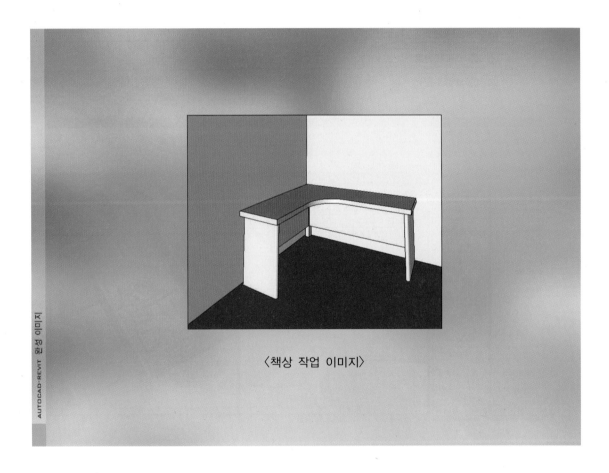

〈책상 작업 이미지〉

AUTOCAD·REVIT 완성 이미지

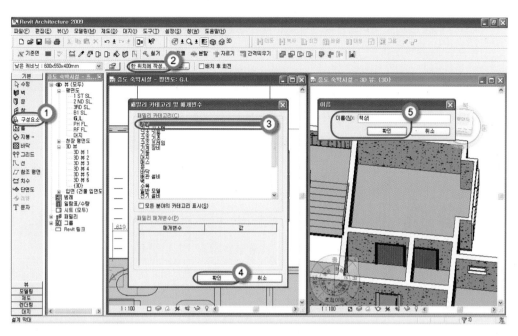

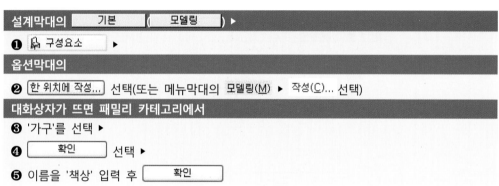

설계막대의 [기본] ([모델링]) ▶

❶ 🏠 구성요소 ▶

옵션막대의

❷ [한 위치에 작성...] 선택(또는 메뉴막대의 모델링(M) ▶ 작성(C)... 선택)

대화상자가 뜨면 패밀리 카테고리에서

❸ '가구'를 선택 ▶

❹ [확인] 선택 ▶

❺ 이름을 '책상' 입력 후 [확인]

패밀리 작성 모드로 들어오면 설계막대의 패밀리에서 🗔 솔리드 양식 ›› ▶ 🗔 솔리드 돌출 스케치 작성 모드로 들어오면

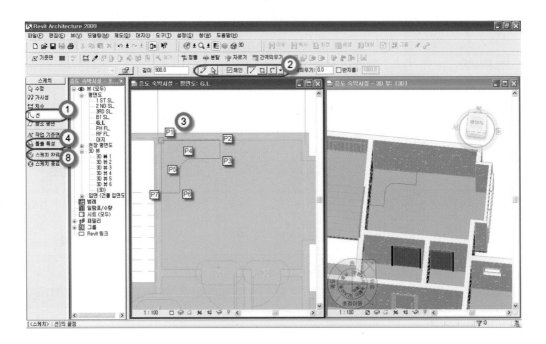

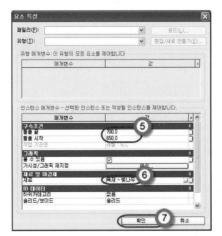

설계막대의

❶ 🖊 선 ▶

옵션막대의

❷ ✏ 선택 ▶ 🖊 와 🖊 을 사용하여

❸ P1~P7선을 작성 ▶

다시 설계막대의

❹ 🖳 돌출 특성 선택

요소특성 대화상자에서 구속조건의

❺ 돌출 시작은 '600', 돌출 끝은 '700'을 입력(바닥으로부터 높이 650, 두께 50을 의미) ▸

❻ 재료를 '목재 - 벗나무' 선택 ▸

❼ ☐ 확인 ▸

❽ ✅ 스케치 완료 ▸

❾ ✅ 패밀리 완료 를 선택합니다.

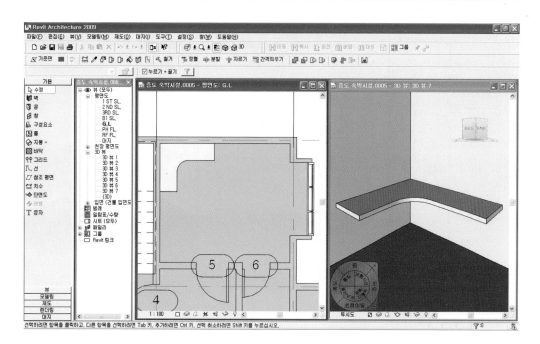

책상 상판을 작성했습니다. 이제 다리를 만듭니다.

설계막대의   선택 ▸ 책상 선택 ▸ 옵션막대의 편집 선택

패밀리 작성 모드로 들어오면 다시 설계막대의 패밀리에서 솔리드 양식 »

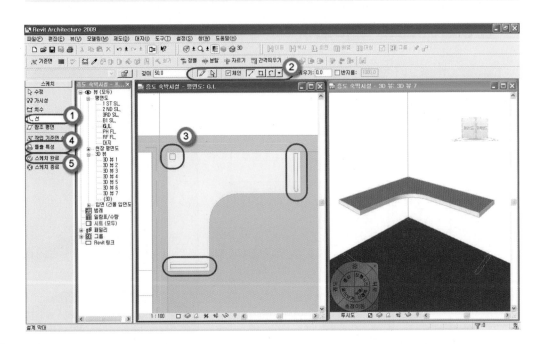

▸ 솔리드 돌출

스케치 작성 모드에서 설계막대의

❶ 선   ▸

옵션막대의

❷ 선택 ▸ 와 을 사용하여

❸ 책상 다리를 작성 ▸

다시 설계막대의

❹ 돌출 특성   선택

앞에서와 같이 요소특성 대화상자에서 구속조건의 돌출 시작은 '0.0', 돌출 끝은 '650'을 입력(바닥

에서 높이 650을 의미) ▸ 재료를 '목재 - 벗나무' 선택 ▸   확인   ▸

❺ 스케치 완료

패밀리 작성 모드에서 앞서 배운 방법으로 다시 책상 다리와 다리를 지지하는 가림판을 그려줍니다.

설계막대의 패밀리에서 📦 솔리드 양식 » ▶ 📦 솔리드 돌출

스케치 작성 모드에서 가림판을 그리기 전에 G.L 평면뷰 창의 뷰 조절막대에서

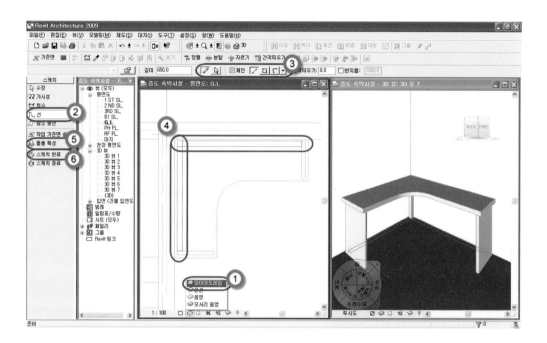

📦모서리 음영 을 눌러

❶ 📦와이어프레임 으로 전환 ▶ 설계막대의

❷ ⎰⎱ 선　　　　　　　　　　 ▶

옵션막대의

❸ ✎선택 ▶ ⬈와 ⌐을 사용하여

❹ 다리 가림판 작성

참고 다리 가림판 작성 시 선이 만나거나 겹치면 작성이 안 됩니다. 다음과 같이 작성합니다.

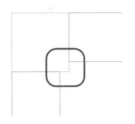

▶ **다시 설계막대의**

❺ 🗂 **돌출 특성** 선택

요소특성 대화상자에서 구속조건의 돌출 시작은 '150', 돌출 끝은 '650'을 입력
(바닥으로부터 높이 150 띄워서 상판까지를 의미)

▶ 재료를 '목재 - 벗나무' 선택 ▶ [확인] ▶ ❻ ✅ 스케치 완료

▶ ✅ 패밀리 완료 를 선택합니다.

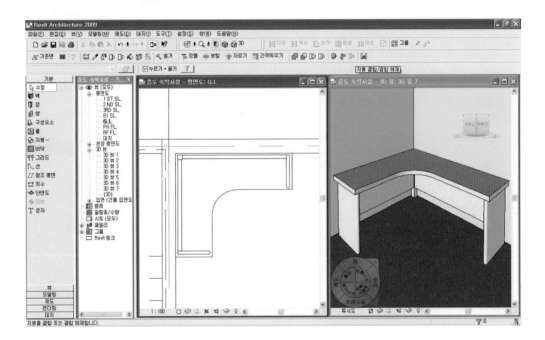

2) 옷장 작성(800×400×1800)

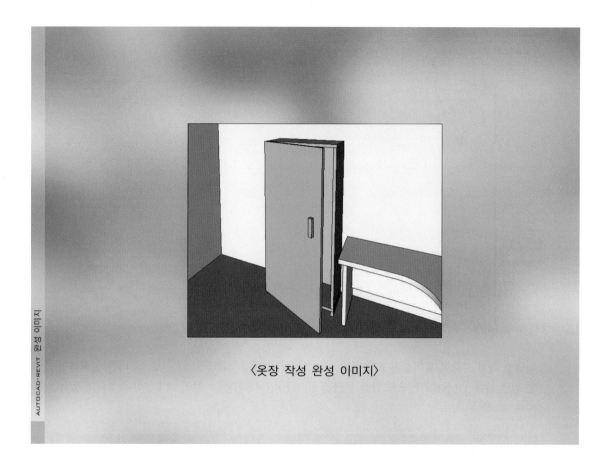

〈옷장 작성 완성 이미지〉

파일(<u>F</u>) ▶ 새로 만들기(<u>N</u>) ▶ 패밀리(<u>F</u>)... ▶ 📁Metric Templates ▶

❶ 🔲미터법 가구 ▶

❷ ┌─ 열기(<u>O</u>) ─┐

① 보조선 작성

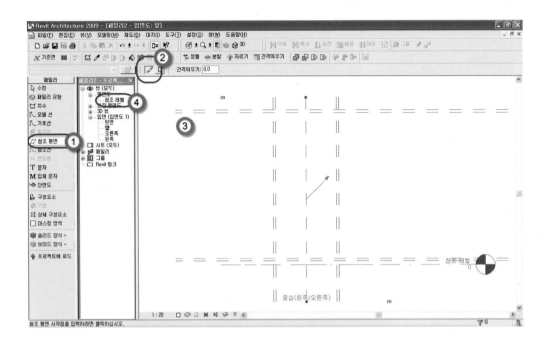

패밀리 작성 모드로 들어오면 프로젝트 탐색기에서 ⊞─ 입면 (입면도 1) ▶ ┃─ 앞 을 더블 클릭하여
앞 입면 뷰를 엽니다. 기본으로 참조 평면인 중심(왼쪽/오른쪽)선과 참조 레벨선이 작성되어 있는
것을 볼 수 있습니다.

설계막대에서

❶ 〔 ⟋ 참조 평면 〕 ▶ 옵션막대

❷ 〔 ⟋ 〕 선택

기본 참조 평면 선을 중심으로 입면을 그리기 위한

❸ 보조선을 작성합니다.

프로젝트 탐색기 ⊞─ 입면 (입면도 1) ▶ ⊞─ 평면도 ▶

❹ **참조 레벨**을 더블 클릭하여 참조 레벨뷰를 엽니다.

평면도의 참조 레벨뷰에서도 입면의 '앞'뷰에서 본 기본 참조 평면 선인 중심(왼쪽/오른쪽)선과
중심(앞/뒤)선, 그리고 앞에서 작성한 보조선이 보이는 것을 확인할 수 있습니다.

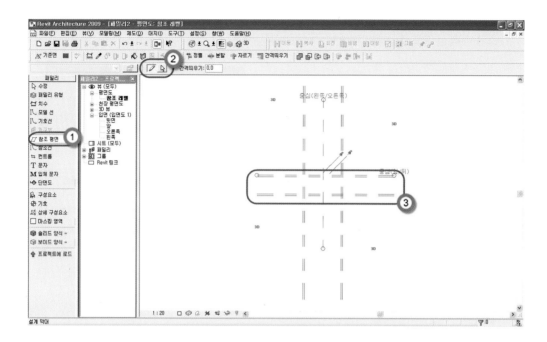

설계막대에서

❶ 📐 참조 평면 ▶ 옵션막대

❷ ✏️ 선택

기본 참조 평면 선을 중심으로 평면을 그리기 위한

❸ 보조선을 작성합니다.

② 옷장 평면 작성

설계막대의 🔲 솔리드 양식 » ▶ 🔲 솔리드 돌출

스케치 작성 모드의 설계막대에서 🗹 작업 기준면 설정 ▶

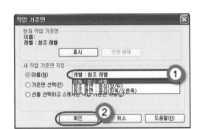

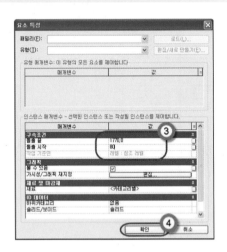

❶ '참조 레벨'로 새 작업 기준면 지정 ▶ ❷ 확인 ▶ 설계막대의 🗋 돌출 특성

❸ 돌출 시작 80, 돌출 끝 1770 입력한 후 ❹ 확인

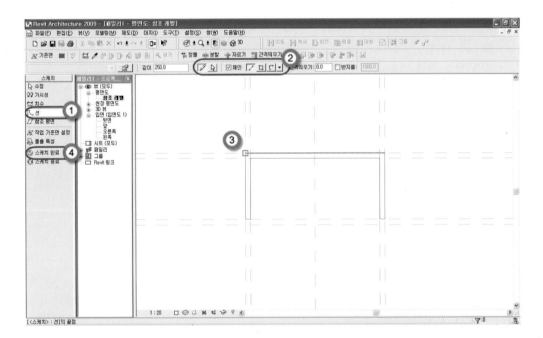

이제 작성한 보조선 위에 옷장의 평면을 그립니다.

설계막대의 ❶ 선 ▶ 옵션막대의 ❷ 선택 ▶ 을 사용하여

❸ 옷장 평면 작성 ▶ ❹ ✅ 스케치 완료

③ 옷장 천장·바닥 작성   AUTOCAD·REVIT

프로젝트 탐색기의 ⊞ 입면 (입면도 1) ▶ 앞을 더블 클릭하면 옷장이 작성된 것을 볼 수 있습니
다. 이제 옷장 천장과 바닥을 작성하기 위해서 바닥의 보조선인 참조 평면의 이름을 Top/Bottom
으로 정합니다.(기준이 되는 참조 평면에 작성하기 위하여 각각의 참조 평면에 이름을 정합니다.)

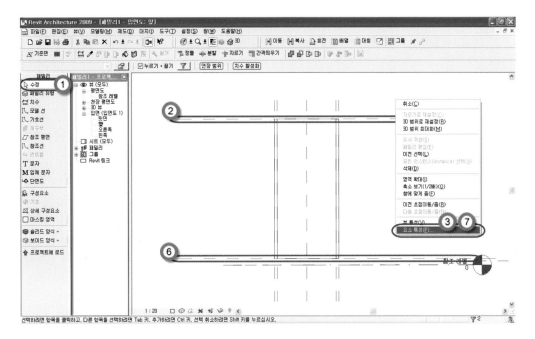

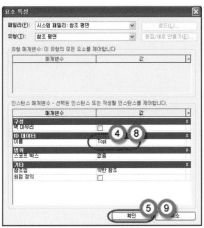

설계막대의

❶ 🔲 수정 ▶ ❷ 천장/❻ 바닥 부분 참조 평면 선택 ▶

❸❼ 마우스 오른쪽 버튼을 클릭하여 요소 특성(P)... ▶ 요소 특성 대화상자의 이름에

❹ 'Top'/❽ 'Bottom' 입력 ▶

❺❾ [확인]

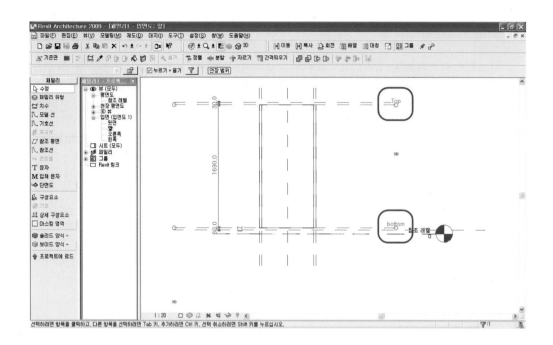

프로젝트 탐색기 ⊞ 평면도 ▶ **참조 레벨**을 더블 클릭하여 참조 레벨뷰를 열고 옷장의 천장(바닥)을 작성합니다.

설계막대 🗔 솔리드 양식 » ▶ 🗔 솔리드 돌출

스케치 작성 모드에서 옷장 천장(바닥)을 작성하기 위해

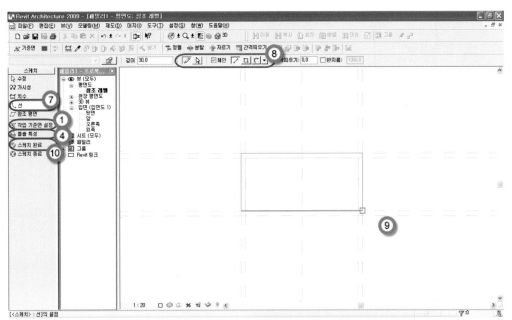

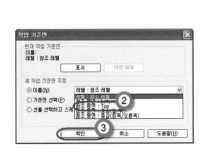

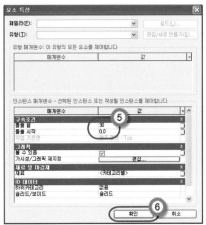

❶ 🗔 작업 기준면 설정 ▶ 천장 작성 시

❷ '참조 평면 : Top'(바닥 작성 시 '참조 평면 : Bottom') 선택 ▶ ❸ [확인] ▶

❹ 🗔 돌출 특성 ▶

❺ 천장 작성 시 돌출 시작 '0.0' 돌출 끝 '30'(바닥 작성 시 돌출 시작 '0,0' 돌출 끝 -30) ▶

❻ [확인] ▶ ❼ 🗔 선 ▶

❽ 옵션막대의 🗔 선택 ▶ 🗖 을 사용하여 ❾ 옷장 천장(바닥)을 작성 ▶

❿ 🗔 스케치 완료 (천장 작성이 완료되면 같은 방법으로 바닥을 작성합니다.)

395

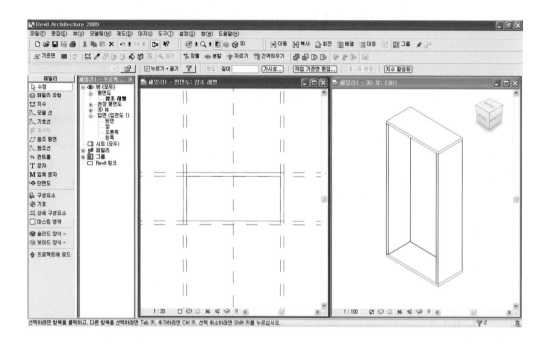

도구막대 를 선택하여 옷장 천장과 바닥이 작성된 것을 확인합니다.

④ 옷장 다리·문 작성

AUTOCAD-REVIT

다음으로 옷장 다리와 문을 작성합니다.

설계막대 **●** 솔리드 양식 » ▶ **●** 솔리드 돌출 ▶ 스케치 작성 모드

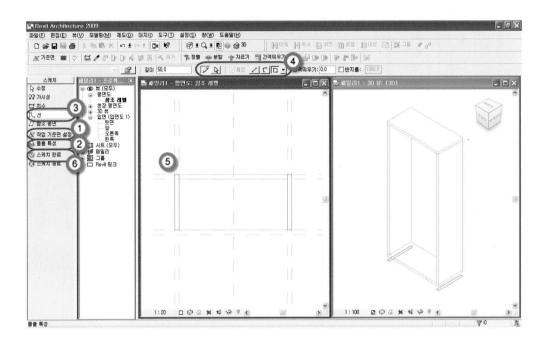

❶ **작업 기준면 설정** ▶ 새 작업 기준면 지정의 이름을 '레벨 : 참조 레벨' 선택 ▶
  [확인] ▶

❷ **돌출 특성** ▶ 돌출 시작 '0.0' 돌출 끝 '50' ▶ [확인] ▶

❸ **선** ▶

❹ 옵션막대의 **선택** **을 사용하여

❺ 옷장 다리 작성 ▶

❻ **스케치 완료**

문을 작성하기 위해 참조 레벨 평면뷰에서 문이 작성될 기준이 되는 참조 평면 선을 선택하여 이름을 지정합니다.

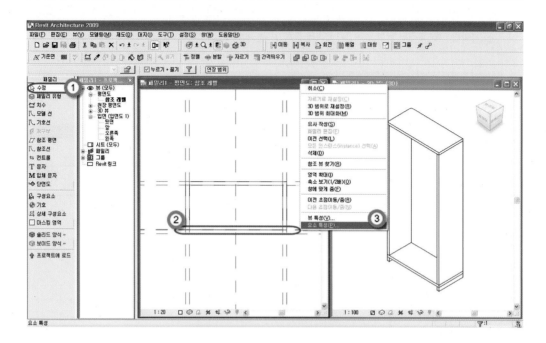

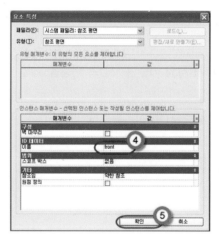

❶ 〔 ▷ 수정 〕 ▶ 문이 부착될 참조 평면

❷ 선 선택 ▶ 오른쪽 클릭

❸ 마우스 오른쪽 버튼을 클릭 〔 요소 특성(P)... 〕 ▶

❹ 이름에 'front' 입력 ▶

❺ 〔 확인 〕

프로젝트 탐색기의 ⊞ 입면 (입면도 1) ▶ 앞 을 더블 클릭하여 앞 입면뷰를 엽니다.

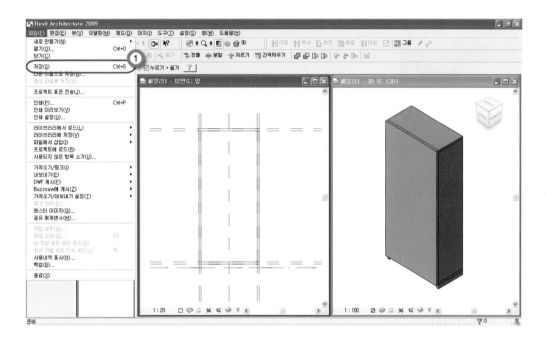

설계막대 📦 솔리드 양식 » ▶ 📦 솔리드 돌출 ▶ 스케치 작성 모드 📐 작업 기준면 설정 ▶ 새 작업 기준 면 지정의 이름을 '참조 평면 : front' 선택 ▶ [확인] ▶ 📚 돌출 특성 ▶ 돌출 시작 '0.0' 돌출 끝 '30' ▶ [확인]

▶ 🖍 선 ▶ 옵션막대의 🖊 선택 ▶ 🔲 을 사용하여 옷장 문 작성 ▶ ✅ 스케치 완료

옷장 패밀리가 작성이 완료되면 파일(F) ▶ 저장(S) 을 선택하여 패밀리를 저장합니다.

MEMO...

_____

_____

_____

_____

_____

_____

외부자료
활용하기

INTRODUCTION

파일 메뉴 가져오기/링크를 사용하여
AutoCAD 2009(DWG 및 DXF),
MicroStation②(DGN),
SketchUp(SKP 및 DWG) 및 ACIS(SAT)와 같은
다른 CAD 프로그램에서 벡터 데이터를 가져오거나 링크합니다.

S·T·E·P **01** ▷ DWG 파일 가져오기

외부 자료를 가져오기 전에 먼저 평면뷰가 열려 있어야 합니다.
앞서 배운 대로 새 프로젝트를 시작하여

⊞ ⊙ 뷰 (모두) ▶ ⊞ 평면도 ▶ **1층 평면도** 를 더블 클릭하여 1층 평면도를 엽니다.

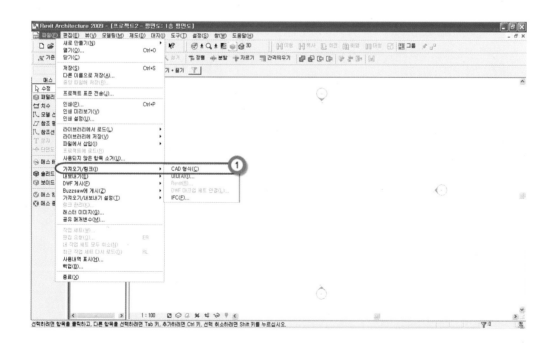

메뉴막대의 파일(F) ▶ ❶ 가져오기/링크(I) ▶ CAD 형식(C)

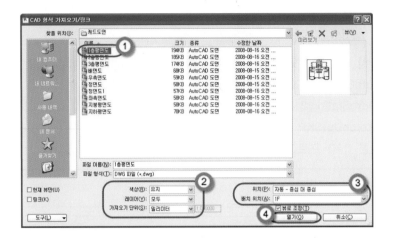

CAD 형식 가져오기/링크 대화상자가 열리면

❶ CAD 형식의 파일 선택 ▶

❷ 색상(R) : 유지, 레이어(Y) : 모두, 가져오기 단위(S) : 밀리미터 ▶

❸ 위치(P) : 자동-중심 대 중심 ▶

❹ 열기(Q)

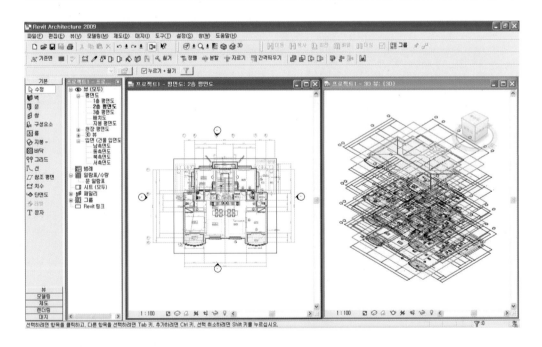

1층 평면도 뷰에 방금 가져오기 한 DWG 형식의 파일을 볼 수 있습니다.
같은 방법으로 각각의 평면에 DWG 형식의 파일을 가져옵니다.

Tip   REVIT ARCHITECTURE

도면을 가져오는 과정에서 도면들의 원점이 서로 일치하지 않을 경우 Revit Architecture에서도 수동으로 움직여서 맞출 수 있지만 AutoCAD에서 각 평면도의 원점을 일치시켜서 저장하거나 각 도면의 원점이 일치되도록 Wblock으로 저장하여 가져오면 더 쉽고 빠르게 배치할 수 있습니다.

S·T·E·P **02** 외부에서 가져온 2D 도면 DWG 위에 벽 작성

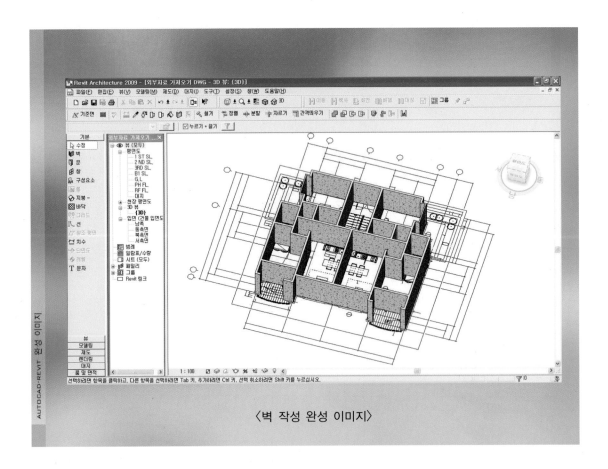

〈벽 작성 완성 이미지〉

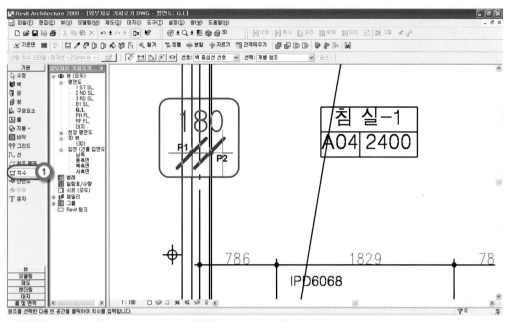

가져온 도면 위에 벽을 작성하기 위해 치수를 잽니다.

설계막대의 ❶ ⌐치수 선택 ▶ ❷ 벽선 P1, P2를 선택합니다.

벽두께 180mm인 것을 알 수 있습니다.

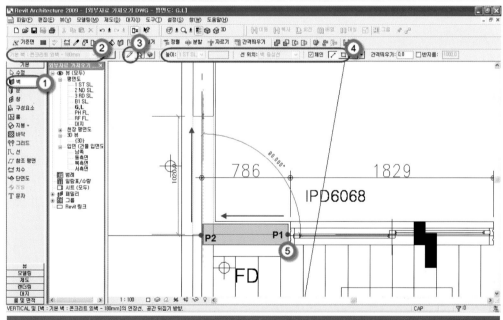

설계막대에서

❶ ▩벽 선택 ▶

❷ 유형 선택기에서 벽 유형 '기본벽 : 콘크리트 외벽 180mm'를 선택하고 ▶

❸ 옵션막대에서 ◿ 선택 ❹ 선 위치 : 벽 중심선, ☑체인 체크, ◿ 선택 ▶

❺ 점 P1을 시작점으로 도면의 벽체 선을 따라 선택하여 작성합니다.

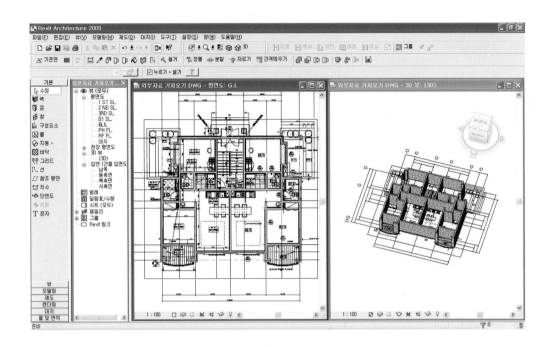

 선택하여 도면 위에 외벽이 작성된 것을 확인합니다.

S·T·E·P **03** Sketch Up 파일 가져오기

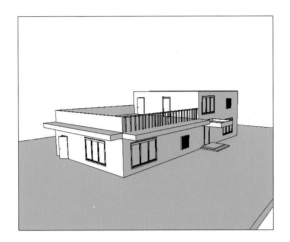

Revit Architecture 프로젝트를 작성하고 Sketch up 모델을 매스 패밀리 내부편집으로 프로젝트로 가
져오는 방법입니다.

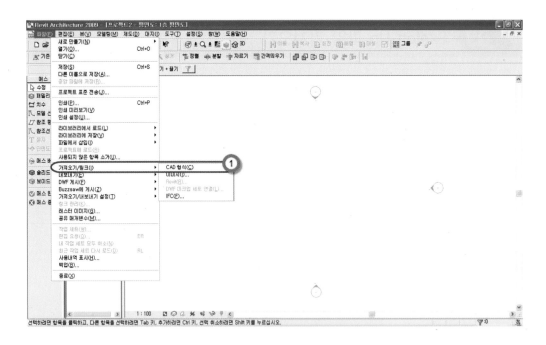

설계막대에서   매스작업   선택(🐾 매스작업 탭이 보이지 않을 경우 설계막대에서 오른쪽 클릭

✔ 매스작업 선택) ▶ 정보 대화상자에서 [　확인　] ▶ 이름 대화상자에서 '스케치업 매스' 입력

▶ 메뉴막대의 파일(F) ▶ ❶ 가져오기/링크(I) ▶ CAD 형식(C)

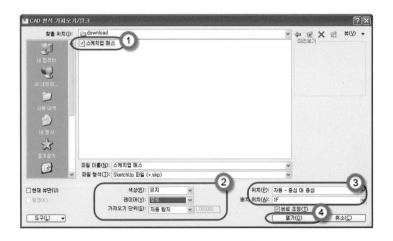

CAD 형식 가져오기/링크 대화상자에서

❶ SketchUp 파일 선택 ▶

❷ 색상(R) : 유지, 레이어(Y) : 모두, 가져오기 단위(S) : 자동탐지 ▶

❸ 위치(P) : 자동-중심 대 중심 ▶

❹ [　열기(O)　]

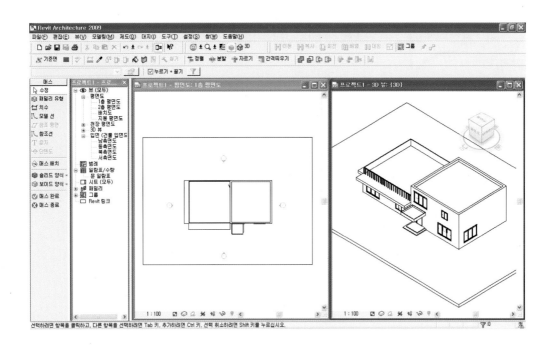

MEMO...

_____
_____
_____
_____
_____
_____

패널 작성에 필요한 뷰 만들기

S·T·E·P 01 ▶ 평면 뷰 만들기

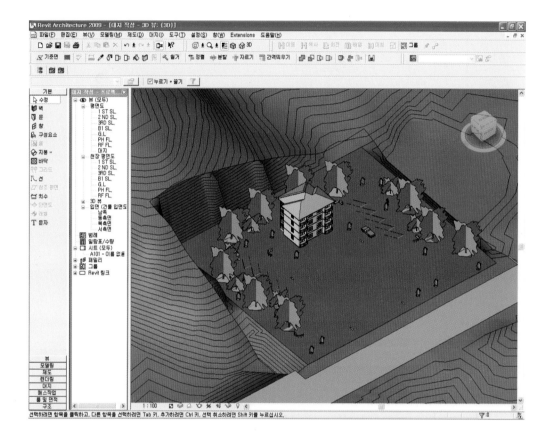

앞에서 만들었던 대지 작성을 이용하여 패널을 만들겠습니다.

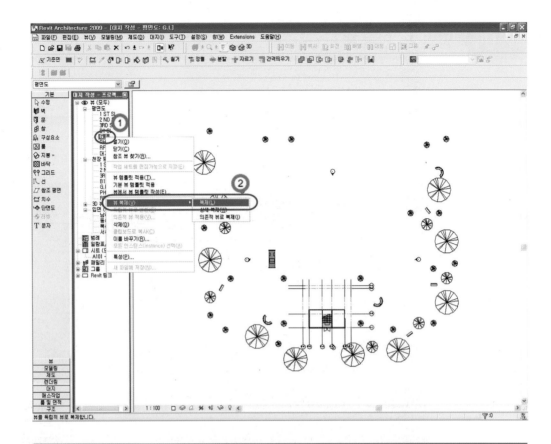

프로젝트 탐색기의 평면도 뷰에서

❶ G.L 뷰를 선택하고 마우스 오른쪽을 클릭하여

❷ 뷰 복제를 합니다.

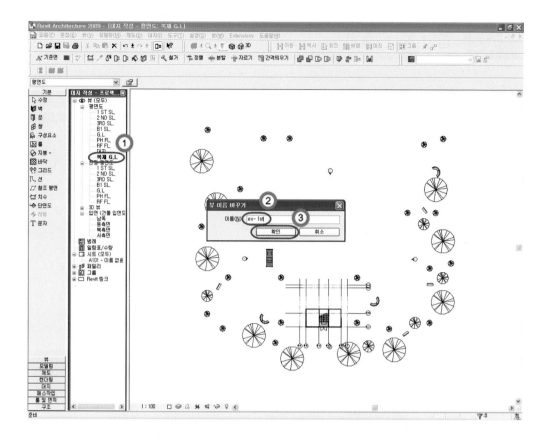

❶ 복제된 뷰가 삽입된 걸 확인할 수 있습니다.

❷ 이름을 ex - 1st로 변경하고

❸ [확인] 을 클릭합니다. 2층과 3층도 같은 방법으로 만들어 줍니다.

그림과 같은 결과를 확인할 수 있습니다.

S·T·E·P 02 ▶ 입면 뷰 만들기

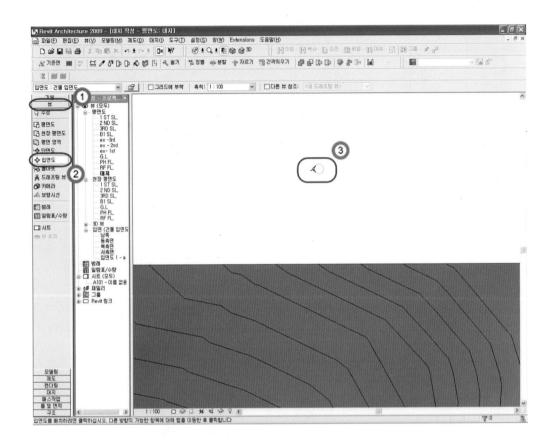

설계막대에서

❶ |　　　뷰　　　| 를 선택하고

❷ ◇ 입면도 를 클릭하고

❸ 원하는 위치에 입면 뷰를 클릭합니다.

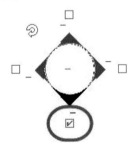

입면 뷰를 클릭하면 그림과 같이 방향성이 주어지고 사용자가 원하는 방향을 체크하면 그 부분의
입면 뷰가 생성됩니다.

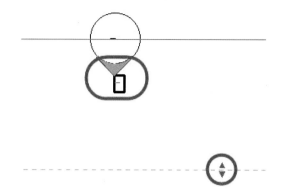

입면 뷰의 앞부분을 클릭하면 그림과 같이 입면의 영역을 설정할 수 있습니다.

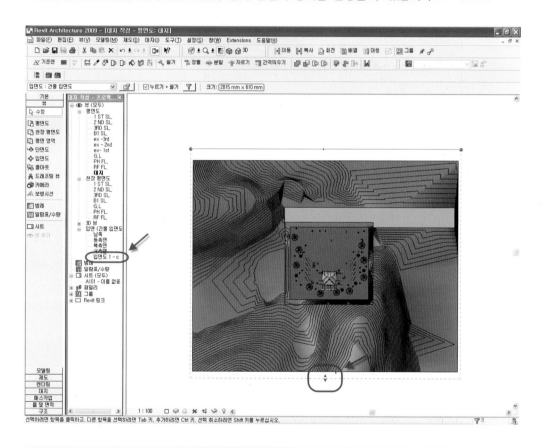

입면 뷰가 추가되고 영역이 설정된 것을 확인할 수 있습니다.
사용자가 원하는 뷰를 같은 방법으로 만들어 줍니다.

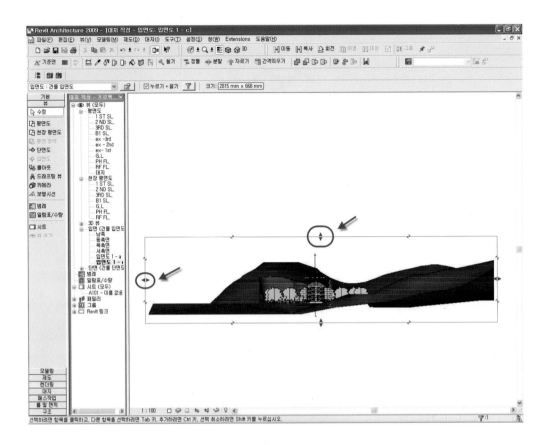

입면 뷰는 그림과 같이 크기를 조절할 수 있습니다.

S·T·E·P 03 ▶ 단면 뷰 만들기

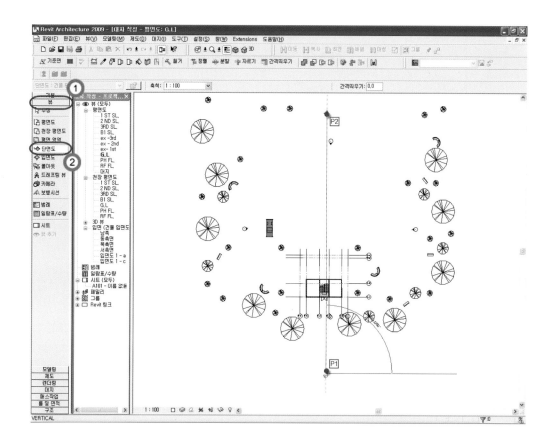

프로젝트 탐색기의 평면도 뷰에서 G.L 뷰를 활성화시키고

설계막대의

❶ [　　　뷰　　　]에서

❷ ↳ 단면도 를 클릭하고 P1과 P2를 클릭하여 단면 뷰의 선을 긋습니다.

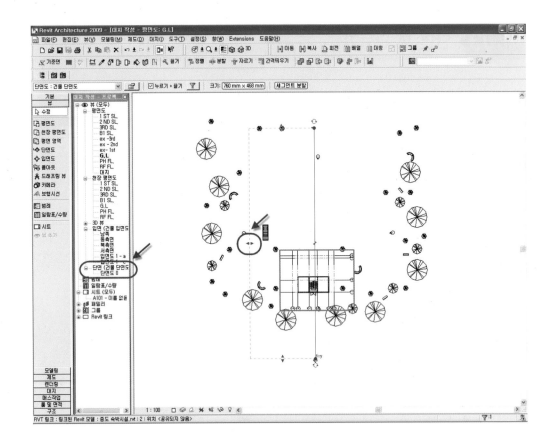

그림과 같이 단면 뷰가 추가된 것을 알 수 있습니다. 단면뷰의 영역을 설정합니다.

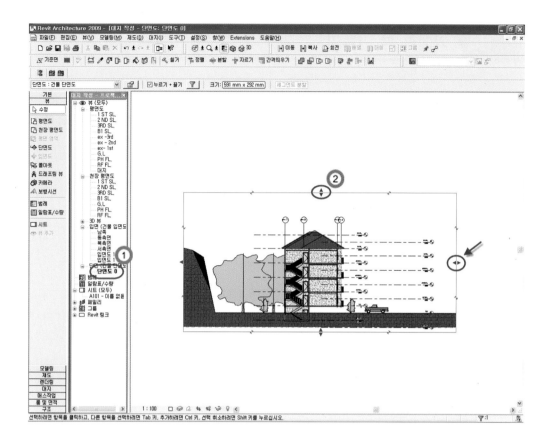

❶ 단면도 뷰를 활성화시키고

❷ 단면뷰의 영역을 사용자가 원하는 만큼 늘려 주거나 줄여 줍니다.

S·T·E·P **04** 카메라 뷰 만들기

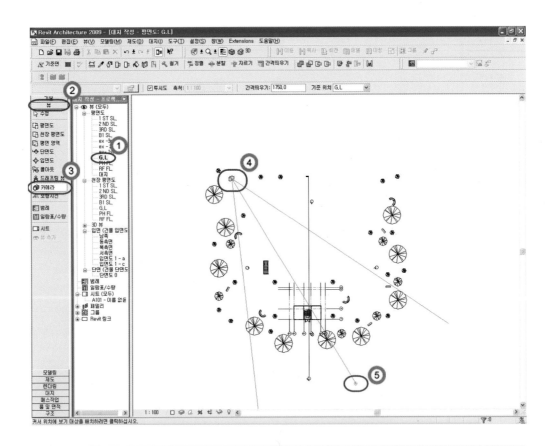

프로젝트 탐색기의 평면도 뷰에서

❶ G.L 뷰를 활성화시키고

❷ [　　뷰　　]를 선택하고

❸ 🎥 카메라 를 클릭하고

❹ 사용자가 원하는 위치에 카메라를 클릭합니다.

❺ 사용자가 원하는 부분까지 드래그하여 카메라의 방향을 지정합니다.

카메라 뷰가 추가되고 완성된 모습입니다. 원하는 뷰를 추가하여 완성하면 됩니다.

MEMO...

_____

_____

_____

_____

_____

_____

Revit을 이용하여 공모전 패널 만들기

<Revit을 이용하여 공모전 패널 만들기 완성 이미지>

AUTOCAD-REVIT 완성 이미지

S·T·E·P 01 ▶ 표제블록 작성

레빗을 실행합니다.

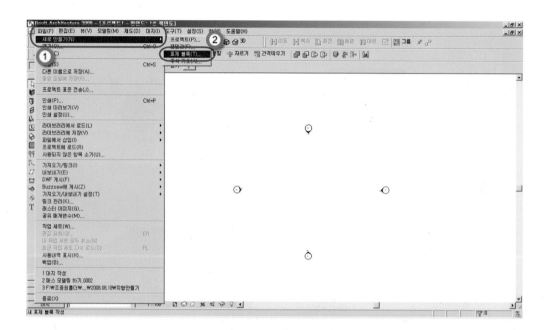

메뉴막대에서

❶ 파일에서 새로 만들기를 선택하고 ❷ 표제 블록을 클릭합니다.

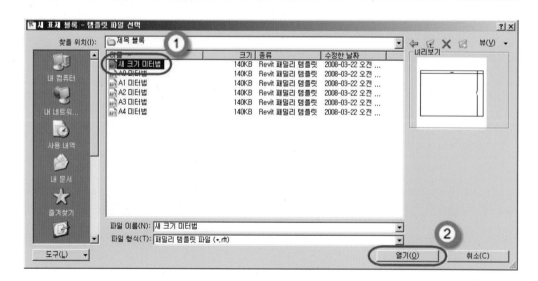

창이 열리면 ❶ 🔳새 크기 미터법 을 선택하고 ❷ [　예(Y)　]를 클릭합니다.

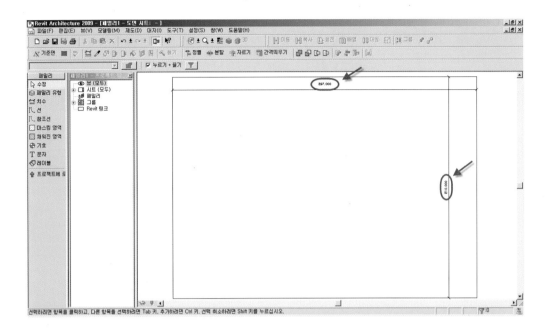

초기에 주어진 표제블록은 A4사이즈입니다. A1<841×594> 사이즈의 패널을 만들어 보겠습니다.
기존에 존재하는 치수선을 삭제합니다.

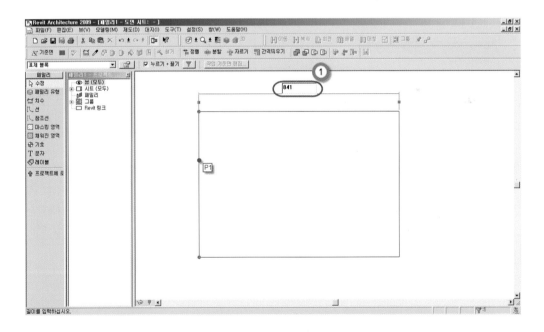

P1<선>을 클릭하고 숫자를 더블 클릭하여 ❶ 841을 기입합니다.

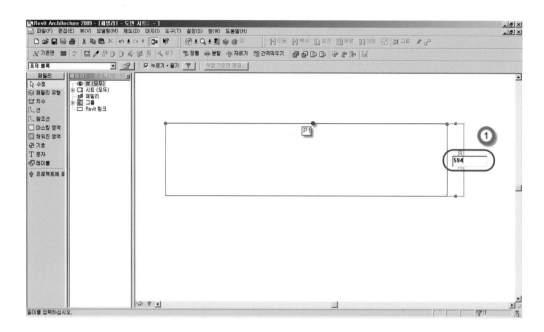

다시 P1을 클릭하고 숫자를 더블 클릭하여 ❶ 594를 기입합니다.

패널을 만들었으면 저장합니다.

메뉴막대의

❶ 파일에서

❷ 다른 이름으로 저장을 클릭하고 이름을 설정합니다. 저장 위치를 선정하고

❸ A1 패널로 이름을 입력하고

❹ 저장합니다.

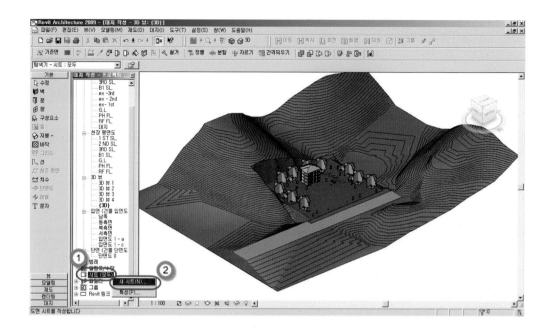

파일을 오픈합니다.

프로젝트 탐색기의

❶ ⬚ 시트 (모두) 를 선택하고
마우스 오른쪽을 클릭하고

❷ 새 시트(N)... 를 선택합니다.

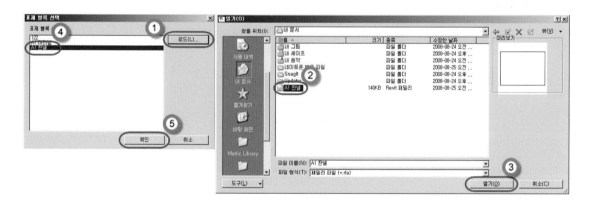

❶ 로드(L)... 를 클릭하고

❷ 앞에서 만들었던 패널을 선택하고

❸ 열기(O) 를 클릭합니다. 만들어진 패널이 로드된 것을 확인할 수 있습니다.

❹ 로드된 패널을 선택하고

❺ 확인 을 클릭합니다.

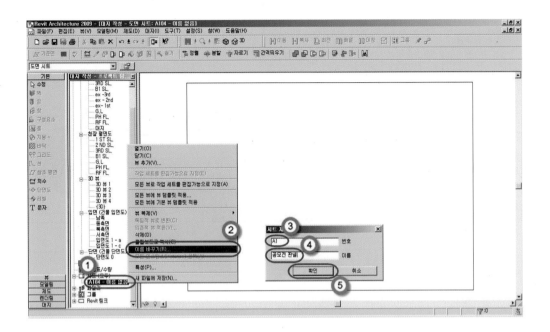

시트에 새로운 패널이 로드된 것을 확인할 수 있습니다.

❶ **A104 - 이름 없음** 을 선택하고 마우스 오른쪽을 클릭합니다.

❷ 이름 바꾸기를 클릭하고 시트 제목 창이 뜨면

❸ A1을 기입하고

❹ 공모전 패널을 기입하고

❺ 확인 을 클릭합니다.

S·T·E·P 02 ▷ 패널 가이드 라인 작성

가이드 라인을 만들겠습니다.

메뉴막대에서

❶ 설정을 선택하고

❷ 선 스타일을 클릭합니다.

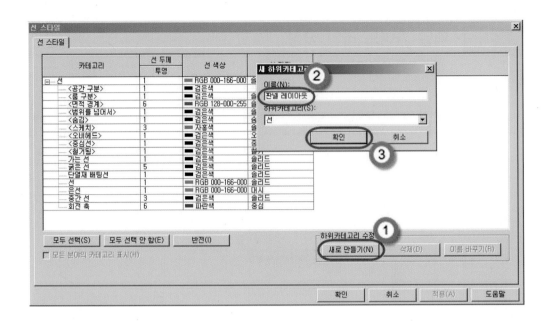

❶ 새로 만들기(N) 를 누르고

❷ 이름을 패널 레이아웃으로 변경하고

❸ 확인 을 클릭합니다.

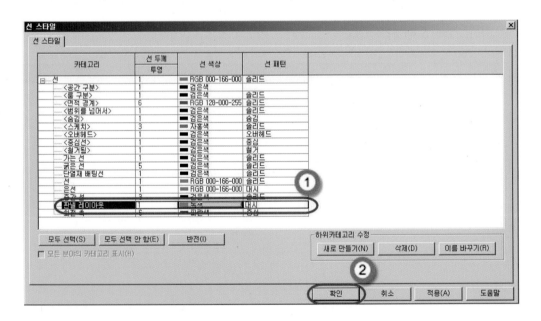

❶ 생성된 패널 레이아웃의 선 색상을 변경하고 선 패턴을 변경합니다. 선 색상은 사용자의 편의
를 위해 잘 보이는 색으로 선택하면 되고 선 패턴은 외곽선과 다른 선으로 바꿔주면 됩니다.

❷ 확인 을 클릭합니다.

설계막대의

❶ 　제도　 에서 ❷ 　상세 선　 을 선택하고

❸ 　요소특성을 클릭합니다. 선 스타일을 만들어 놓은 ❹ 패널 레이아웃으로 변경하고

❺ 　확인　 을 클릭합니다.

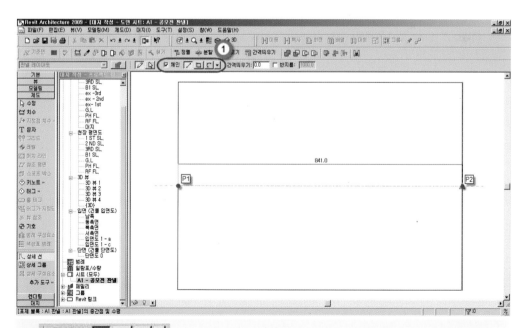

❶ 　☑ 체인 ◻ ◻ ◖ ▾ 을 체크하고 선을 선택하고 P1을 클릭하고 드래그하고 P2를 클릭하
여 선을 만듭니다. 같은 방법으로 사용자가 원하는 가이드라인을 완성합니다.

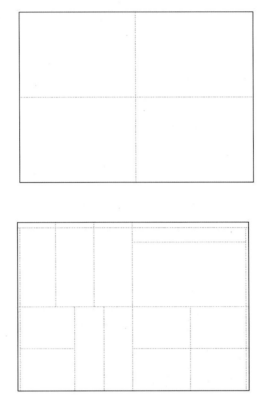

전체적인 패널은 Perspective의 공간과 평면공간, 입면공간, 단면공간으로 크게 4등분할 수 있습니다. 그 외의 부분은 사용자가 원하는 위치나 공간을 형성하여 만들면 됩니다.

S·T·E·P **03** ▶ 평면 배치

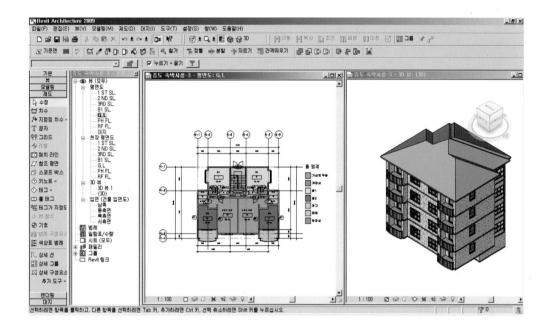

앞에서 만들었던 건물을 다시 오픈합니다.

평면 뷰를 이미지로 만들겠습니다.

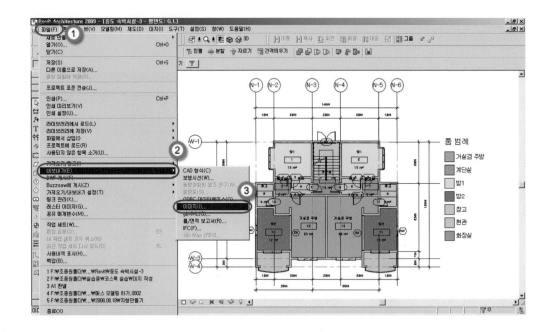

메뉴막대의

❶ 파일에서 ❷ 내보내기를 선택하고 ❸ 이미지를 클릭합니다.

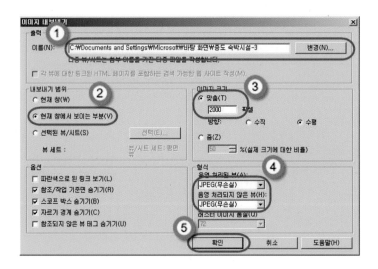

❶ 저장 위치를 선정하고 ❷ 현재 창에서 보이는 부분을 체크합니다.

❸ 이미지 해상도를 높이기 위해 픽셀을 2000으로 합니다. 이지미 해상도는 패널의 사이즈에 따라 달라질 수 있습니다.

❹ 무손실을 선택하고

❺ 　확인　을 클릭합니다.

Tip   REVIT ARCHITECTURE

패널 뷰 정리하기

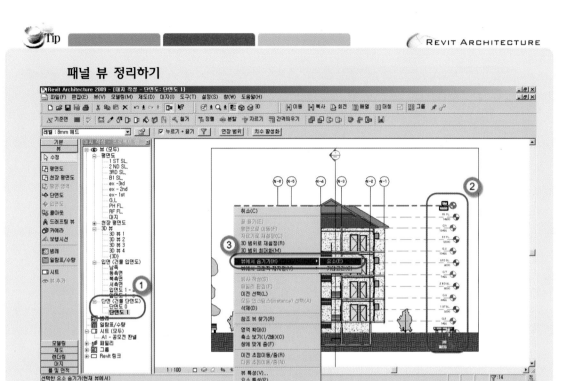

앞에서 만들었던 단면 뷰를 패널에 넣기 위해 정리를 해야 합니다. 프로젝트 탐색기에서 단면 뷰의 ❶ 단면도를 선택합니다. ❷ 생성된 기존 레벨을 모두 선택하고 오른쪽 마우스를 클릭하고 ❸ 뷰에서 숨기기를 선택하고 요소를 클릭하면 선택된 레벨이 숨김으로 전환됩니다.

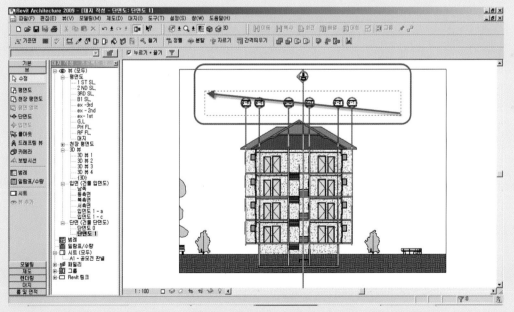

그림과 같이 드래그하여 선택하고 위와 같은 방법으로 뷰에서 숨김을 합니다.

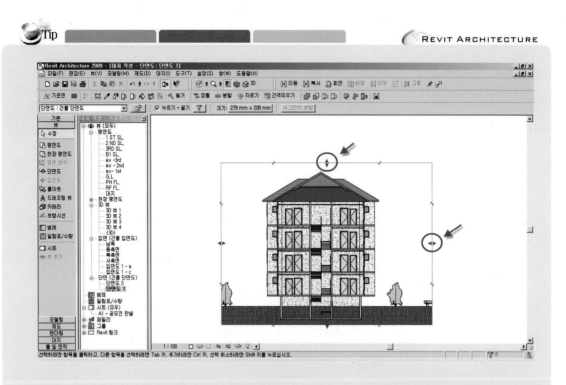

단면도의 외곽을 선택하면 그림과 같이 단면 뷰의 크기를 조절할 수 있습니다.
패널에 맞게 적당한 크기로 조절합니다. 입면 뷰도 같은 방법으로 정리하여 시트에 넣으면
됩니다.

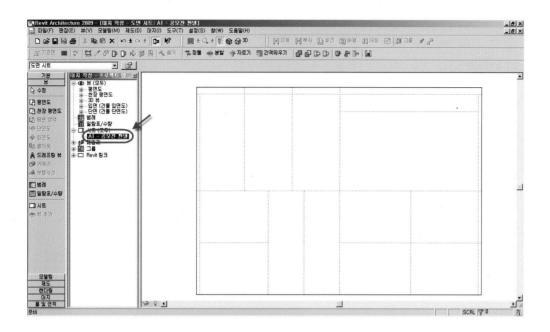

패널에 이미지 파일 가져오기를 하겠습니다. 프로젝트 탐색기의 시트에서 공모전 패널을 선택합니다.

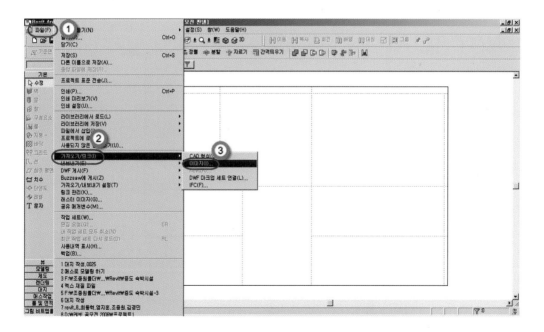

메뉴막대의

❶ 파일을 선택하고

❷ 가져오기/링크에서

❸ 이미지를 선택합니다.

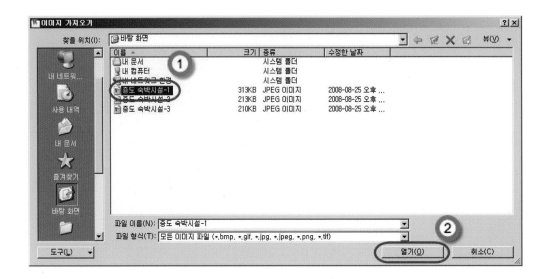

❶ 패널에 넣을 파일을 선택하고

❷ <u>열기(O)</u> 를 클릭합니다.

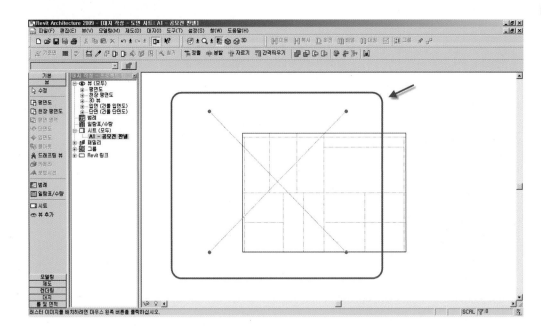

그림과 같이 이미지가 들어오게 되면 클릭을 합니다.

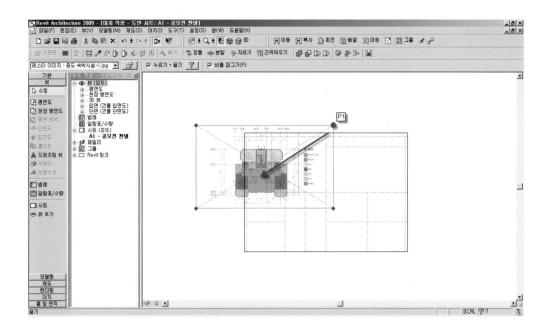

P1을 클릭하고 화살표 방향으로 드래그하면 이미지의 사이즈를 조정할 수 있습니다.

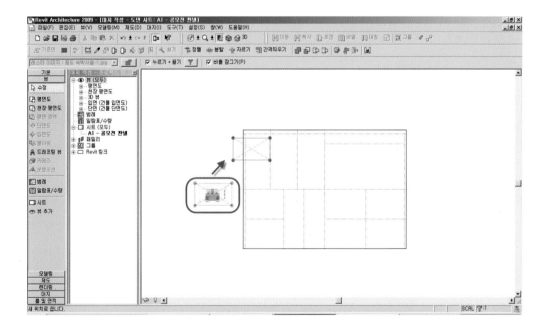

이미지 사이즈를 선택하고 화살표 방향으로 드래그하면 이미지가 이동하게 됩니다.
사용자가 원하는 위치에 배치하면 됩니다. 나머지 평면도 배치합니다.

S·T·E·P 04 문자 기입

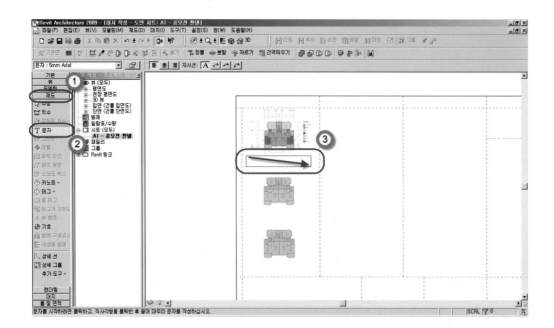

이미지 배치가 된 것을 확인할 수 있습니다. 이제 문자를 넣겠습니다.

설계막대의

❶ 　제도　 를 선택하고

❷ T 문자　 를 클릭합니다.

❸ 그림과 같이 드래그하여 문자가 쓰여질 위치를 선택합니다.

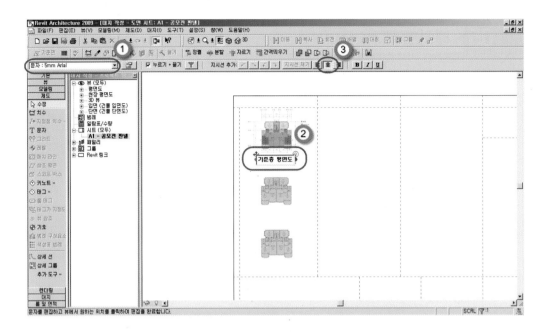

❶ 문자의 크기를 설정하는데 이 패널에서는 문자 : 5mm가 가장 적당하다고 판단되어 작성을 합
　니다. 패널의 크기와 배치에 따라 문자 크기는 달라질 수 있습니다.

❷ 기준층 평면도를 기입합니다.

❸ 〔홀〕 을 선택하여 글자가 가운데로 정렬되도록 합니다.

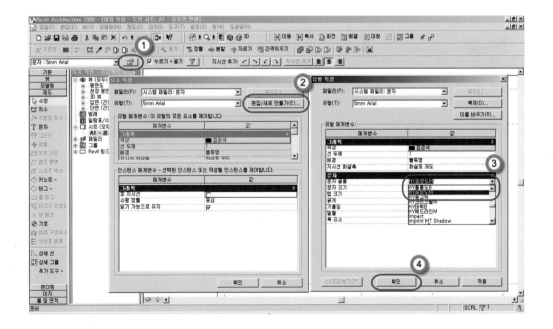

❶ 〔🗋〕요소특성을 클릭하고 ❷ 〔편집/새로 만들기(E)...〕를 선택하고

❸ 사용자가 원하는 글꼴을 선택하고 ❹ 〔　확인　〕을 클릭합니다.

S·T·E·P 05 ▶ 배치도 배치

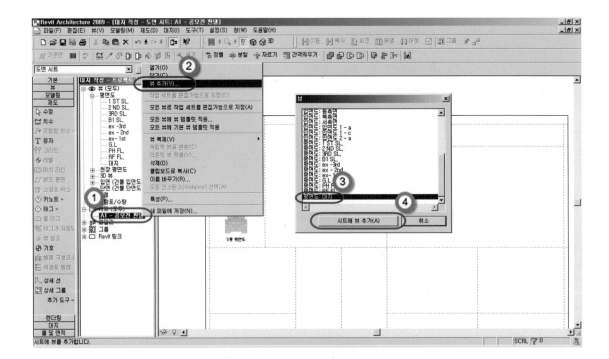

배치도를 넣어 보겠습니다. 우선 프로젝트 탐색기의

❶ 공모전 패널을 선택하고 오른쪽 마우스를 클릭하고

❷ 뷰 추가를 선택합니다. 뷰 창이 뜨면

❸ 평면도 : 대지를 선택하고

❹ [시트에 뷰 추가(A)] 를 클릭합니다.

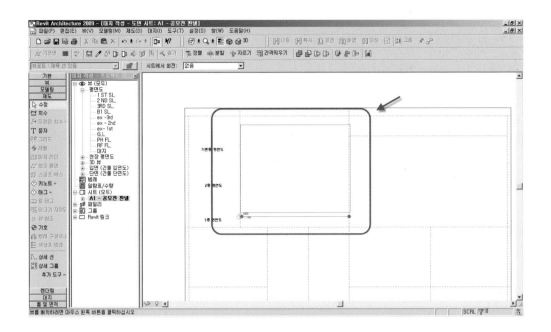

불러들인 뷰가 가상선으로 위치하면 배치할 곳에 클릭합니다.

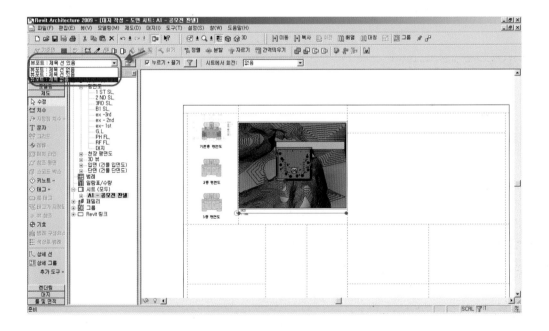

뷰포트 : 제목 없음을 선택합니다. 문자를 다시 써주기 위해 뷰의 제목을 지운 것입니다.

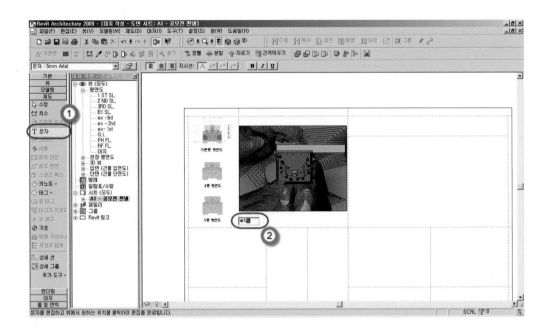

❶ T 문자 를 선택하고

❷ 이름을 배치도라고 작성합니다. 바로 옆에 <S=1/1000> 스케일도 같이 작성합니다.

S·T·E·P **06** ▷ Perspective 뷰 배치

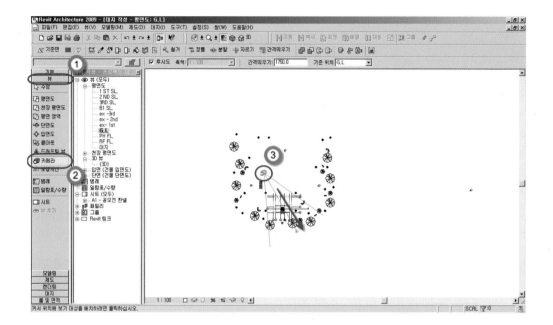

Perspective 뷰를 설정하겠습니다.

설계막대의

❶ 뷰에서

❷ 🗗 카메라 를 선택하고

❸ 카메라가 위치할 곳에 클릭하고 뷰 방향으로 드래그하여 뷰 화면을 설정합니다.
　 설정하는 동시에 3D 뷰로 자동 이동됩니다.

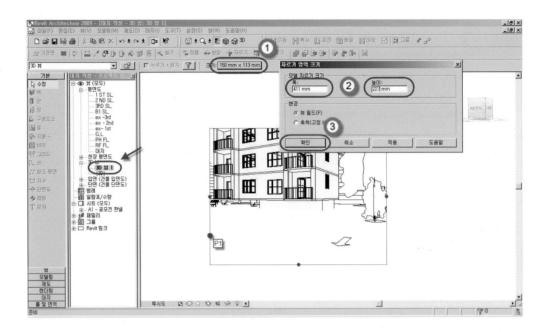

자동으로 뷰가 변경된 것을 확인할 수 있습니다.

카메라 뷰의 화면 가장 외곽을 <P1>클릭하여 선택하고

❶ 150 mm x 113 mm 를 클릭하고 ❷ 폭을 411mm, 높이를 227mm로 설정하고

❸ 확인 을 클릭합니다.

화면이 커진 것을 확인할 수 있습니다. ⬛️모델 그래픽 표현을 선택하고 모서리 음영을 선택하여
그림과 같이 화면의 표현을 변경합니다.

프로젝트 탐색기의 3D 뷰에서

❶ 3D 뷰 1을 선택하고 ❷ 이름 바꾸기를 클릭합니다.

❸ 뷰 이름을 Perspective로 변경하고 ❹ [확인]을 클릭합니다.

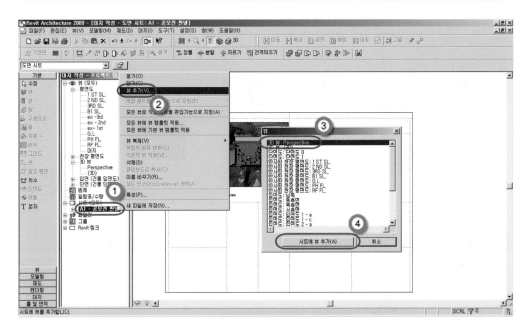

프로젝트 탐색기의 시트(모두)에서

❶ 공모전 패널을 선택하고 오른쪽 마우스를 클릭하여

❷ 뷰 추가를 선택합니다. 방금 만들었던 ❸ Perspective를 선택하고

❹ [시트에 뷰 추가(A)]를 클릭합니다.

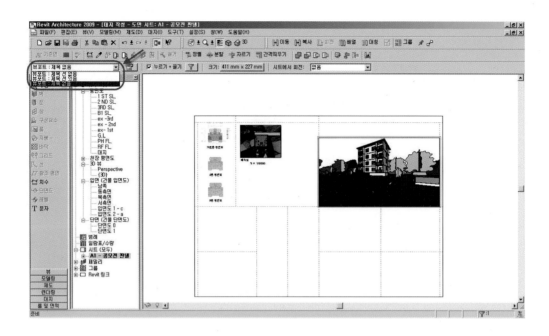

이름을 따로 써주기 위해 뷰포트 : 제목없음을 선택합니다.

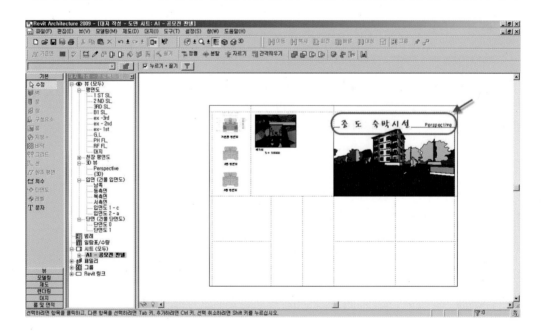

그림과 같이 위에서 했던 방법으로 글자를 입력합니다.

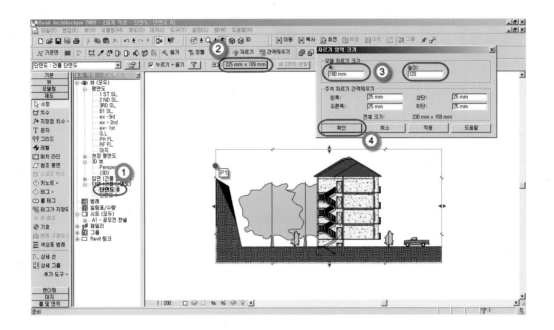

단면 뷰를 넣겠습니다.

프로젝트 탐색기에 단면 뷰에서

❶ 단면도 0을 선택하고 P1을 클릭합니다.

❷ 225 mm x 109 mm 를 클릭하고

❸ 폭을 180mm, 높이 120mm로 설정하고

❹ 확인 을 클릭합니다.

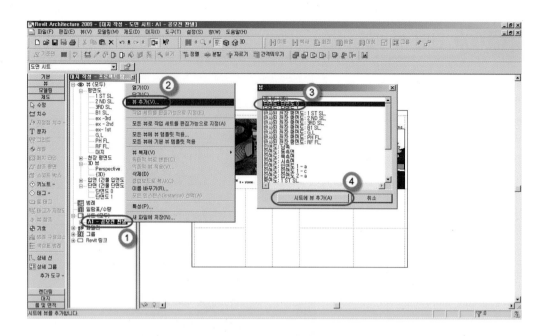

프로젝트 탐색기의 시트(모두)에서

❶ 공모전 패널을 선택하고 오른쪽 마우스를 클릭합니다.

❷ 뷰 추가를 선택하고

❸ 단면도 : 단면도 0을 선택하고

❹ 　　시트에 뷰 추가(A)　　 를 클릭합니다.

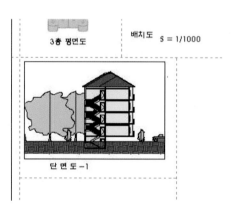

그림과 같이 단면도를 배치하고 문자를 넣어줍니다.

S·T·E·P **08** 입면 뷰 배치

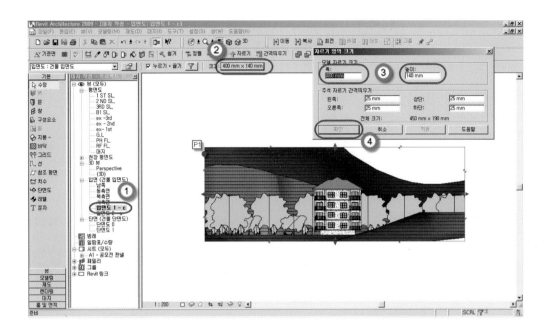

입면 뷰를 넣겠습니다.

프로젝트 탐색기의 입면 뷰에서

❶ 입면도 1-c를 선택하고 P1을 클릭하고

❷ | 400 mm × 140 mm |를 선택합니다.

❸ 폭을 400mm, 높이 140mm로 설정하고

❹ | 확인 |을 클릭합니다.

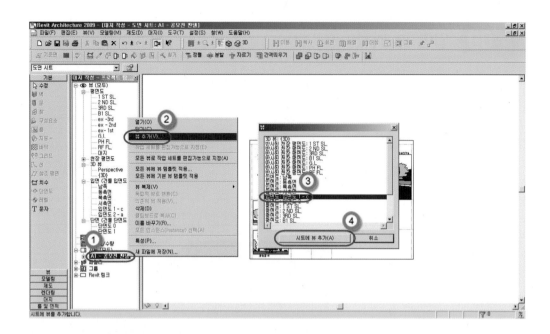

프로젝트 탐색기의 시트(모두)에서

❶ 공모전 패널을 선택하고 오른쪽 마우스를 클릭합니다.

❷ 뷰 추가를 선택하고 ❸ 입면도 : 입면도 1-c를 선택하고

❹ [시트에 뷰 추가(A)] 를 클릭합니다.

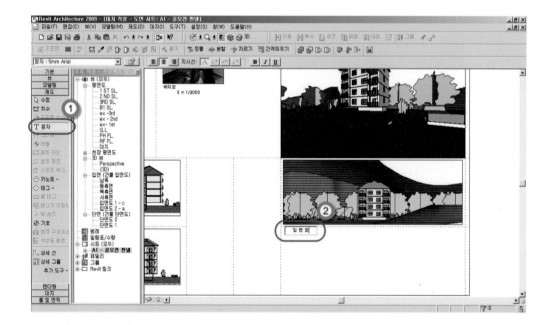

설계막대에서 제도를 선택한 후

❶ T 문자 를 클릭하고 ❷ 입면도를 작성합니다.

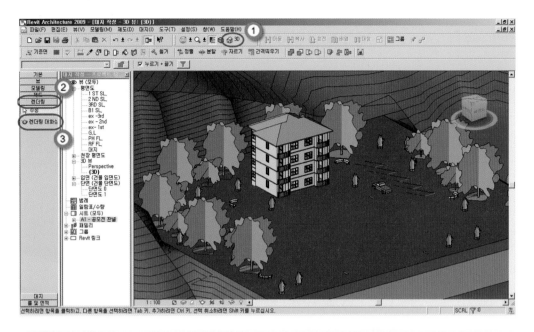

파일을 오픈합니다.

이미지 뷰를 넣어 보겠습니다.

❶ <sup> 3D 아이콘을 클릭하여 원하는 뷰를 설정합니다. 설계막대의 ❷ | 렌더링 |를 선택하

고 ❸ 렌더링 대화상자 를 클릭합니다.

대화상자가 뜨고

❶ | 렌더(R) |를 클릭하면 ❷ 랜더링 진행상태 창이 뜨고 진행과정을 보여 줍니다.

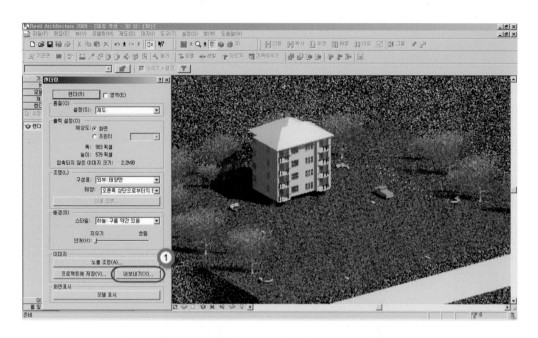

랜더링이 완성되면

❶ 내보내기(X)... 를 클릭합니다.

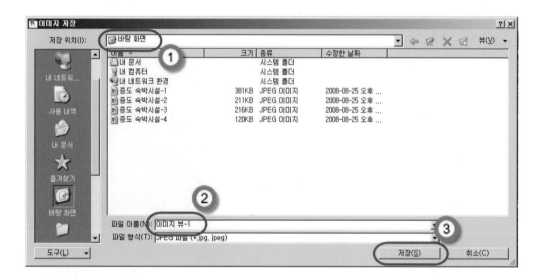

❶ 저장할 위치를 선정하고

❷ 파일 이름을 이미지 뷰-1로 변경하고

❸ 저장(S) 을 클릭합니다.

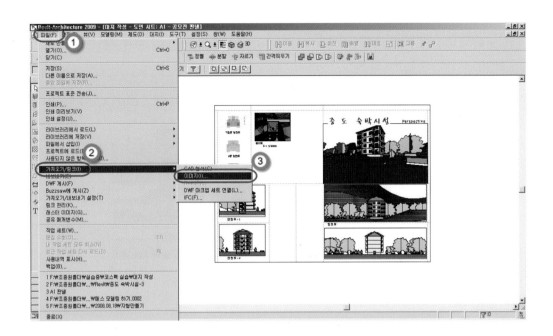

메뉴막대의

❶ 파일에서

❷ 가져오기/링크를 선택하고

❸ 이미지를 클릭합니다.

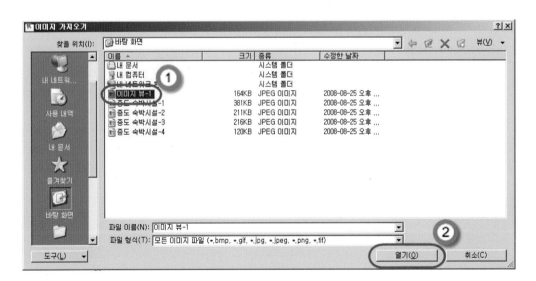

❶ 이미지 뷰-1을 선택하고

❷ [열기(O)] 를 클릭합니다.

이미지가 들어온 것을 확인할 수 있습니다.

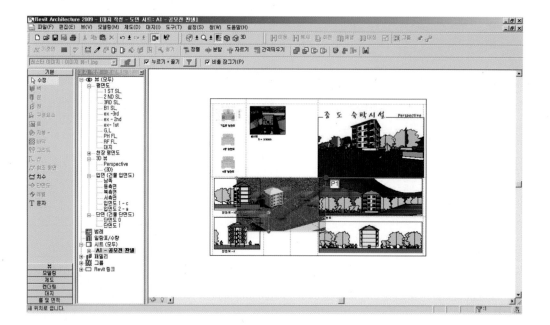

P1을 클릭하고 화살표 방향으로 드래그하여 이미지를 축소합니다. 이미지를 선택하고 이동하여 원하는 위치에 배치합니다.

S·T·E·P 09 > 시스템 요구사항

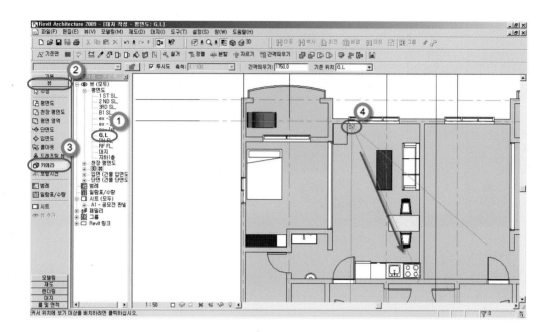

실내 뷰를 넣겠습니다.

프로젝트 탐색기의 평면도 뷰에서

❶ G.L 뷰를 클릭하여 활성화시킵니다.

설계막대의

❷ [뷰] 를 선택하고

❸ 📷 카메라 를 클릭합니다.

❹ 카메라가 위치할 부분에 클릭하고 화살표 방향으로 드래그하여 실내 뷰를 설정합니다.

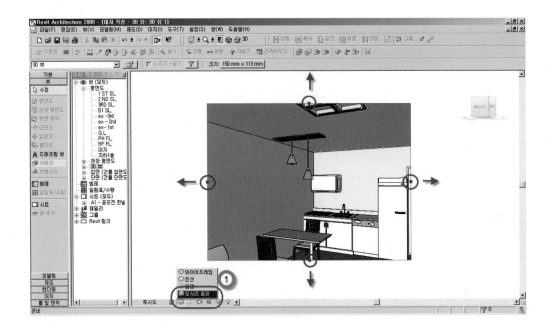

자동으로 3D 뷰가 설정되어 뷰가 변경됩니다.

❶ 모델 그래픽 스타일을 클릭하고 모서리 음영을 선택합니다. 화면을 화살표 방향으로 드래
그하여 사용자가 원하는 뷰로 만듭니다.

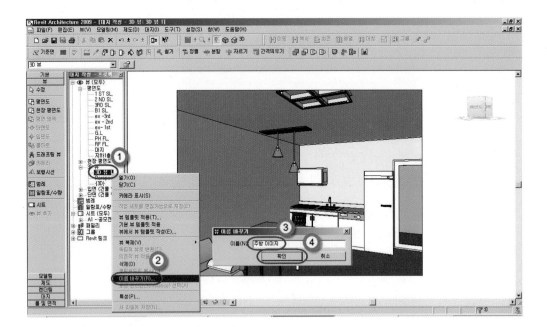

프로젝트 탐색기의 3D 뷰에서

❶ 3D 뷰 1을 선택하고 오른쪽 마우스를 클릭하여 ❷ 이름바꾸기를 클릭합니다.

❸ 주방 이미지로 변경하고 ❹ ┃ 확인 ┃을 클릭합니다.

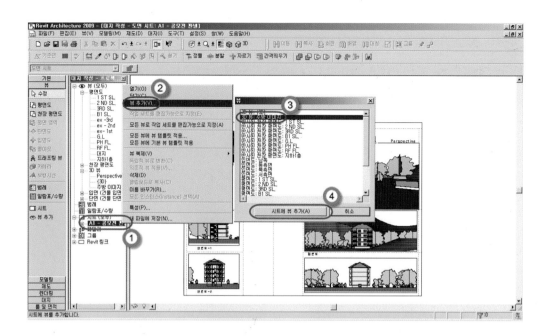

프로젝트 탐색기의 시트(모두)에서

❶ 공모전 패널을 선택하고 오른쪽 마우스를 클릭하고 ❷ 뷰 추가를 선택합니다.

❸ 방금 전에 만들었던 주방 이미지 뷰를 선택하고

❹ 시트에 뷰 추가(A) 를 클릭합니다.

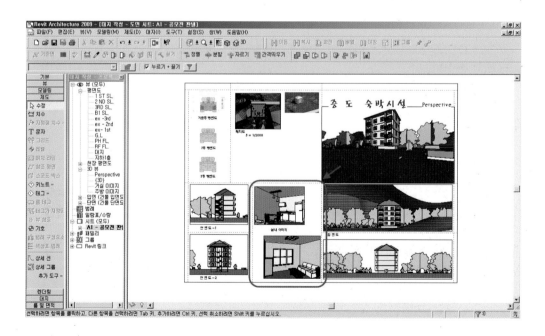

위와 같은 방법으로 사용자가 원하는 곳에 뷰를 배치하고 문자를 넣어줍니다.
사용자가 원하는 이미지를 더 넣고 문자를 작성하여 완성합니다.

Tip   REVIT ARCHITECTURE

1. Revit을 3d max로 전환하기
(1) 파일 다루기

파일을 오픈합니다.

메뉴막대의 **❶** 파일에서 **❷** 내보내기를 선택하고 **❸** CAD형식을 클릭합니다.

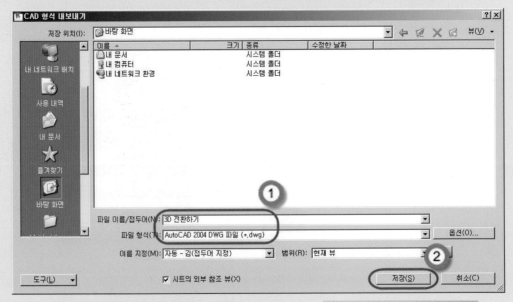

❶ 파일 이름을 3D 전환하기로 기입하고 파일 형식을 AutoCAD 2004 DWG 파일 (*.dwg) 로 선
택합니다. **❷** 저장을 클릭합니다.

REVIT ARCHITECTURE

<저장방식>

DWG : 오브젝트의 면 수가 많아서 파일 용량이 크다.

3DS : 오브젝트의 면 수가 적어서 파일 용량이 작다.

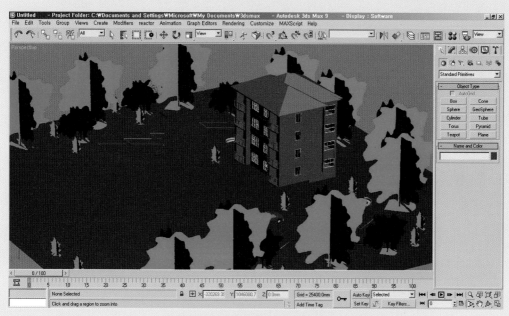

〈DWG 형식으로 임포트된 결과〉

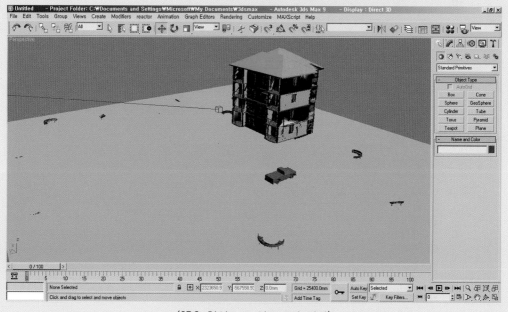

〈3DS 형식으로 임포트된 결과〉

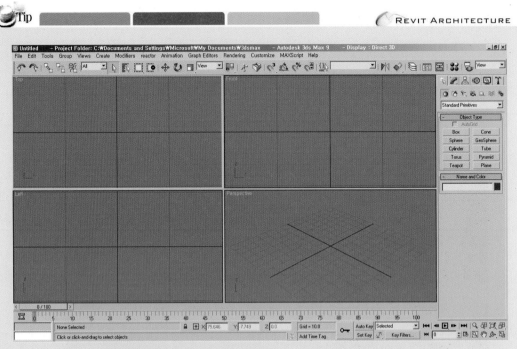

3d max를 오픈합니다.

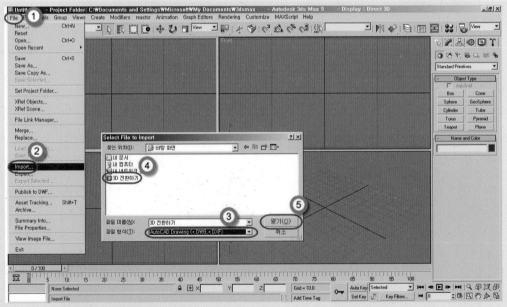

❶ File 을 클릭하고

❷ Import... 를 선택합니다. 파일형식

❸ AutoCAD Drawing (*.DWG,*.DXF)을 선택하고 레빗으로 저장한 파일

❹ 3D 전환하기 를 선택하고

❺ 열기(O) 를 클릭합니다.

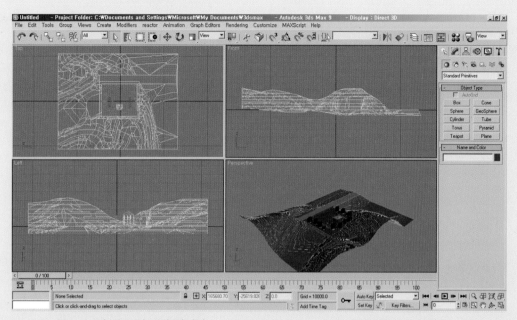

3d max에 로드된 모습입니다.

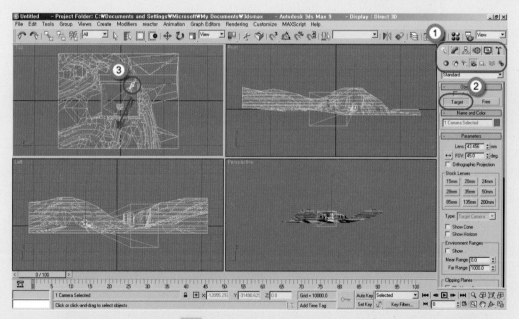

❶ command panel에서 카메라를 클릭하고

❷ Target 을 선택합니다. Top모드 창에서

❸ 카메라 위치에 클릭을 하고 화살표 방향으로 드래그하여 뷰를 설정합니다.

Perspective 글자에 마우스를 가져가서 오른쪽을 클릭하고 ❶ Views 를 선택하고
Camera01 를 선택하면 뷰가 전환됩니다.

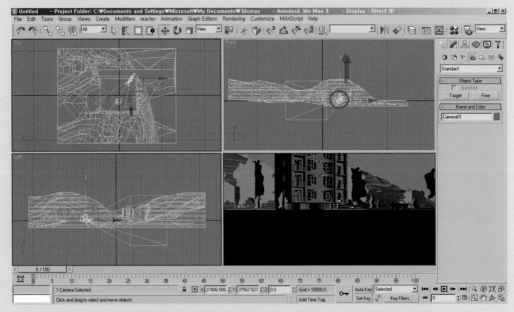

Front 뷰에서 카메라를 선택하고 y 축으로 카메라를 이동시켜 원하는 뷰로 설정합니다.

Tip REVIT ARCHITECTURE

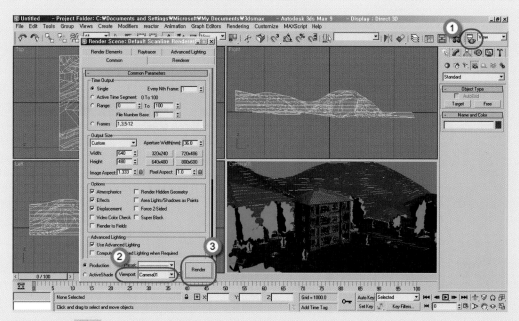

❶ 랜더링 아이콘을 클릭하고 창이 뜨면

❷ Viewport에 Camera01 를 선택하고

❸ Render 를 클릭합니다.

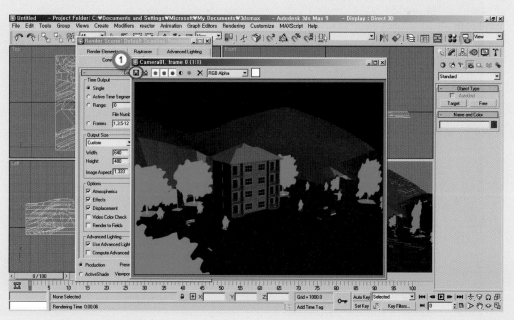

랜더링이 완료되면

❶ 저장을 클릭합니다.

Tip   REVIT ARCHITECTURE

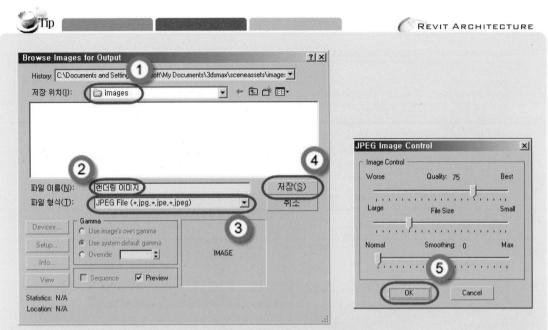

❶ 저장할 위치를 선택하고 ❷ 파일 이름을 작성하고 ❸ 파일형식을 사용자가 원하는 파일이나 그림 파일로 변경하고 ❹ 저장을 클릭하고 ❺ OK를 선택하면 이미지가 완성됩니다.

〈완성된 이미지〉

Tip

REVIT ARCHITECTURE

(2) 재질 다루기

〈Material Editor 기본 구성 요소〉

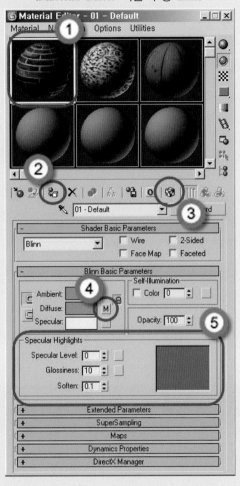

 ❶ 샘플 슬롯 : 재질의 특성 및 종류를 반영하고 임의의 오브젝트에 현재 신을 사용할 수 있도록 표현한 것입니다.

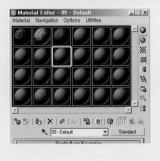

슬롯을 선택하고 오른쪽 마우스를 클릭하면 최대 24개까지 확장하여 볼 수 있습니다.

❷ Assign Material to selection : 현재 신의 재질을 임의의 오브젝트에 반영하여 재질 감을 넣을 때 쓰입니다.

〈재질을 넣지 않았을 때〉

〈재질을 넣었을 때〉

Tip   **REVIT ARCHITECTURE**

❸ Show Map in Viewport : 선택되어 반영된 재질을 표현하는 아이콘입니다.
재질이 선택되고 반영하더라도 체크가 되어 있지 않으면 현재 뷰에 보이지 않습니다.

❹ M : 현재 선택된 슬롯에 빠르게 재질을 넣을 때 사용합니다.

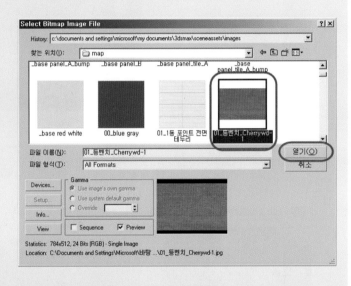

M 을 클릭하면 Material/Map Browser 창이 보이게 되며 Bitmap 을 더블 클릭하면 Select
Bitmap Image File 창이 보이게 되고 이미지를 선택하고 열기를 클릭하면 현재 선택된 슬
롯에 이미지가 반영됩니다.

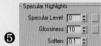

❺ : 임의의 오브젝트에 빛이 반사된 정도나 반짝이는 정도를 나타낸 것으
로 재질이 표현하는 반사적인 효과를 낼 수 있습니다.

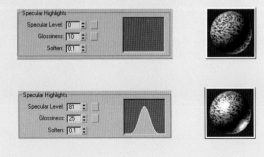

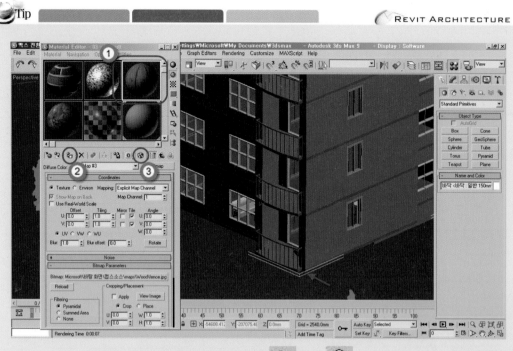

오브젝트를 선택하고 ❶ 슬롯을 선택하고 ❷  와 ❸ 을 클릭하면 재질이 부여됩니다.

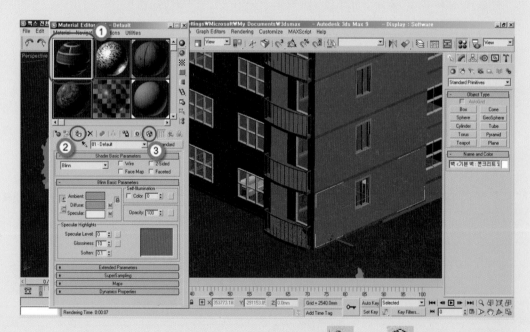

벽을 먼저 선택하고 ❶ 벽돌의 슬롯을 선택하고 ❷ 와 ❸ 을 클릭하면 재질이 부여됩니다.

Tip

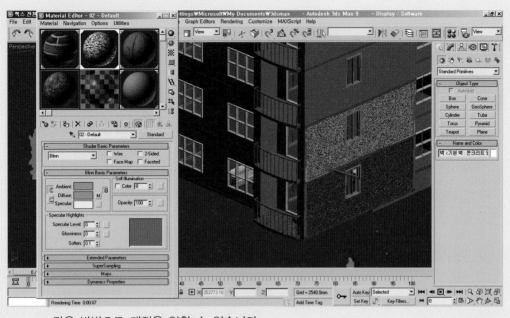

같은 방법으로 재질을 입힐 수 있습니다.

(3) Light 다루기

〈Light 종류 알아두기〉

Command panel에서 ❶ [　] 를 클릭하면 ❷ 라이트 종류가 보이게 됩니다. 주로 많이 쓰이는 빛 효과를 주기 위해 대표적인 부분으로 설명하겠습니다.

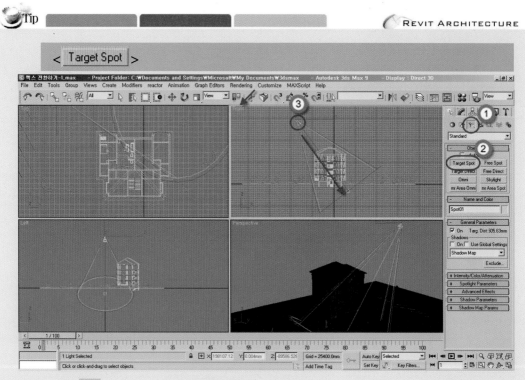

❶ 를 선택하고 ❷ Target Spot 를 클릭합니다. Front 뷰에서 ❸ 빛의 위치를 클릭하고
화살표 방향으로 드래그합니다.

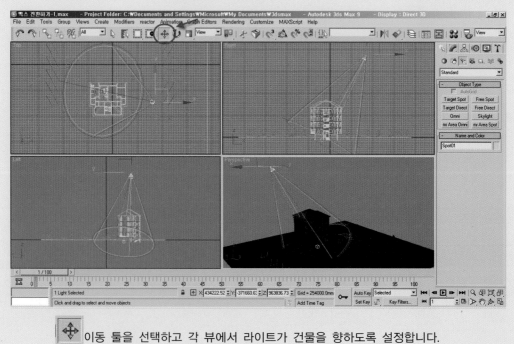

이동 툴을 선택하고 각 뷰에서 라이트가 건물을 향하도록 설정합니다.

Tip

REVIT ARCHITECTURE

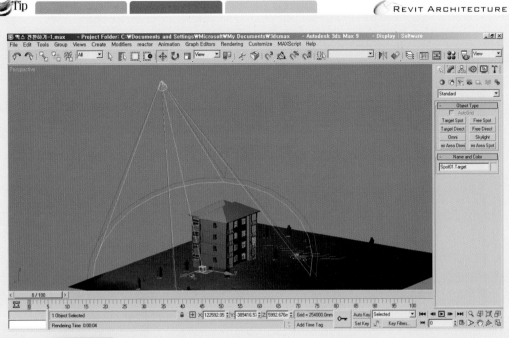

Perspective 뷰에서 Alt + W를 누르면 화면 창이 크게 전환됩니다. 이 상태에서 F9를 누르면 랜더링이 됩니다.

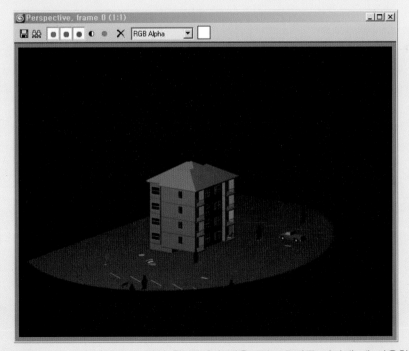

랜더링이 된 모습입니다. 조명이 한 곳에만 빛을 주는 효과를 나타낼 때 사용합니다.

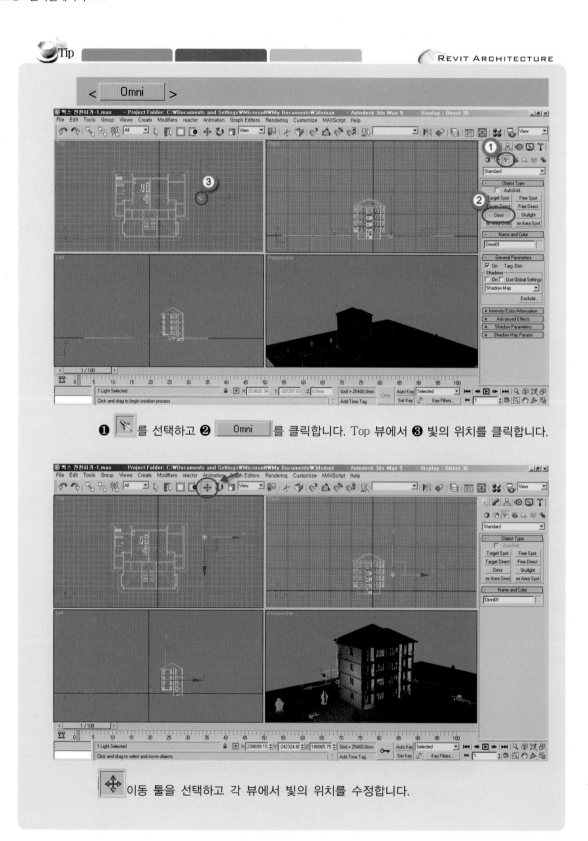

❶ 를 선택하고 ❷ Omni 를 클릭합니다. Top 뷰에서 ❸ 빛의 위치를 클릭합니다.

이동 툴을 선택하고 각 뷰에서 빛의 위치를 수정합니다.

Tip

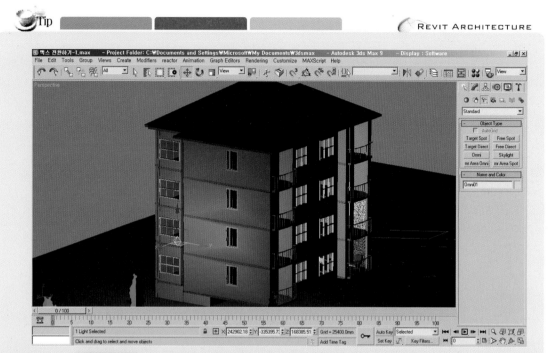

Perspective 뷰에서 Alt+W를 누르면 화면창이 확대됩니다. F9를 누르면 랜더링이 됩니다.

랜더링이 된 모습입니다. 가장 많이 쓰이는 빛으로 여러 가지 효과를 줄 수 있습니다. 효율적으로 쓰면 다양하고 폭넓게 사용할 수 있습니다.

< Skylight >

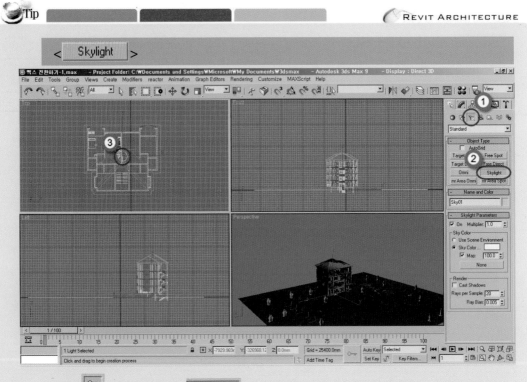

❶ 를 선택하고 ❷ Skylight 를 클릭합니다. Top 뷰에서 ❸ 빛을 클릭합니다.

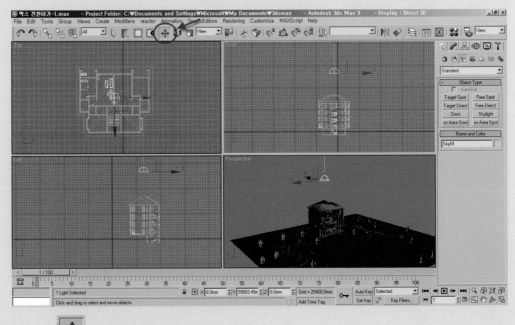

이동 툴을 선택하고 Front 뷰에서 위치를 수정합니다.

REVIT ARCHITECTURE

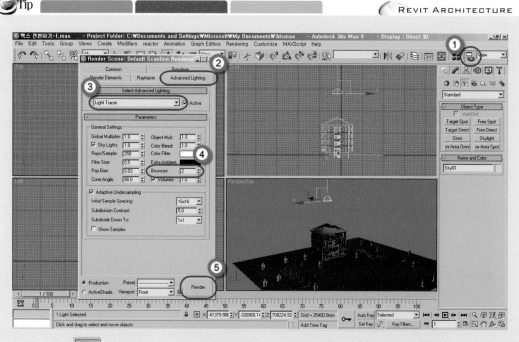

❶ 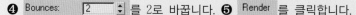을 선택하고 ❷ Advanced Lighting 을 선택합니다. ❸ Light Tracer 를 선택하고

❹ Bounces: [2] 를 2로 바꿉니다. ❺ Render 를 클릭합니다.

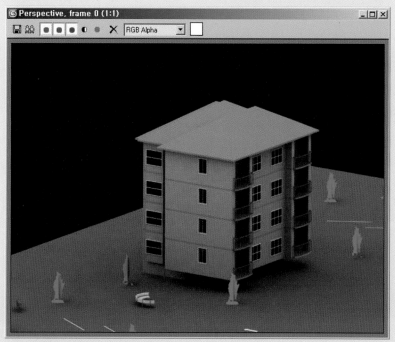

이 랜더링은 시간이 좀 걸리는 랜더링입니다. 랜더링이 된 모습입니다. 모형 사진 효과를 줄 때 사용하는 빛입니다.

(4) 실내 뷰 랜더링하기

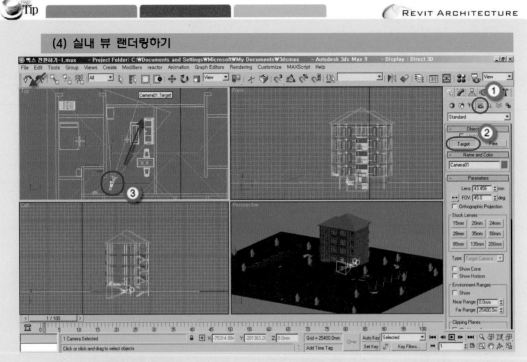

max 파일을 오픈합니다.

❶ 🎥 를 클릭하고 ❷ [Target] 을 선택하고 ❸ 카메라 위치에 클릭하고 화살표 방향으로 드래그합니다. 사용자가 원하는 뷰를 선택하여 뷰를 설정하면 됩니다.

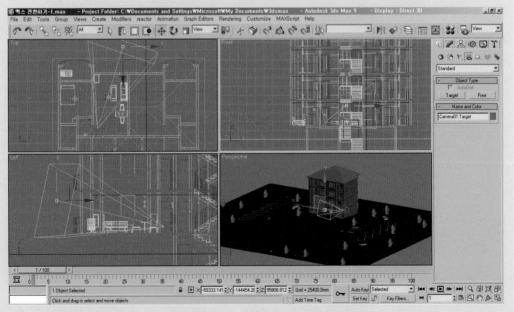

카메라의 위치 및 뷰 설정을 위해 각 뷰에서 위치를 수정합니다.

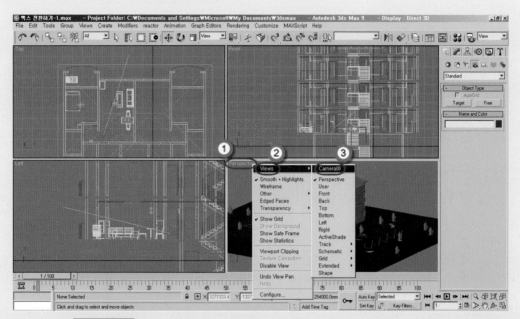

❶ Perspective 에서 오른쪽 마우스를 클릭하고 ❷ Views를 선택하고 Camera01을 클릭하면 현재 뷰가 전환됩니다.

① 벽 재질 다루기

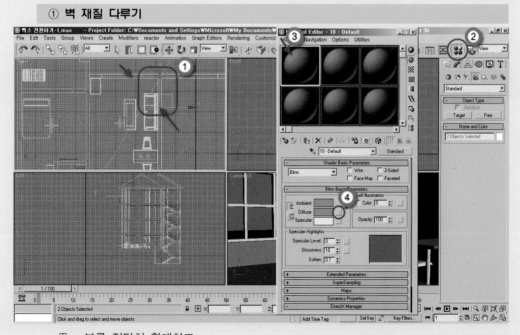

Top 뷰를 적당히 확대하고

❶ 그림과 같이 벽 두 개를 선택합니다. M을 누르거나 ❷ 🔘 을 클릭합니다.

❸ 가장 위에 있는 슬롯을 선택하고 ❹를 클릭합니다.

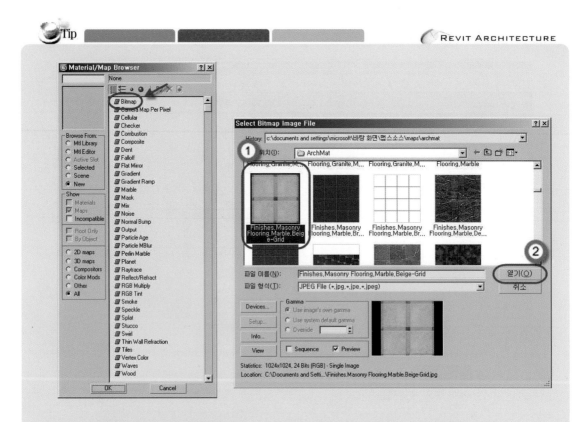

🗐 Bitmap 을 더블 클릭하고

❶ 원하는 재질을 선택하고

❷ 열기를 클릭합니다.

벽지가 적용된 것을 확인할 수 있습니다.

REVIT ARCHITECTURE

② **바닥 재질 다루기**

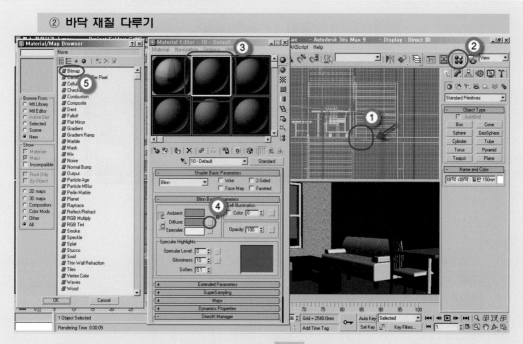

❶ 1층 바닥을 Front 뷰에서 선택하고 ❷ 을 클릭합니다.

❸ 두 번째 슬롯을 선택하고 ❹를 클릭합니다. ❺ Bitmap 을 더블 클릭합니다.

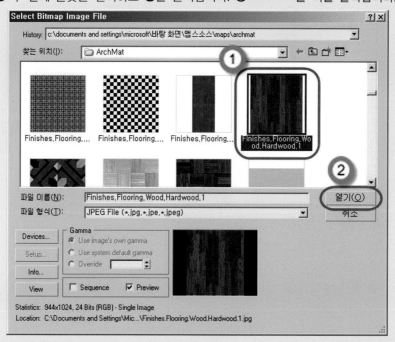

❶ 원하는 재질을 선택하고 ❷ 열기를 클릭합니다.

바닥의 재질이 적용된 것을 확인할 수 있습니다.

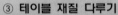

③ 테이블 재질 다루기

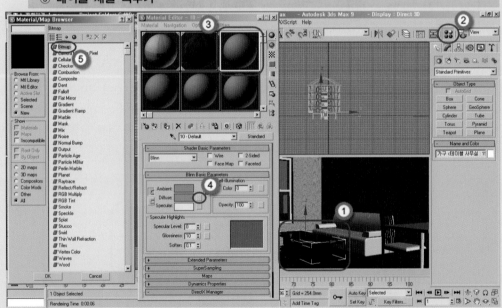

❶ 테이블을 선택하고

❷ 을 클릭합니다.

❸ 세 번째 슬롯을 선택하고

❹를 클릭하고

❺ Bitmap 을 더블 클릭합니다.

REVIT ARCHITECTURE

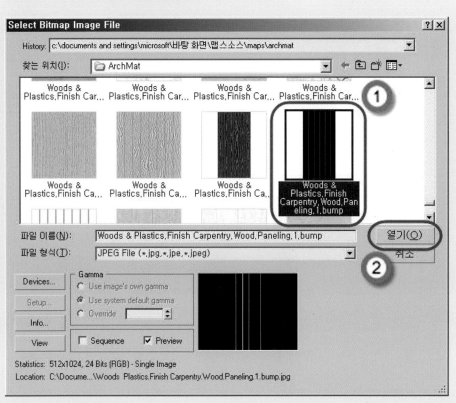

❶ 재질을 선택하고
❷ 열기를 클릭합니다.

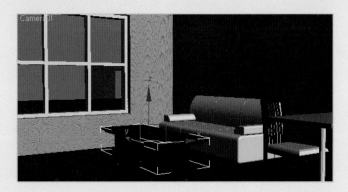

테이블에 재질이 적용된 것을 확인할 수 있습니다.

Tip

REVIT ARCHITECTURE

④ Light 다루기

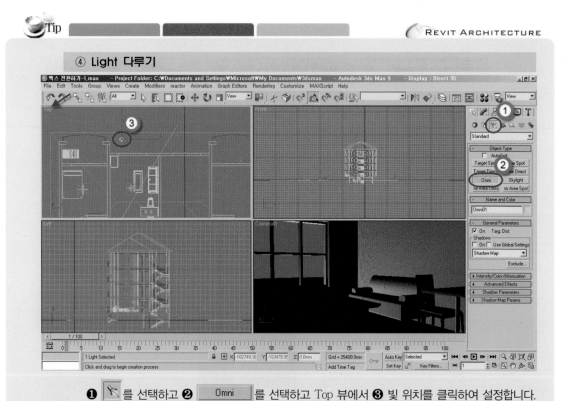

❶ (아이콘)를 선택하고 ❷ Omni 를 선택하고 Top 뷰에서 ❸ 빛 위치를 클릭하여 설정합니다.

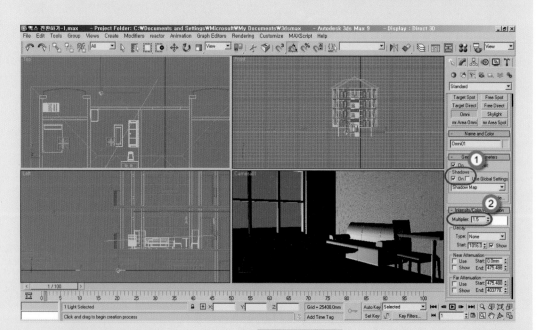

❶ shadows에서 on을 체크합니다. ❷ Multiplier: 1.5 를 1.5로 변경합니다.

1.5의 수치는 제작자 의도에 의해 만들어진 수치이므로 사용자가 판단하여 밝기를 조절하면 됩니다.

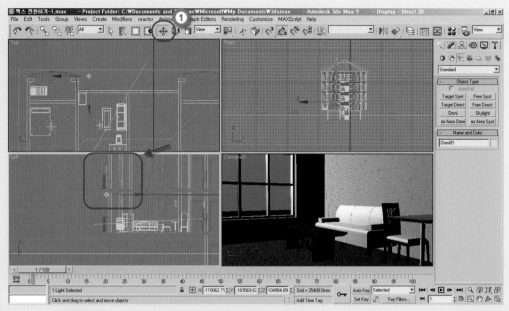

❶ 이동 툴을 선택하고 Left 뷰에서 옴니 라이트 위치를 수정합니다.

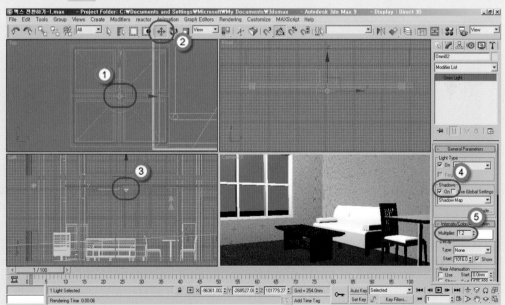

이번에는 전등에 빛을 넣겠습니다. Omni 를 ❶ 전등 가운데에 클릭하고 ❷ 이동 툴을 선택하고 ❸ 전등 위쪽으로 위치시킵니다. ❹ shadows에서 on을 체크하고 ❺ Multiplier: 1.2 를 1.2로 변경합니다. 사용자에 따라 밝기의 수치는 자율적으로 조절하면 됩니다.

Tip

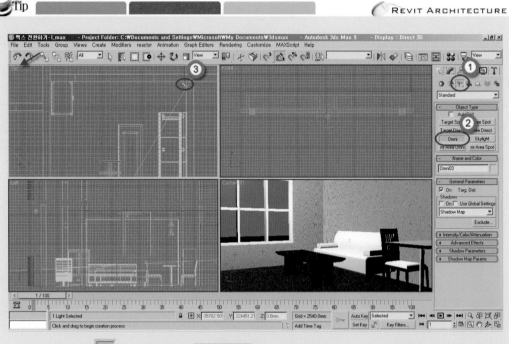

다시 ❶ 🖱 를 선택하고 ❷ [Omni] 를 클릭하고 Top 뷰에서 ❸ 빛 위치를 클릭합니다.

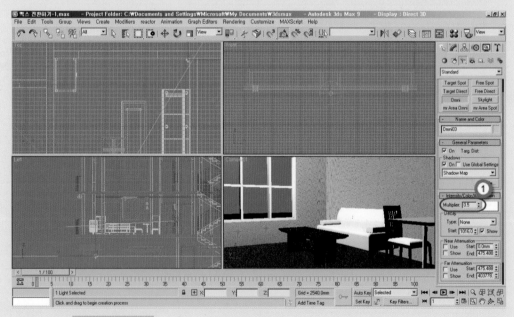

❶ Multiplier: [0.5] 를 0.5로 변경합니다. 구석의 어두운 부분을 좀더 밝게 표현한 빛의 크기이므로 사용자가 원하는 밝기만큼 수치를 올리거나 내리면 됩니다.

Tip

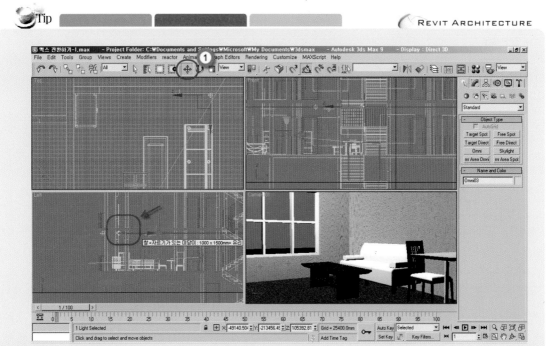

❶ ⊕ 이동 툴을 선택하고 Left 뷰에서 위쪽으로 위치를 이동합니다.

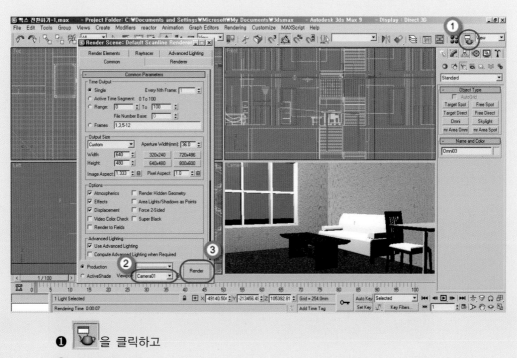

❶ ☕ 을 클릭하고

❷ 뷰 설정을 하고

❸ Render 를 클릭합니다.

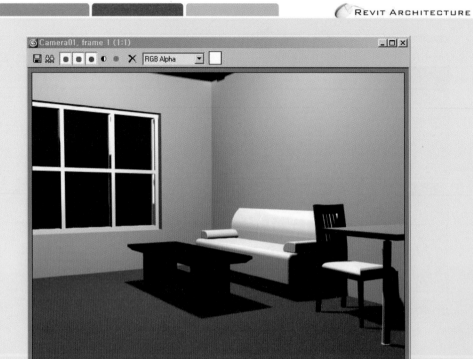

랜더링이 완성된 모습입니다.

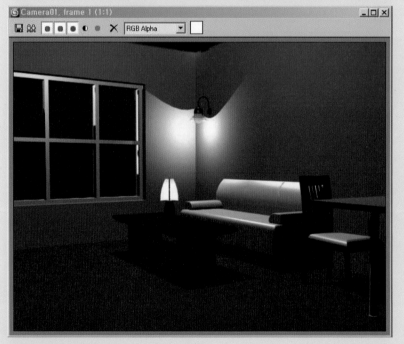

실내의 조명기구를 설치하여 또 다른 느낌을 줄 수 있습니다. 스텐드와 조명은 레빗의 패밀리를
맥스로 전환하여 넣은 것입니다. 사용자에 따라 넣고 싶은 조명을 선택하여 만들면 됩니다.

Tip

REVIT ARCHITECTURE

2. EPS 파일 Photoshop으로 블러오기

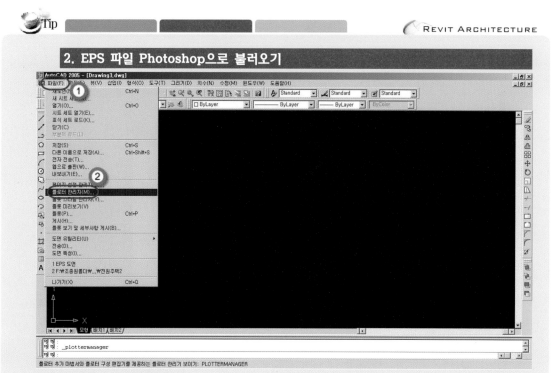

CAD를 오픈합니다.

❶ 파일을 선택하고

❷ 플로터 관리자를 클릭합니다.

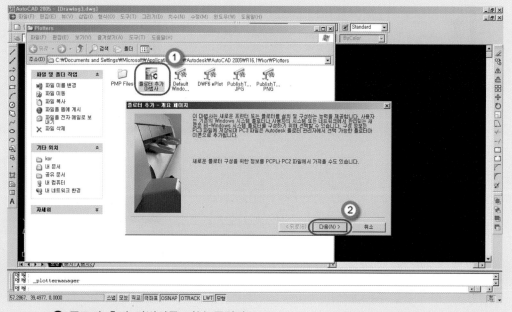

❶ 플로터 추가 마법사를 더블 클릭하고

❷ 다음을 누릅니다.

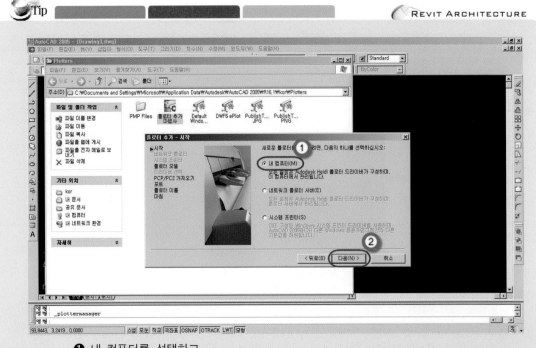

❶ 내 컴퓨터를 선택하고

❷ 다음을 누릅니다.

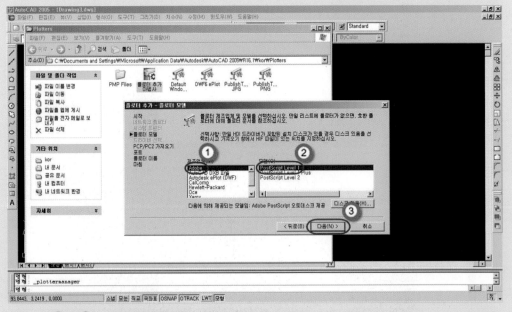

❶과 ❷는 자동 선택이 되어 있으므로

❸ 다음을 누릅니다.

REVIT ARCHITECTURE

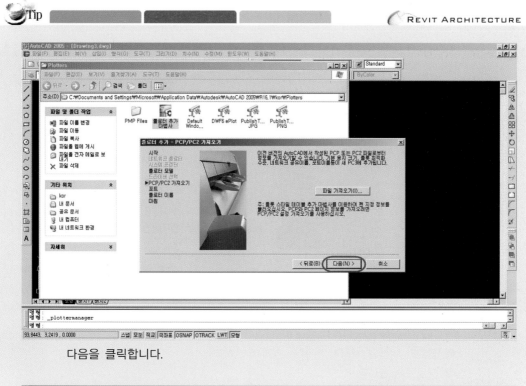

다음을 클릭합니다.

❶ 파일에 플롯을 선택하고

❷ 다음을 누릅니다.

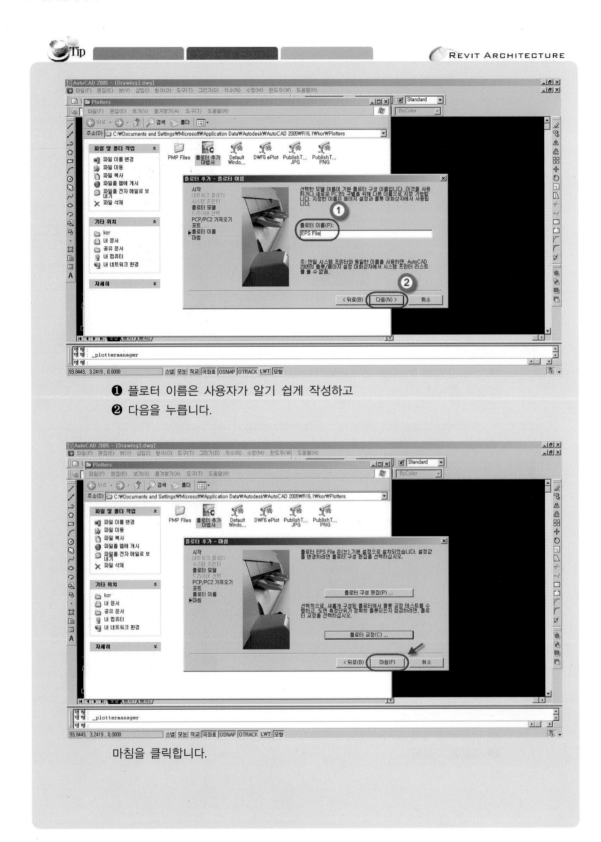

❶ 플로터 이름은 사용자가 알기 쉽게 작성하고
❷ 다음을 누릅니다.

마침을 클릭합니다.

Tip

REVIT ARCHITECTURE

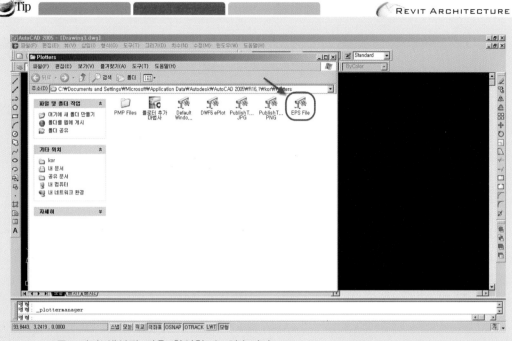

플로터가 생성된 것을 확인할 수 있습니다.

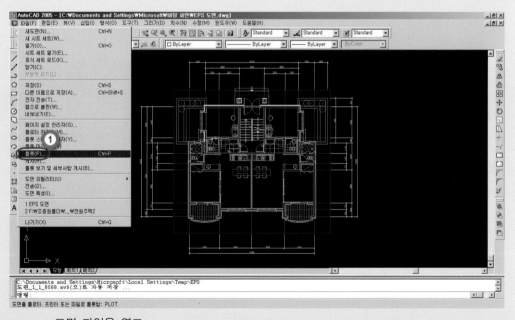

도면 파일을 열고

❶ 플롯을 클릭합니다.

프린터/플로터에 위에서 만든

❶ 플로터 이름을 선택합니다.

❷ 플롯 스타일을 바꾸겠습니다.

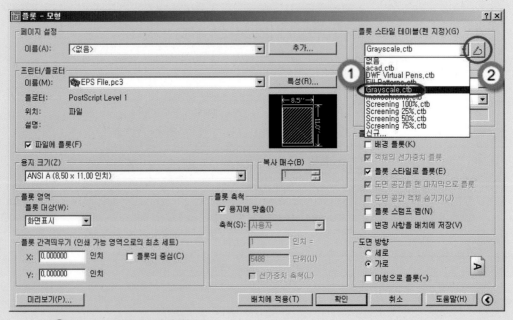

❶ Grayscale.ctb를 선택하고

❷ ◢를 클릭합니다.

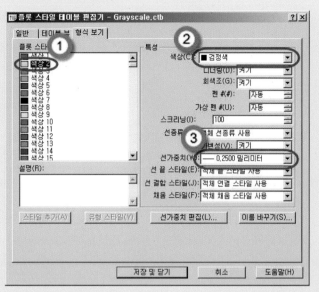

❶ 색상 2〈노란색〉을 선택하고

❷ 색상을 검은색으로 바꿔줍니다. 도면에서 표현되는 선의 색상은 일반적으로 출력할 때
쓰이는 선의 색이 아닙니다. 선의 스타일을 지정할 때의 편리성을 위해 사용되는 색상이
며 색상을 그대로 출력하는 일은 거의 없습니다.

❸ 선 가중치를 0.2500밀리미터로 변경합니다. 선 중에서 가장 두꺼운 선이며 단면선이나
구조부분을 나타낼 때 많이 쓰입니다.

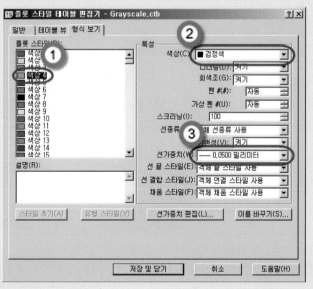

❶ 색상 4〈하늘색〉를 선택하고

❷ 색상을 검은색으로 바꾸고

❸ 선 가중치를 0.0500으로 변경합니다. 가장 가는 선이며 보통 입면선으로 많이 쓰입니다.

REVIT ARCHITECTURE

❶ 색상 1〈빨간색〉을 선택하고

❷ 색상은 검은색으로 변경합니다.

❸ 선 가중치는 0.0900으로 변경합니다. 일반적으로 중심선에 많이 쓰입니다.

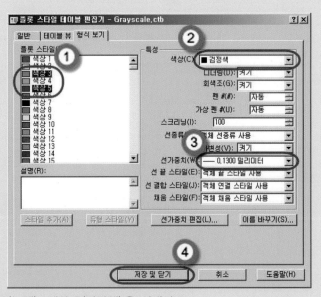

❶ 색상 3〈녹색〉, 색상 5〈파란색〉을 선택하고

❷ 색상을 검은색으로 변경하고

❸ 선 가중치를 0.1300으로 변경합니다. 나머지 선들은 사용자가 원하는 스타일로 변경하여
쓰면 됩니다. 완료가 되면

❹ 저장 및 닫기를 클릭합니다.

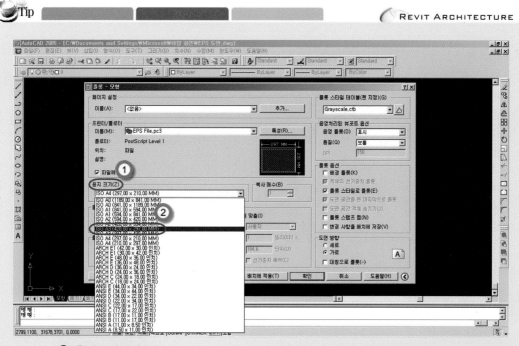

❶ 용지크기에서

❷ 용지 사이즈는 사용자가 원하는 사이즈로 변경합니다. 여기서는 A3로 변경하겠습니다.

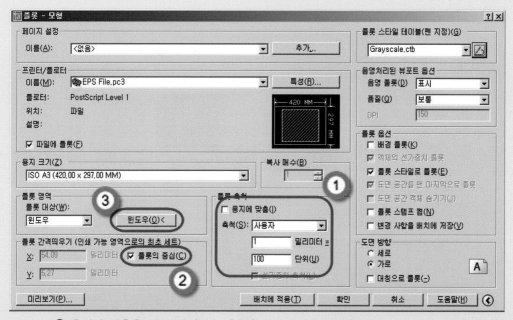

❶ 용지에 맞춤을 체크 해제하고 축척은 1 : 100으로 변경합니다.

❷ 플롯의 중심을 체크하고

❸ 윈도우를 클릭합니다.

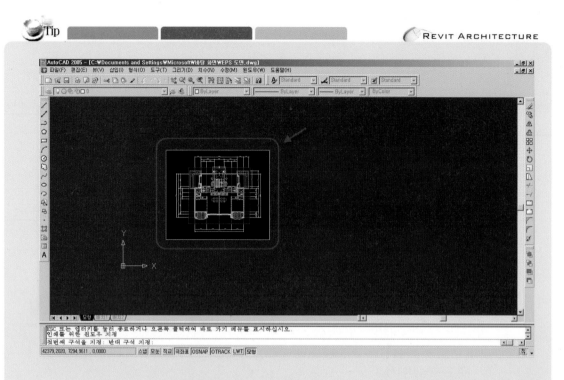

그림과 같이 도면 전체를 드래그하여 선택합니다.

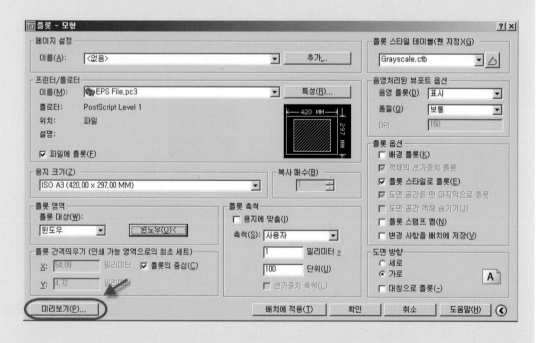

미리보기를 클릭하여 출력하기 전 사이즈와 선의 스타일을 확인합니다.

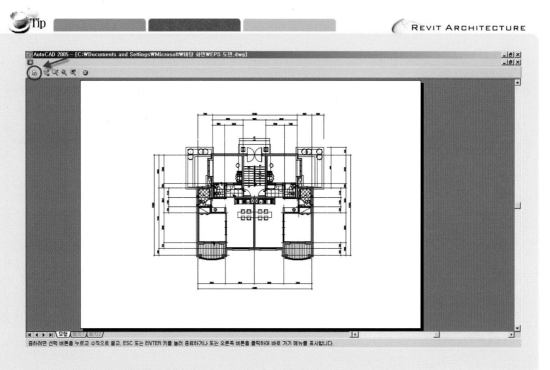

미리보기 화면을 통해 확인하고 화살표 방향에 인쇄를 클릭합니다.

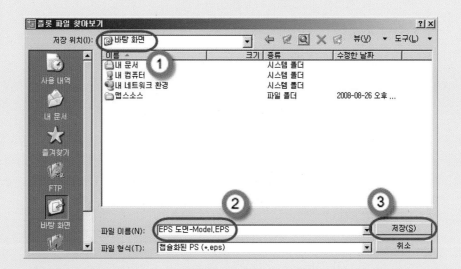

❶ 저장 위치를 정하고

❷ 파일 이름을 쓰고

❸ 저장을 클릭합니다.

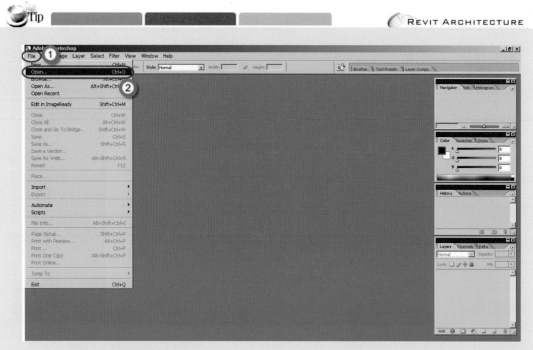

포토샵을 오픈합니다.

❶ File에서

❷ Open을 클릭합니다. 〈Ctrl+O〉를 눌러도 됩니다.

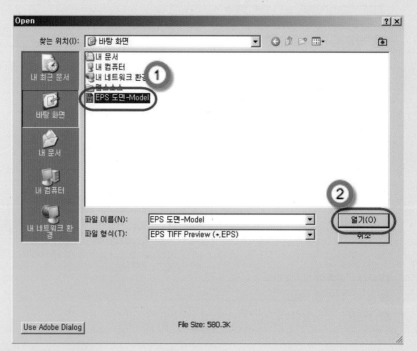

❶ 파일을 선택하고

❷ 열기를 클릭합니다.

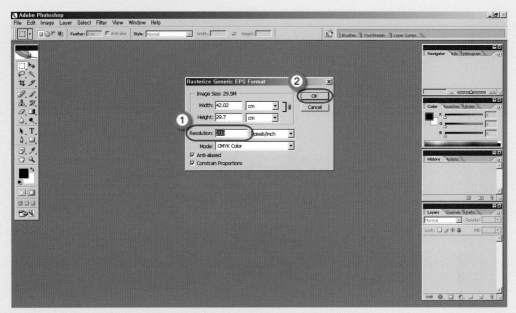

❶ Resolution을 200으로 변경하고

❷ OK를 클릭합니다.

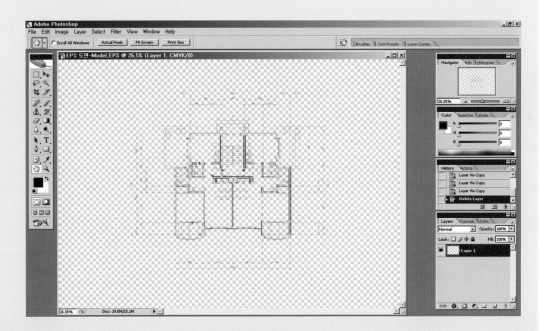

포토샵에 불러온 도면은 선의 스타일은 그대로, 배경은 제외되어 오기 때문에 편집작업에
대단히 유리합니다.

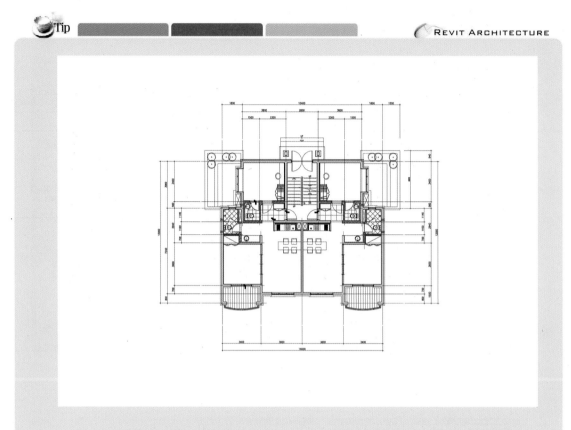

포토샵에 불러온 도면을 그림 파일로 저장한 것입니다.

3. Revit 이미지 photoshop으로 보정하기

파일을 open합니다.

Revit에서 ❶ 렌더(R) 를 클릭하면 ❷ 진행 창이 뜹니다.

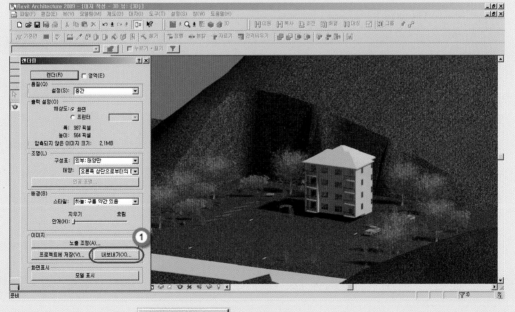

완료가 되면 ❶ 내보내기(X)... 를 클릭합니다.

Tip   REVIT ARCHITECTURE

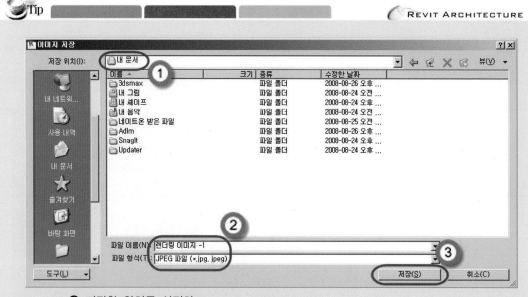

❶ 저장할 위치를 선정하고
❷ 파일 이름을 쓰고 파일 형식을 선택한 다음
❸ 저장합니다.

Photoshop을 오픈합니다.

REVIT ARCHITECTURE

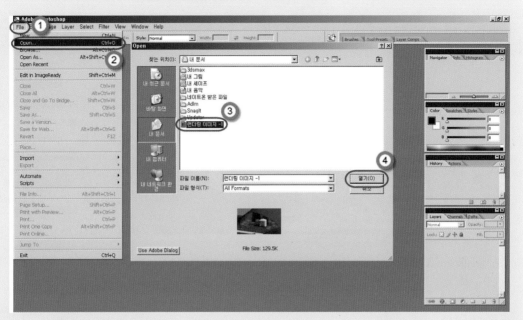

❶ 파일에서

❷ 오픈을 클릭합니다.

❸ 레빗으로 저장한 이미지 파일을 선택하고

❹ 열기를 클릭합니다.

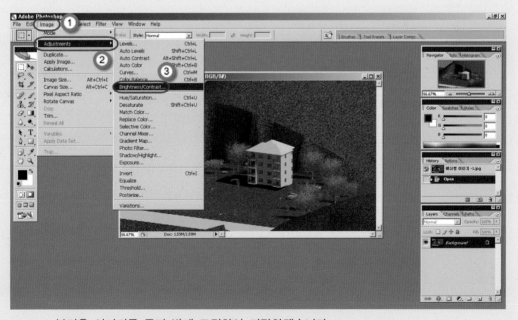

불러온 이미지를 좀더 밝게 조정하여 저장하겠습니다.

❶ Image 에서 ❷ Adjustments 를 선택하고 ❸ Brightness/Contrast... 를 클릭합니다.

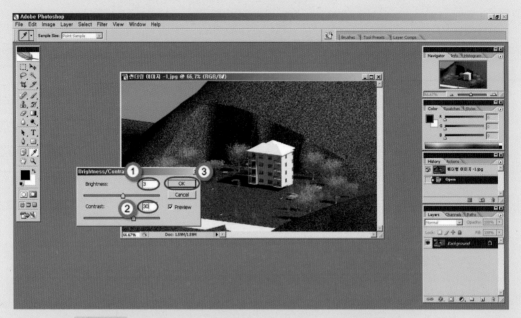

❶ Brightness: 의 값을 3,

❷ Contrast: 의 값을 30으로 변경하고

❸ OK를 클릭합니다.

보정된 이미지를 저장하겠습니다.

❶ 파일에서 ❷ Seve As를 클릭합니다.

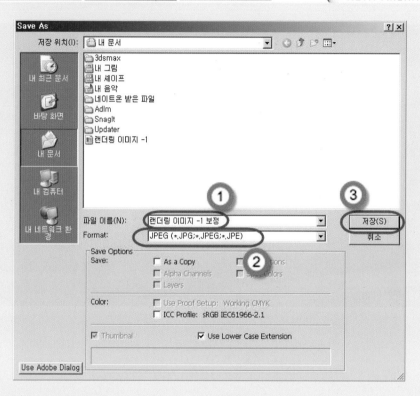

❶ 파일 이름을 쓰고
❷ 파일 형식을 변경하고
❸ 저장을 클릭합니다.

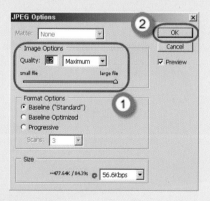

파일의 Quality: 를

❶ 12 │Maximum 으로 변경하고
❷ OK를 클릭하면 완성됩니다.

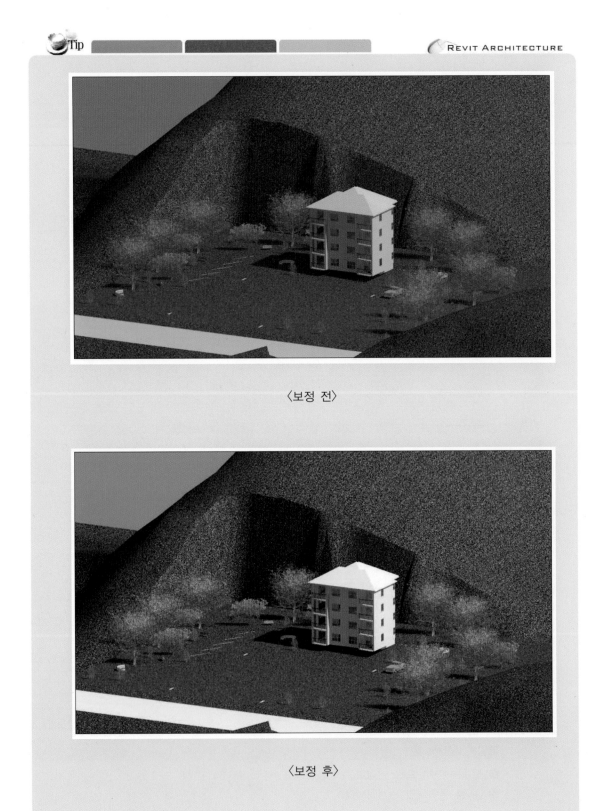

〈보정 전〉

〈보정 후〉

출력(인쇄) 하기

INTRODUCTION

인쇄 명령은 현재 창, 현재 창의 가시적인 부분 또는 선택된 뷰 및 시트를 인쇄합니다.

원하는 도면을 프린터, PRN 또는 PLT 파일, PDF 파일로 전송할 수 있습니다.

Revit Architecture에서 인쇄되는 출력은 WYSIWYG(What You See Is What You Get) 상태로 화면에 표시된 대로 인쇄됩니다.
(예외 : 인쇄 작업의 배경색은 항상 흰색)

기본적으로 참조 평면, 작업 기준면, 자르기 경계 및 스코프 박스는 인쇄되지 않습니다.

인쇄작업에 이를 포함하려면 인쇄 설정 대화상자에서 해당 숨기기 옵션을 선택 취소 임시 숨기기/분리 명령을 사용하여 뷰에서 숨겨진 요소는 인쇄 작업에 포함합니다.

가는 선 명령으로 수정된 선 두께는 기본 선 두께로 인쇄합니다.

Autodesk - revit

S·T·E·P 01 > 인쇄 설정

메뉴막대의 파일(F) ▶ 인쇄 설정(U)... 인쇄 대화상자를 엽니다.

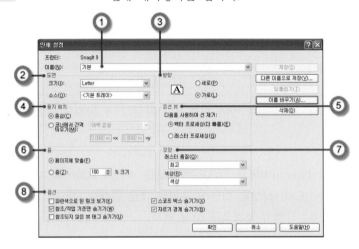

❶ **이름** : 인쇄 설정 대화상자에서 이름에 대해 사용할 저장된 인쇄 설정(있는 경우)을 선택합니다.
❷ **도면** : 용지 크기 및 용지 공급 방법에 대한 옵션을 지정
❸ **방향** : 세로 또는 가로를 선택
❹ **용지 배치** : 뷰를 인쇄할 용지상의 위치를 지정
   코너의 간격띄우기에서 사용자 정의를 선택할 경우 X 및 Y 간격띄우기 값을 입력
❺ **은선 뷰** : 입면도, 단면도 및 3D 뷰에서 은선 뷰에 대한 인쇄 성능을 향상시키기 위한 옵션을 선택.
   벡터 프로세싱 시간은 처리되는 뷰의 수와 뷰의 복잡성에 따라 래스터 프로세싱 시간은 뷰의 크기
   와 그래픽의 양에 따라
❻ **줌** : 도면을 페이지에 맞출지 또는 원래 크기의 백분율로 줌할지 여부를 지정
❼ **모양** : 인쇄 품질과 색상을 지정
   래스터 품질 - 인쇄장치로 보내는 래스터 데이터의 해상도를 제어
            품질이 높을수록 인쇄 시간이 길어짐
   검은색 선 - 모든 문자와 흰색이 아닌 선, 패턴 선, 모서리를 검은색으로 인쇄
            래스터 이미지와 솔리드 패턴은 회색조로 인쇄
   그레이스케일 - 모든 색상, 문자, 이미지, 선이 그레이스케일로 인쇄
   색상 - 프린터가 컬러 인쇄를 지원하는 경우 프로젝트의 모든 색상을 그대로 인쇄
❽ **옵션** : 인쇄할 때 스코프 박스, 참조 기준면 및 자르기 경계와 같은 요소를 숨김
   참조되지 않은 뷰 태그는 숨김(단면도, 입면도 및 시트에 없는 콜아웃 태그를 인쇄하지 않으려면
   이 옵션을 선택)
   링크 보기는 기본적으로 검은색으로 인쇄되지만 파란색으로 인쇄되도록 설정

S·T·E·P **02** 인쇄 설정 저장하기

인쇄 설정을 다시 사용할 수 있도록 프로젝트에 저장, 인쇄 설정 사항과 이름을 변경, 삭제할 수 있습니다.

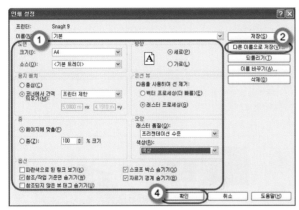

메뉴막대의 파일(F) ▶ 인쇄 설정(U)... 인쇄 대화상자를 열고

❶ 인쇄 옵션을 지정합니다. ▶

❷ [다른 이름으로 저장(V)...] ▶ 이름 '인쇄 설정1' 입력 후

❸❹ [확인]

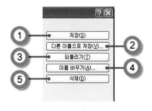

❶ 저장된 인쇄 설정을 변경했을 때
❷ 새 인쇄 설정을 저장할 때
❸ 인쇄 설정을 저장된 상태 또는 세션 상태로 되돌릴 때
❹ 저장된 인쇄 설정의 이름을 새 이름으로 바꿀 때
❺ 저장된 인쇄 설정을 삭제할 때

S·T·E·P 03 ▶ 인쇄 미리보기

인쇄 미리보기를 사용하여 뷰나 시트를 인쇄하기 전에 다시 확인합니다.
여러 개의 시트 또는 뷰를 인쇄하는 경우 인쇄 미리 보기를 할 수 없습니다.

파일을 엽니다.

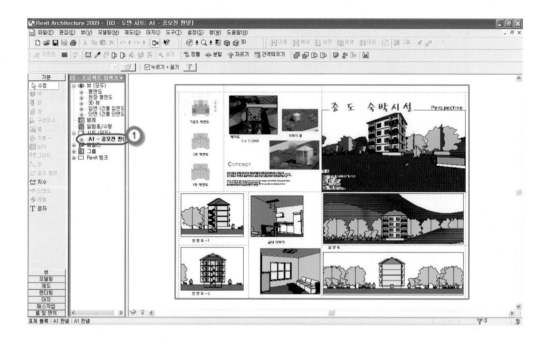

프로젝트 탐색기의 시트 'A1 - 공모전 패널'을 더블 클릭합니다.

메뉴막대의 파일(F) ▶ 인쇄 미리보기(V)

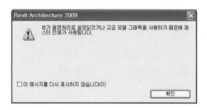

경고 메시지가 뜨면 확인을 누릅니다.

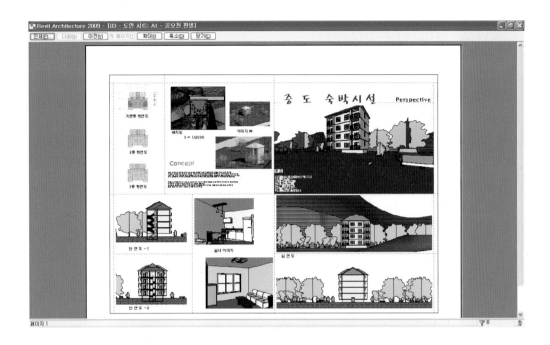

S·T·E·P 04 ▶ 뷰와 시트 인쇄하기

인쇄 명령을 사용하여 하나 또는 여러 개의 뷰와 시트를 인쇄합니다.

메뉴막대의 파일(F) ▶ 인쇄(P)... 또는 도구막대의 🖨 선택

❶ 인쇄 대화 상자의 이름에서 프린터를 선택하고 특성을 선택하여 프린터를 구성합니다.
❷ 인쇄 설정을 하고
❸ 확인

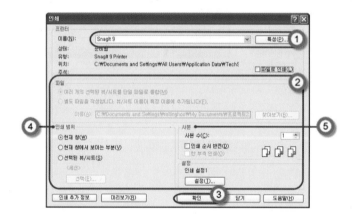

❹ 인쇄 범위 : 현재 창, 현재 창의 가시적인 부분 또는 선택된 뷰/시트 중 어느 것을 인쇄할지
    지정
❺ 사본 : 인쇄 매수를 지정하고 뷰/시트 세트를 역순으로 인쇄할지 여부를 지정

S·T·E·P 05 ▶ 인쇄, 게시 또는 내보낼 뷰 선택하기

프로젝트 뷰 또는 시트를 다양한 형식으로 출력하는 경우 출력에 포함될 뷰 및 시트를 지정할 수 있습니다.

다양한 형식으로 출력하는 경우는

인쇄 : 파일(F) ▶ 인쇄(P)...

내보내기 : 파일(F) ▶ 내보내기(E) ▶ CAD 형식(C)

게시 : 파일(F) ▶ DWF 게시(F) ▶ 2D DWF...

파일(F) ▶ DWF 게시(F) ▶ 3D DWF... 가 있습니다.

각 명령에 대한 대화상자를 열고

❶ 저장(또는 내보내거나 게시)위치와 파일 이름, 형식을 설정 ▶
❷ 범위에서 선택된 뷰/시트를 선택 ▶
❸ [...] 선택 ▶
❹ 뷰/시트 대화상자에서 인쇄하거나 게시하거나 내보낼 뷰 및 시트를 선택 ▶
❺ [확인] ▶ 설정 저장을 묻는 대화상자가 뜨면 [예(Y)] ▶ 저장 이름을 입력
[확인] ▶ [저장(S)]

부록 1

AUTODESK REVIT

BIM
기출문제

2013년 기출문제

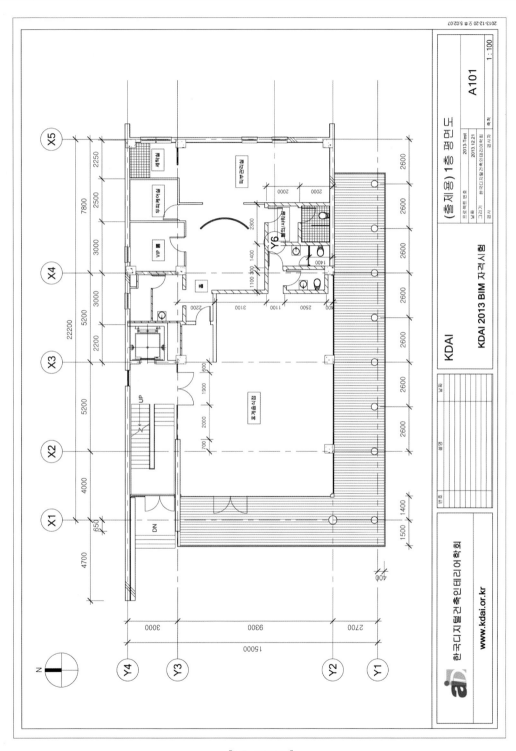

[1층 평면도]

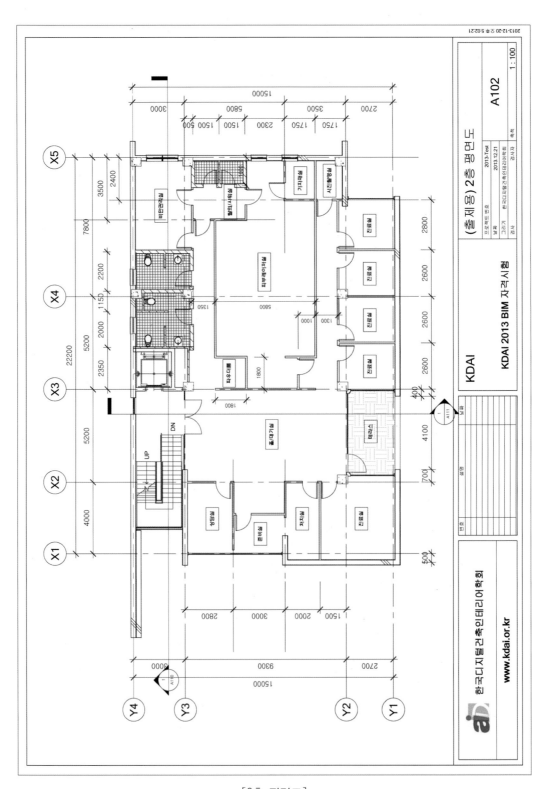

[2층 평면도]

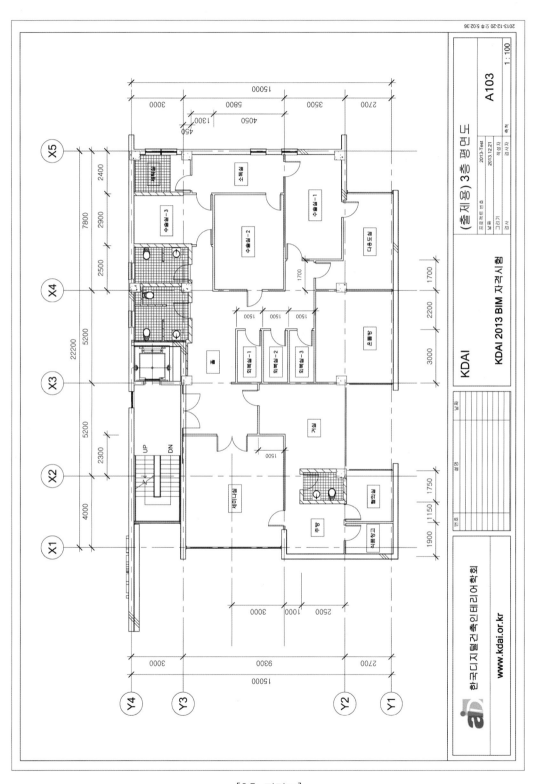

[3층 평면도]

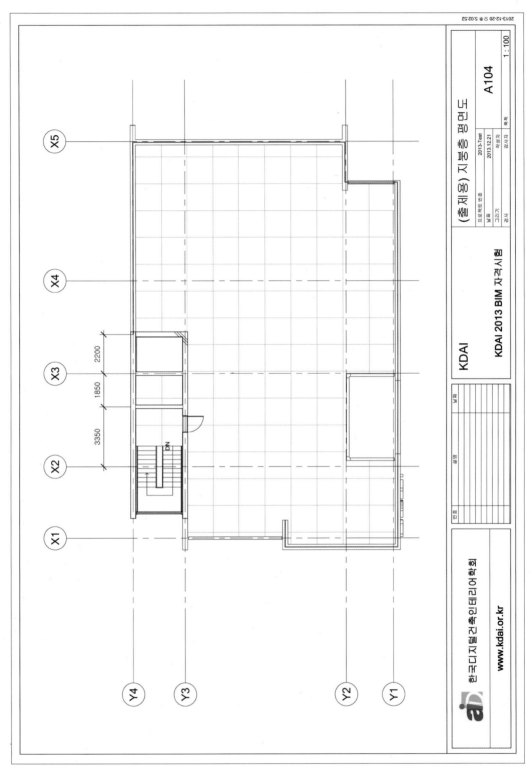

[지붕층 평면도]

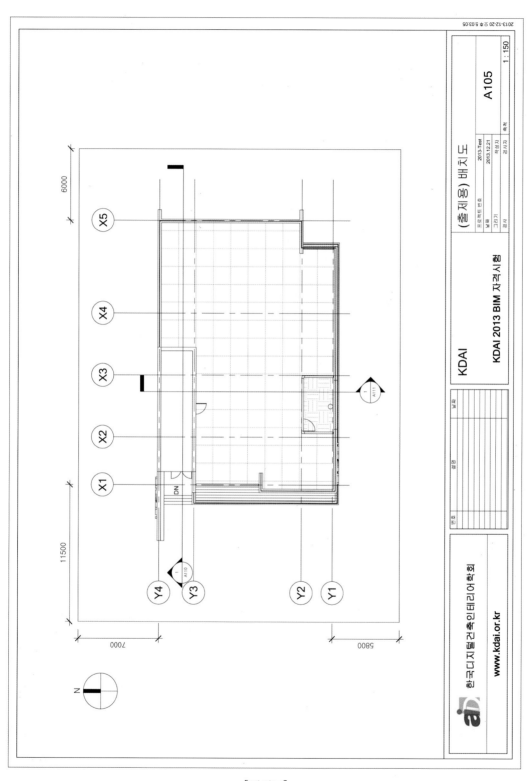

[배치도]

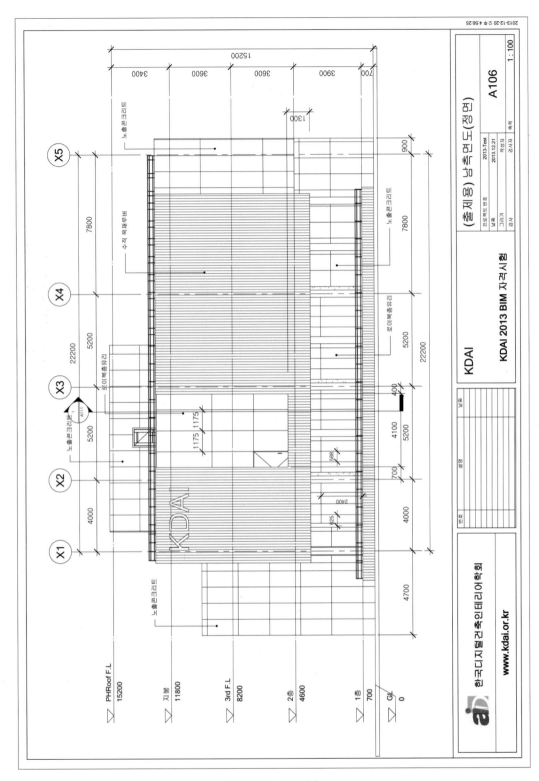

[남측면도(정면)]

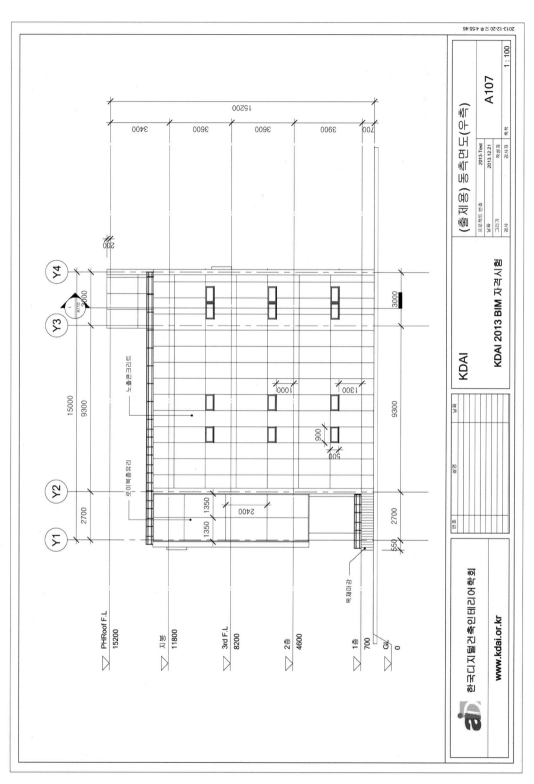

[동측면도(우측)]

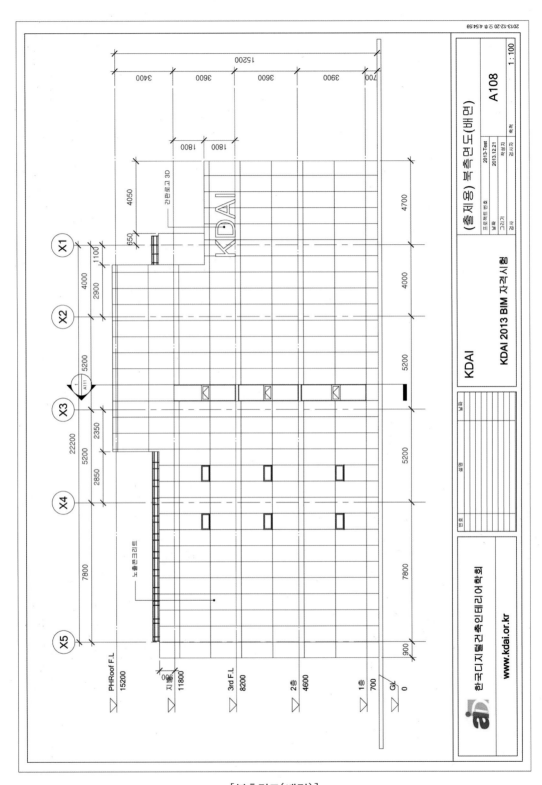

[북측면도(배면)]

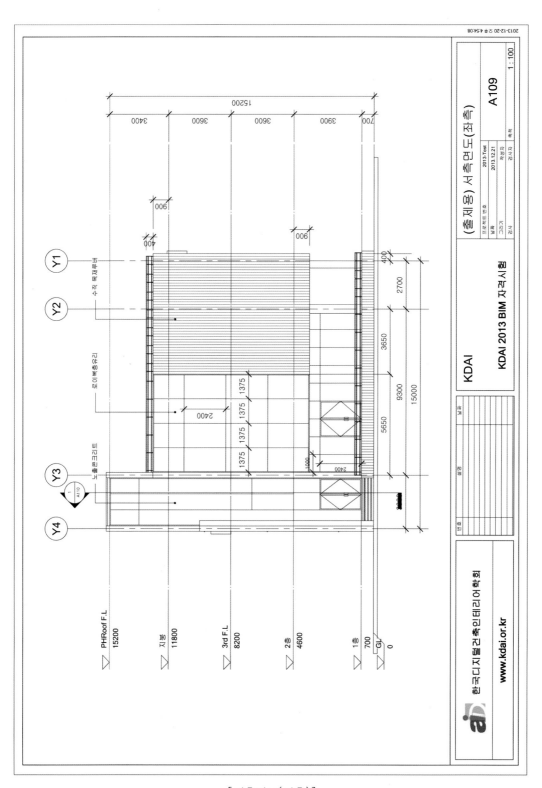

[서측면도(좌측)]

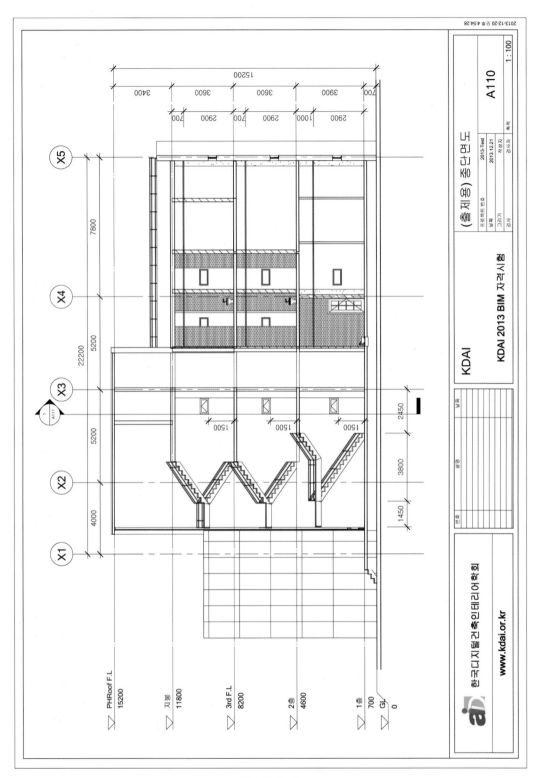

[종단면도]

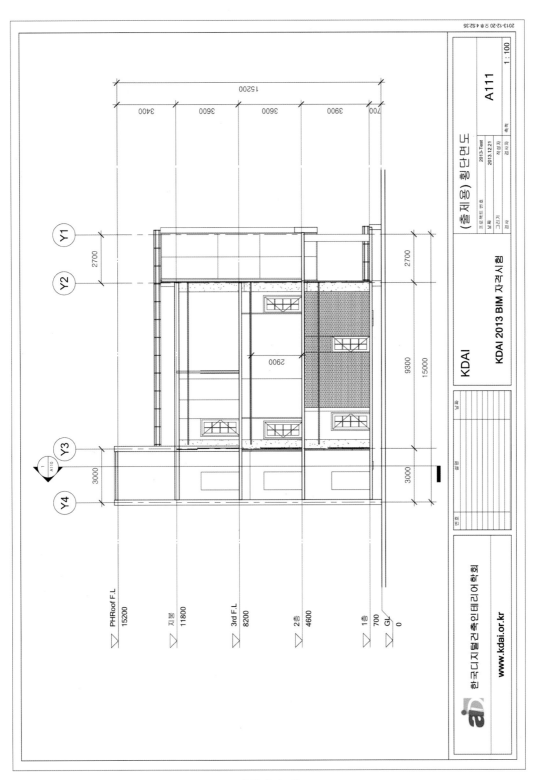

[횡단면도]

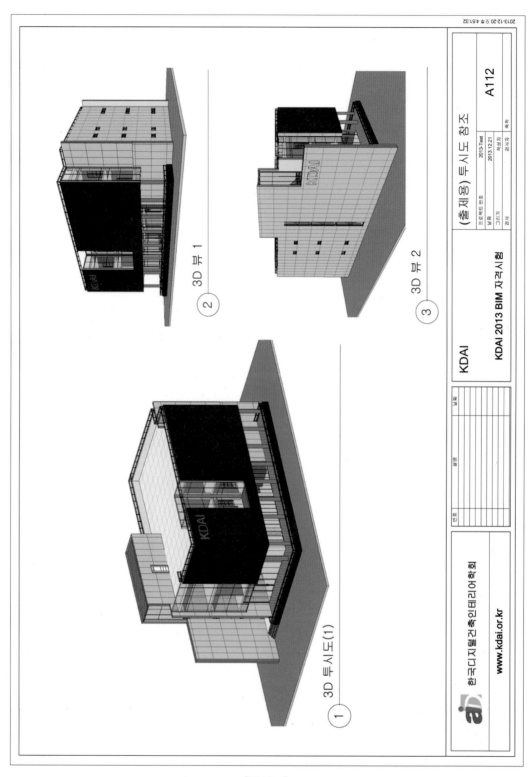

[투시도]

2015년 기출문제

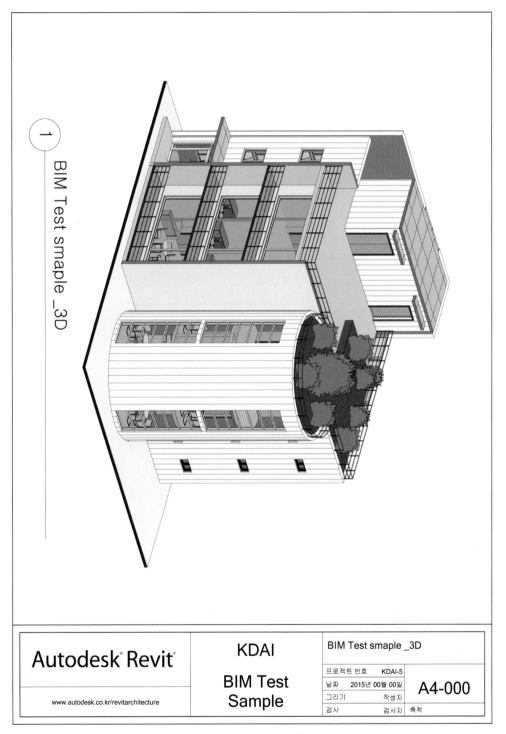

[BIM Test smaple__3D]

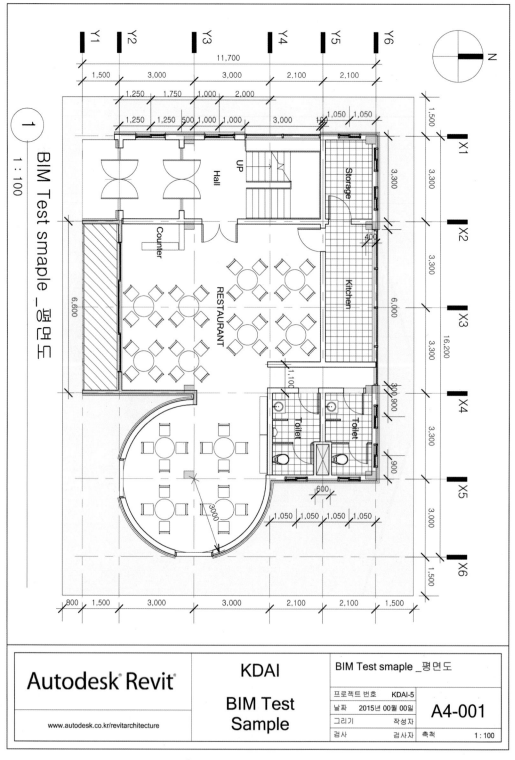

[BIM Test smaple__평면도]

한국디지털건축 인테리어학회		
2015 KDAI BIM 자격시험	작성자	작성자
		A4-100
		표지
축척		1 : 100
날짜		2015년 12월 12일
감독		KDAI
검사		KDAI
프로젝트 번호		KDAI-3
www.kdai.or.kr		

한국디지털건축인테리어학회
Korean Digital Architecture-Interior Association

수험번호	더블클릭하고 수험번호를 쓰시오.
작성자	더블클릭하고 이름을 쓰시오.

* 본 탬플릿은 [한국디지털건축인테리어학회] 제5회 BIM자격시험 작성, 재출 목록으로 구성되었습니다. 위 수험번호 및 성명을 기재하여 주시기 바랍니다.

* 본 탬플릿 내에는 문제 도면이 삽입되어 있으며, 삽입된 도면을 이용하여 모델링할 경우, 각 부에서 가시성/그래픽 재지정 < 가져온카테고리 체크 후, 정렬된 도면을 참조하여 모델링하시오.

(1) 시험 일시 : 2015년 12월 12일(토요일)
(2) 시험 시간 : 10:00 - 13:00까지 (연속 3시간)
(3) 출제 조건 : 근린생활시설 3층, 내외부 BIM 모델링

[표지]

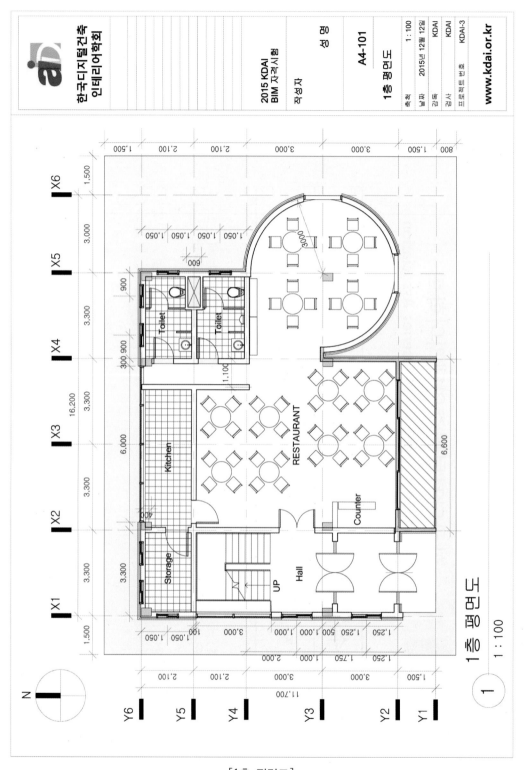

[1층 평면도]

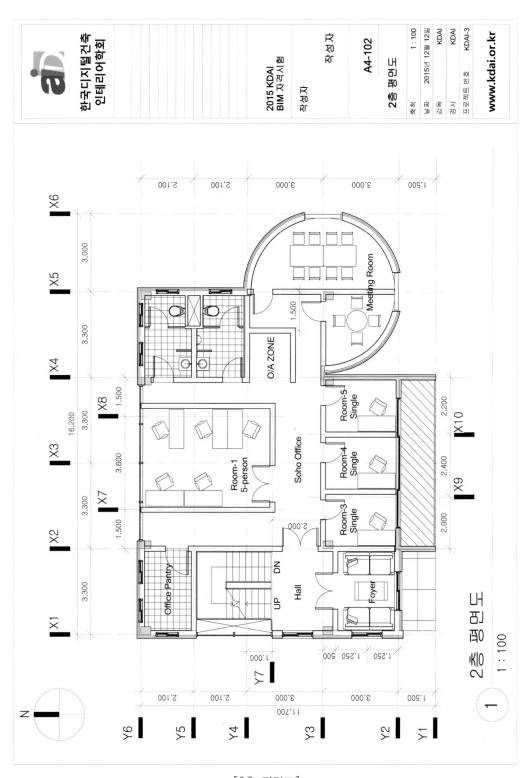

[2층 평면도]

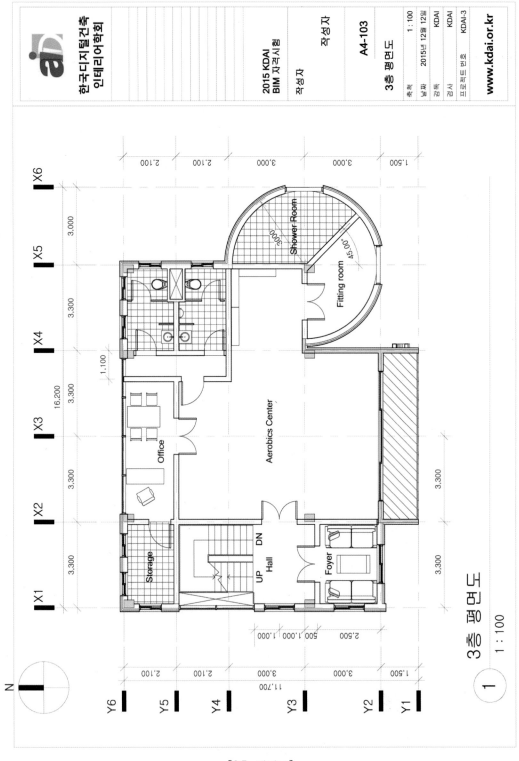

[3층 평면도]

3층 평면도

1 : 100

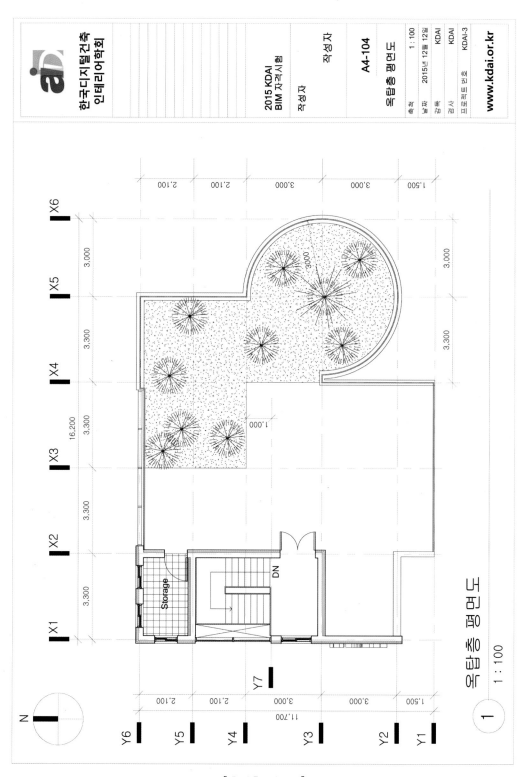

[옥탑층 평면도]

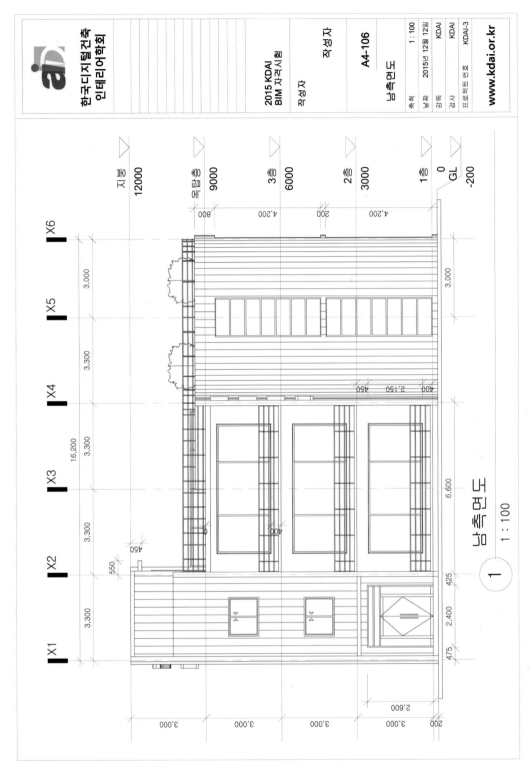

[남측면도]

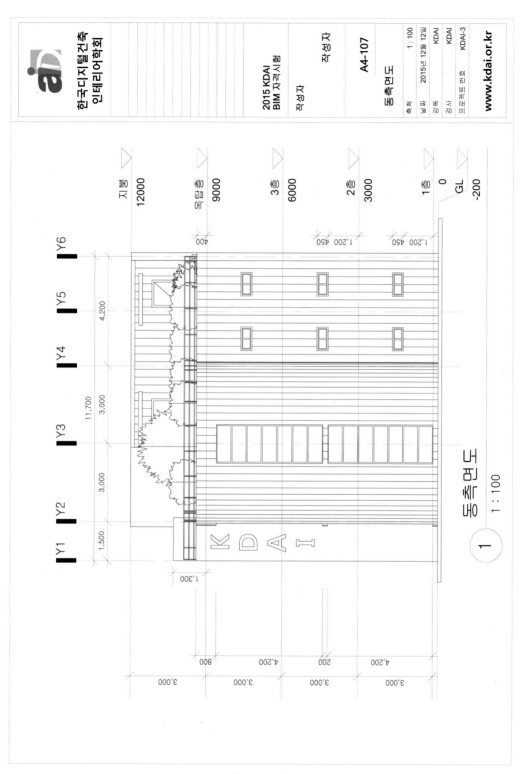

[동측면도]

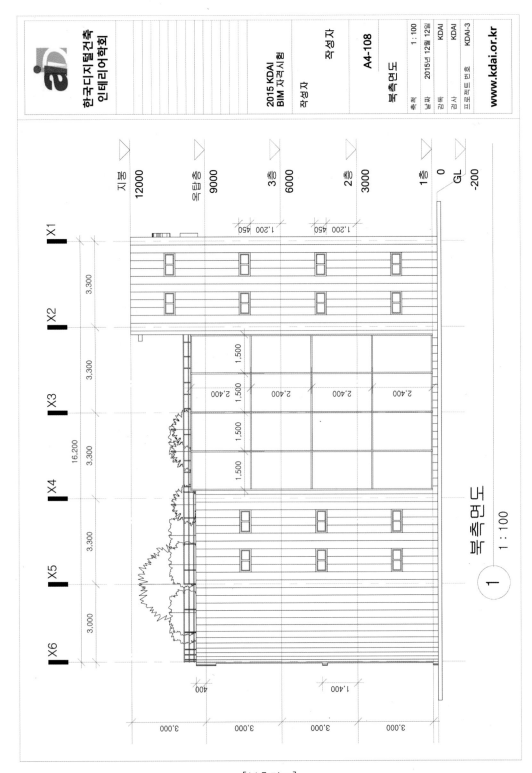

[북측면도]

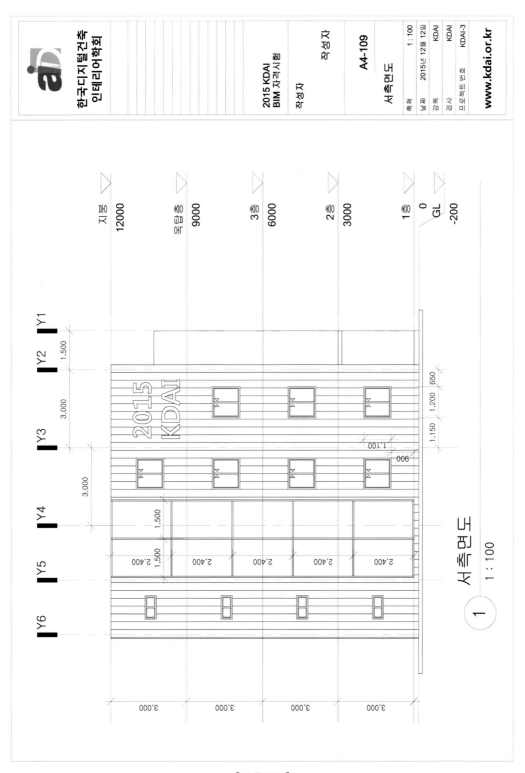

[서측면도]

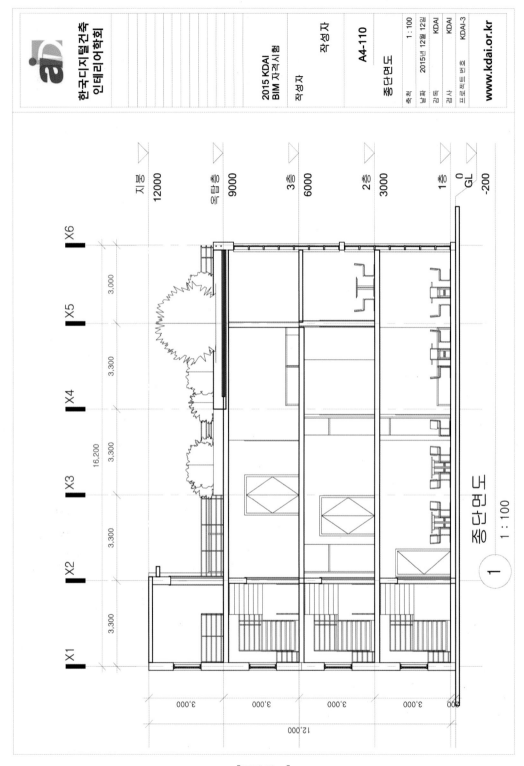

[종단면도]

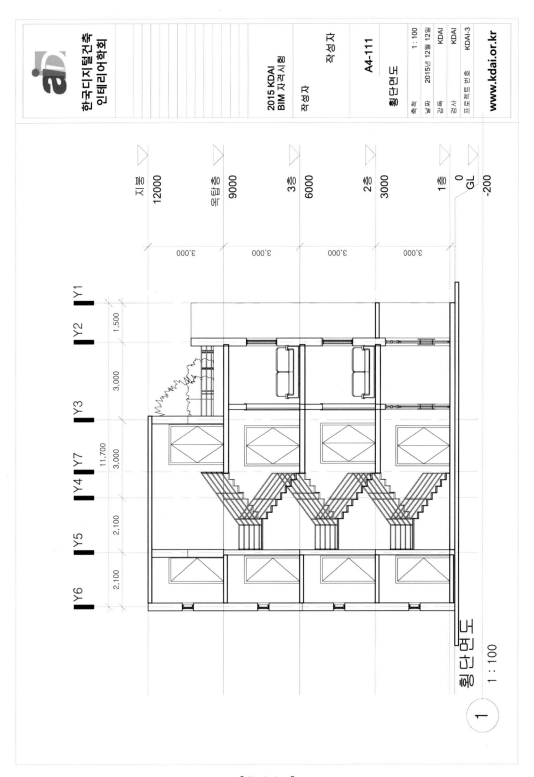

[횡단면도]

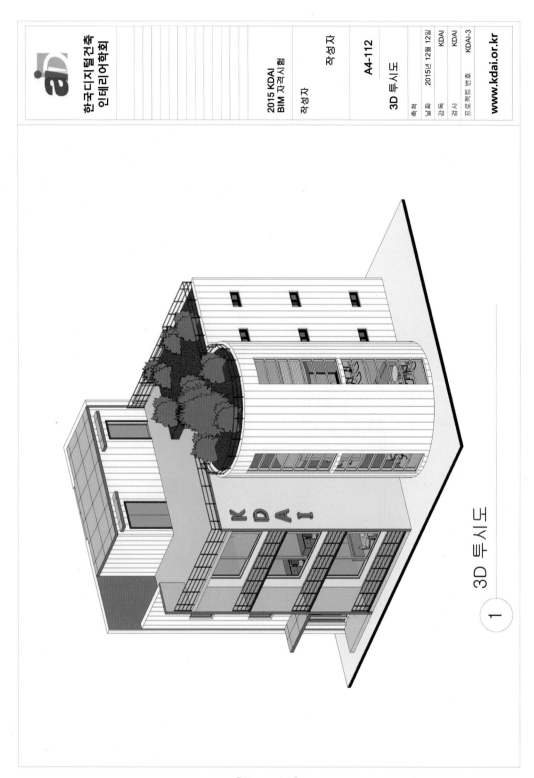

[3D 투시도]

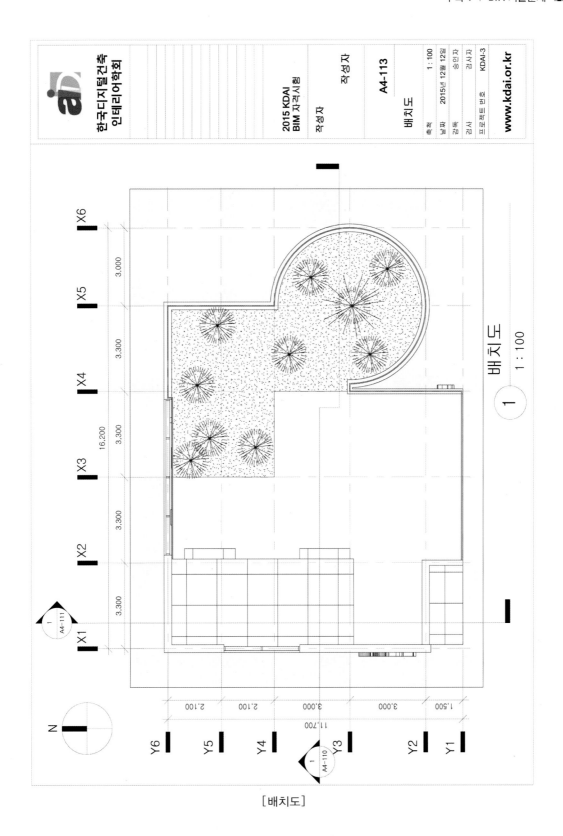

[배치도]

2016년 기출문제

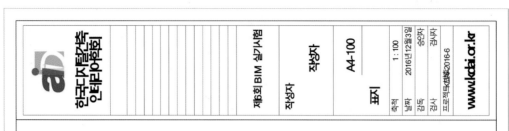

한국디지털건축인테리어학회
Korean Digital Architecture Interior Association

수험번호	2016000
작성자	kdai 학회 제6회 시험 문제

* 본 템플릿은 한국디지털건축인테리어학회 제6회 BIM자격시험 작성 제출 목적으로 구성되었습니다. 하기 수험번호 및 성명을 기재하여 주시기 바랍니다.

(1) 시험 일시 : 2016년 12월 3일(토요일)
(2) 시험 시간 : 10:00 - 14:00까지 (연속 4시간)
(3) 출제조건 : 근린생활시설 4층, 내외부 BIM 모델링

제6회 BIM 실기시험

작성자   작성자

A4-100

표지

축적	1 : 100
날짜	2016년 12월 3일
감독	승인자
검사	검사자
프로젝트번호 2016-6	

www.kdai.or.kr

[표지]

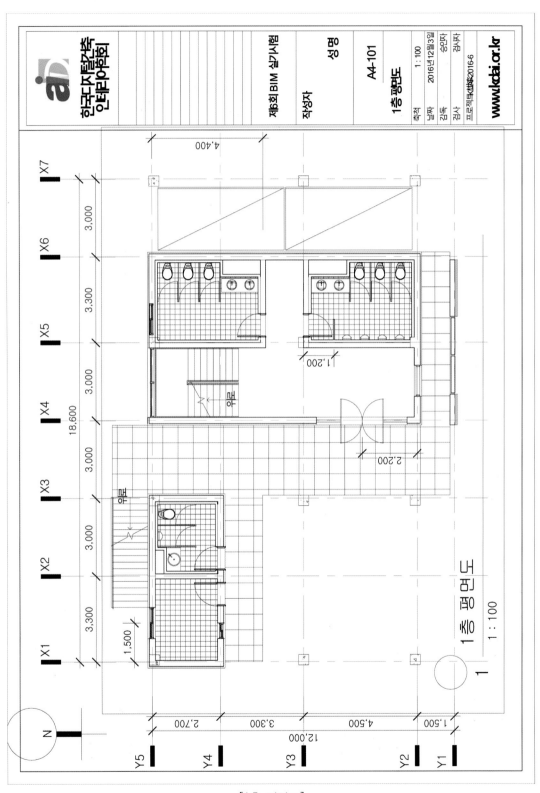

[1층 평면도]

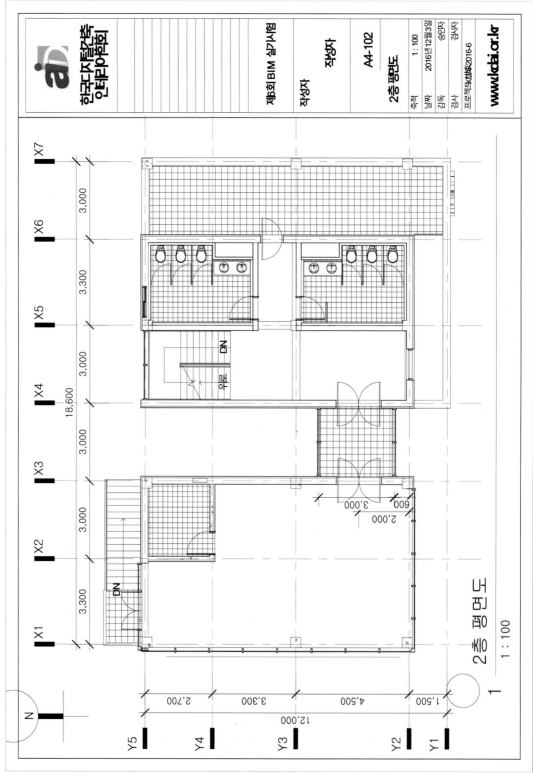

[2층 평면도]

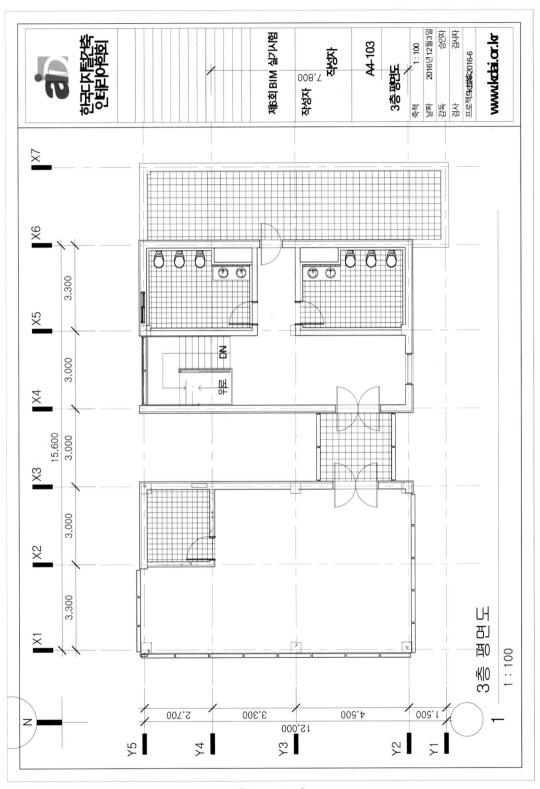

[3층 평면도]

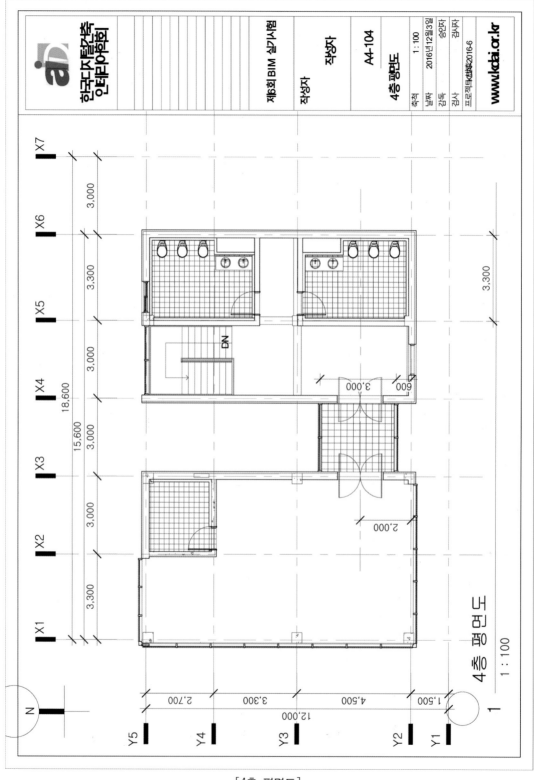

[4층 평면도]

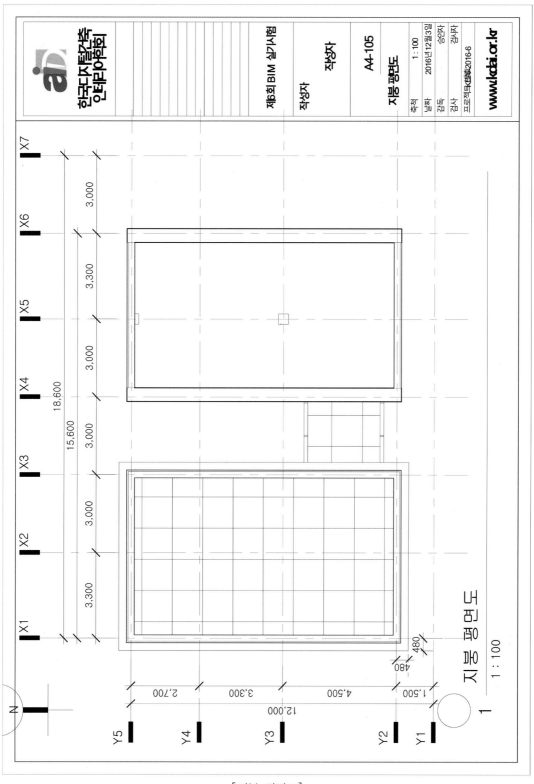

[지붕 평면도]

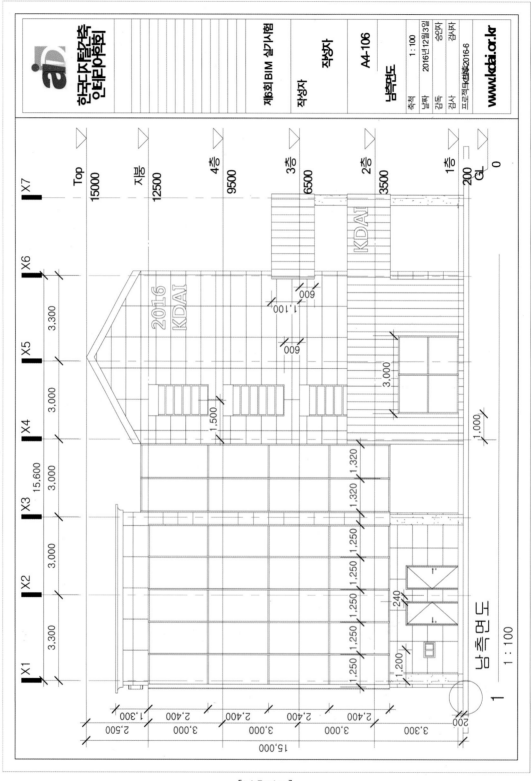

[남측면도]

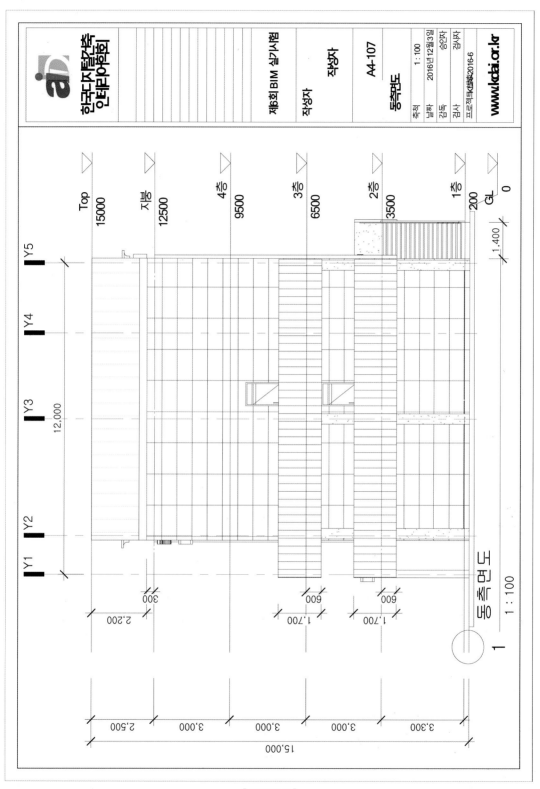

[동측면도]

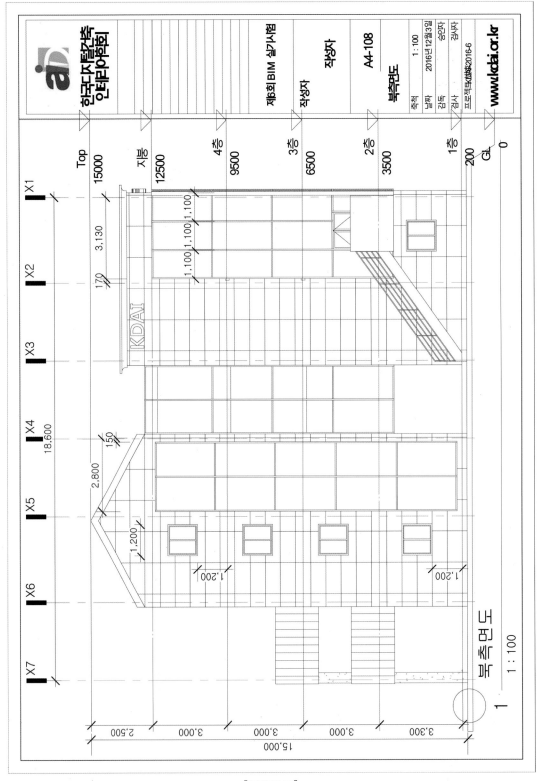

[북측면도]

562

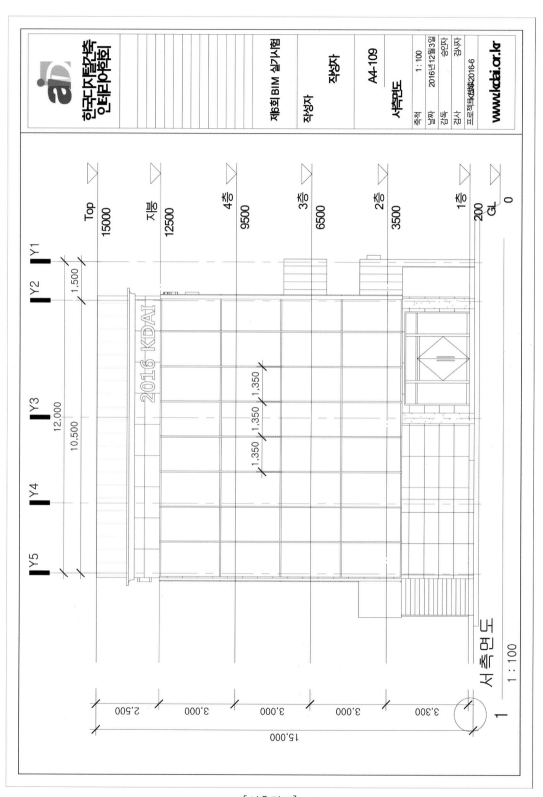

[서측면도]

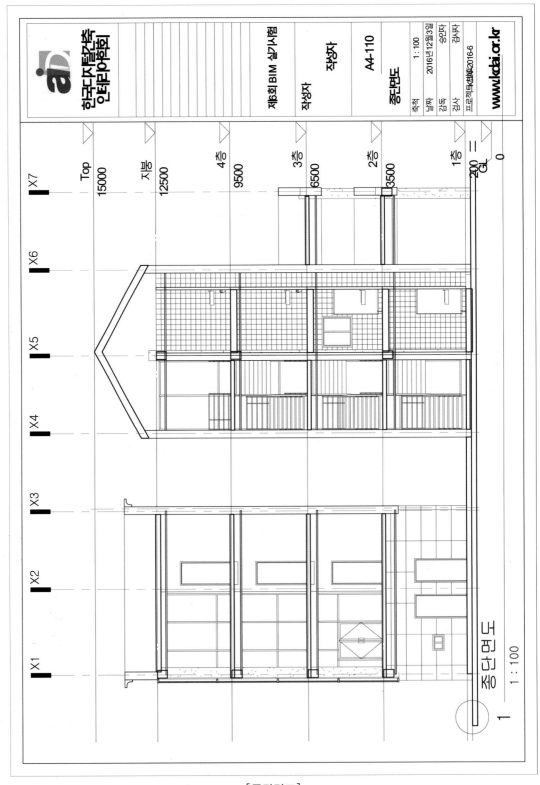

[종단면도]

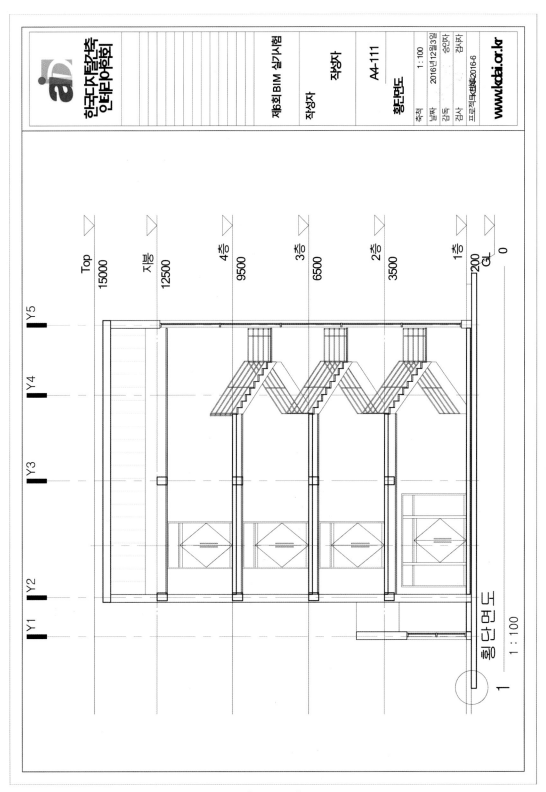

[횡단면도]

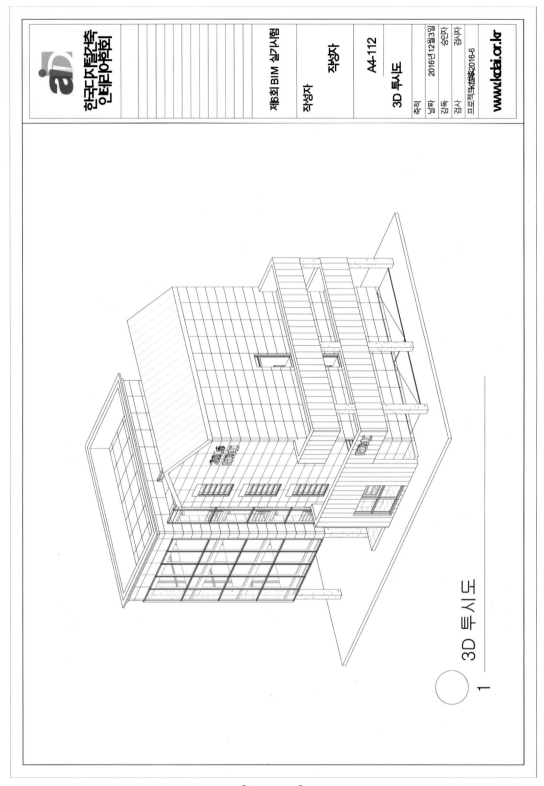

[3D 투시도]

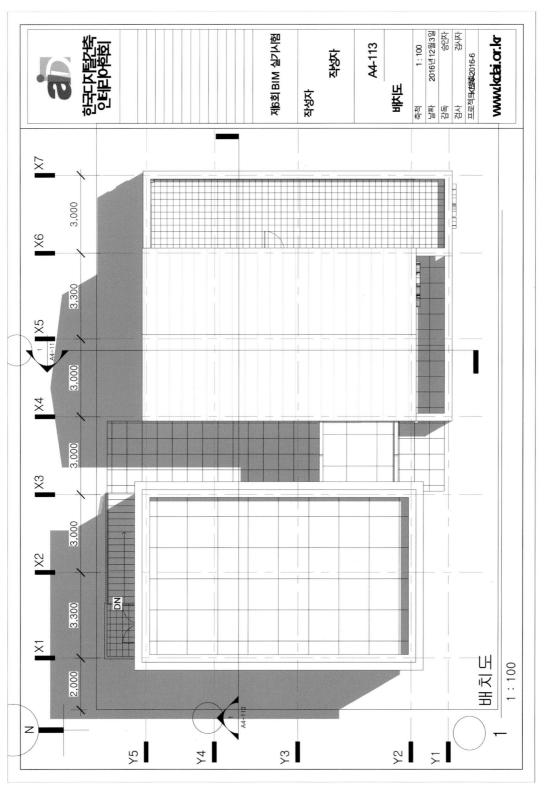

[배치도]

2017년 기출문제

한국디지털건축인테리어학회

제7회 BIM 실기시험

작성자

작성자

A4-100

표지

축척	1 : 100
날짜	2017년 12월 9일
승인자	
감독	
검사	검사자
프로젝트등록번호	2017-7

www.kdai.or.kr

한국디지털건축인테리어학회
Korean Digital Architecture Interior Association

| 수험번호 | 2017000 |
| 작성자 | kdai 학회 제7회 시험 문제 |

* 본 템플릿은 한국디지털건축인테리어학회 제7회 BIM자격시험 작성 제출
목적으로 구성되었습니다. 위 수험번호 및 성명을 기재하여 주시기 바랍니다.

(1) 시험 일시 : 2017년12월9일(토요일)
(2) 시험 시간 : 10:00 - 13:00까지 (연속 3시간)
(3) 출제조건 : 근린생활시설 3층, 내외부 BIM 모델링

[표지]

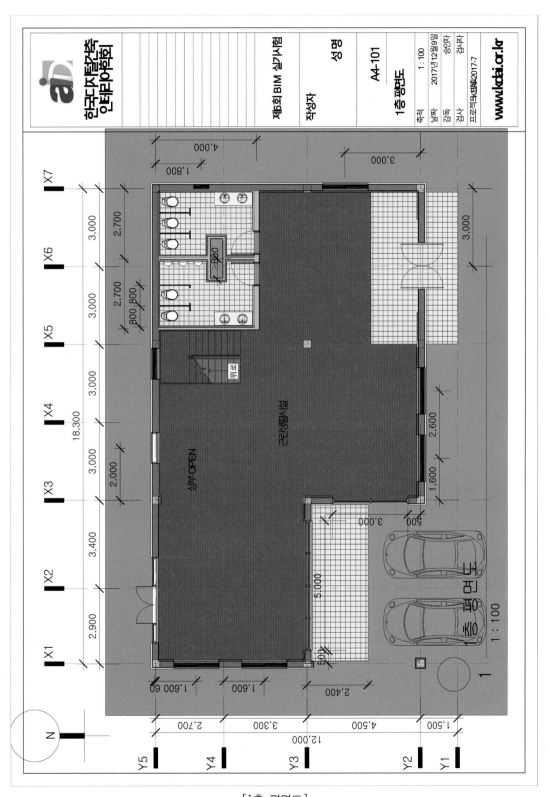

[1층 평면도]

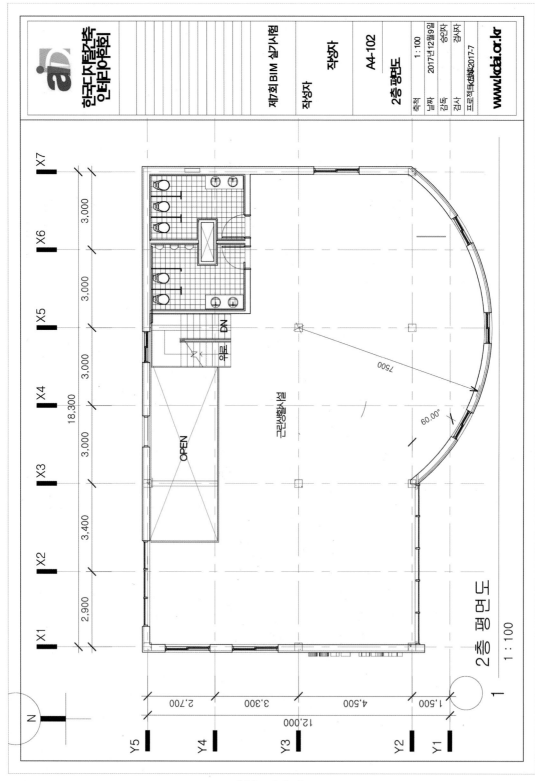

[2층 평면도]

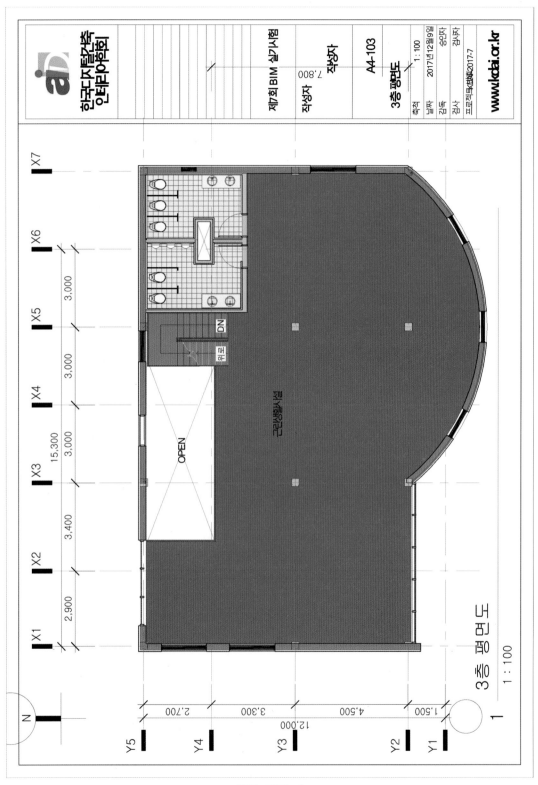

[3층 평면도]

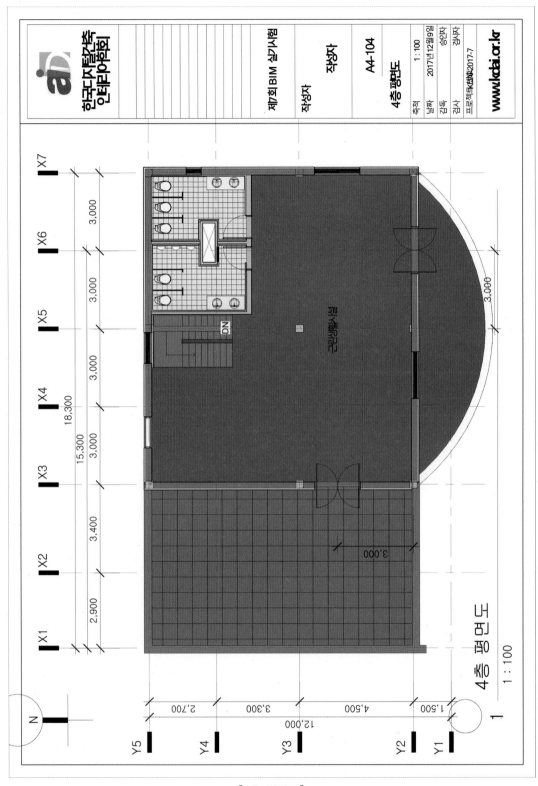

[4층 평면도]

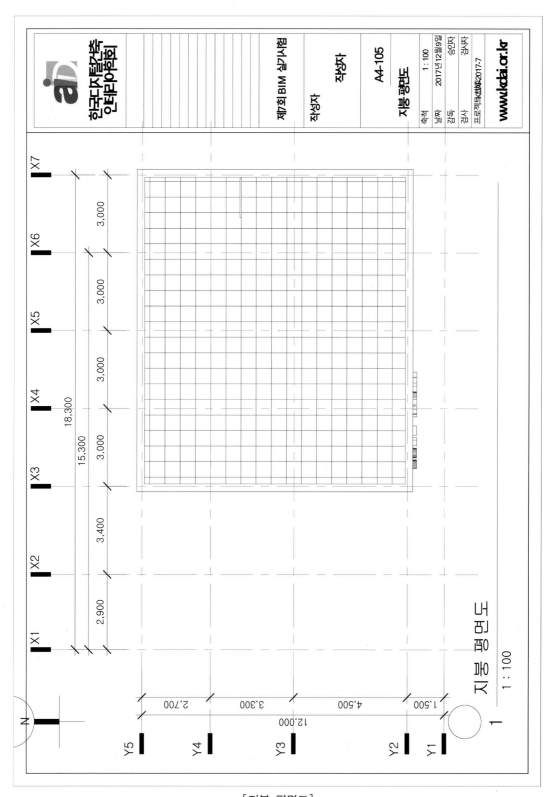

[지붕 평면도]

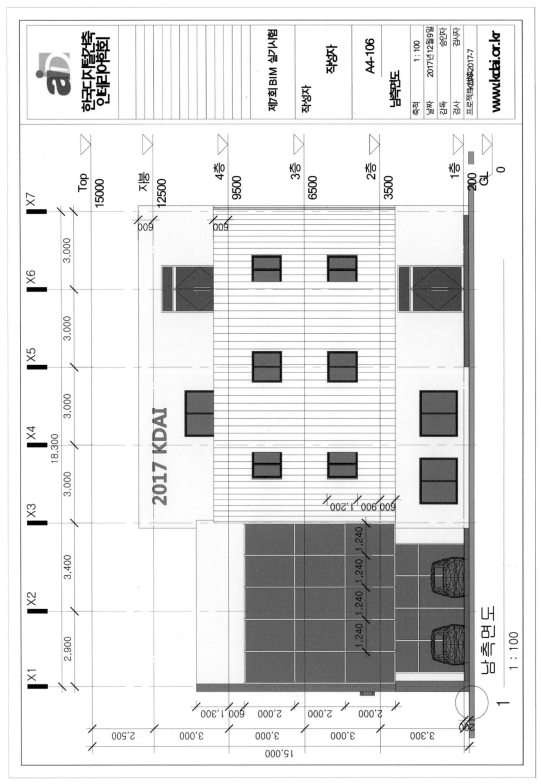

[남측면도]

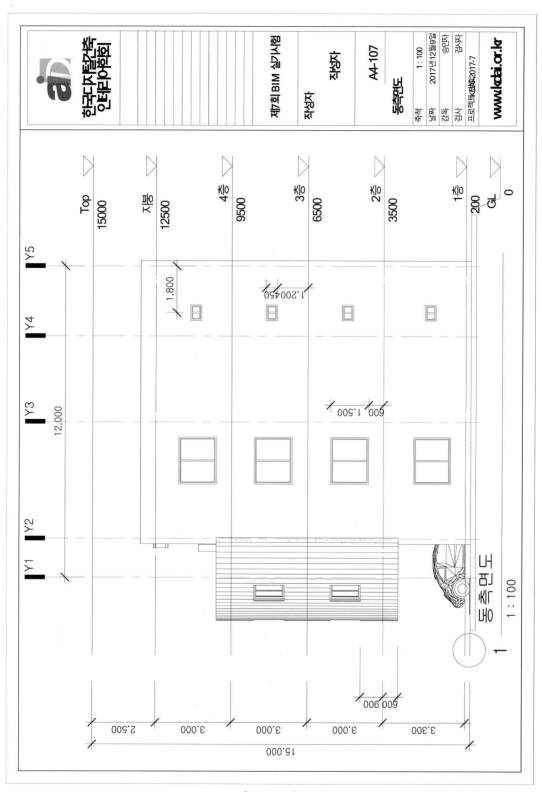

[동측면도]

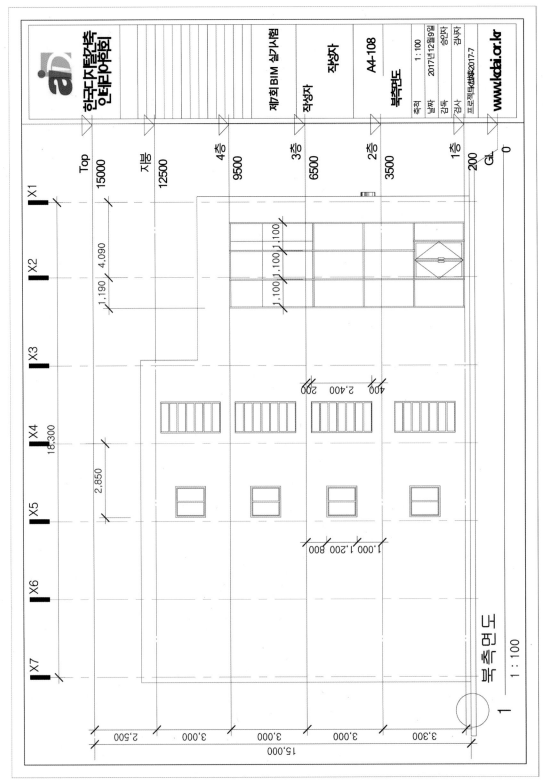

[북측면도]

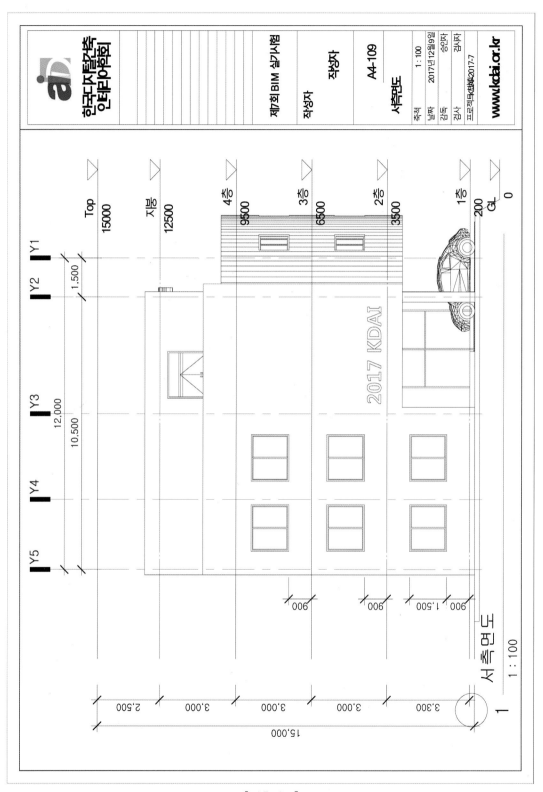

[서측면도]

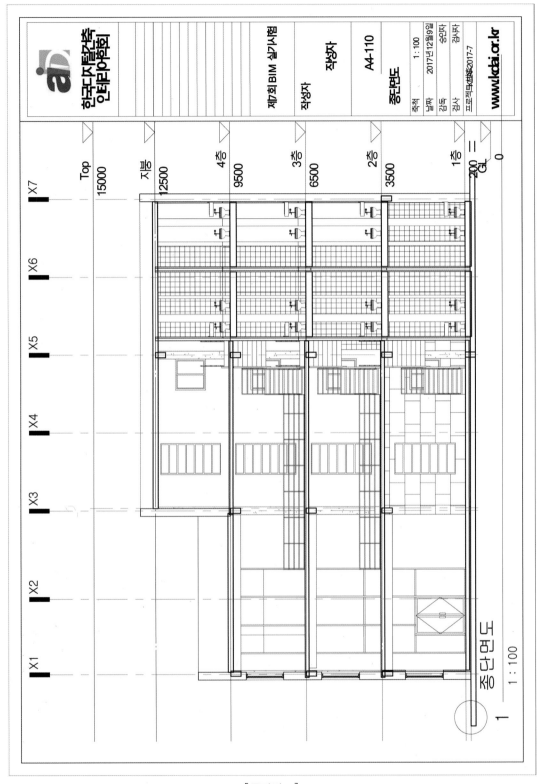

[종단면도]

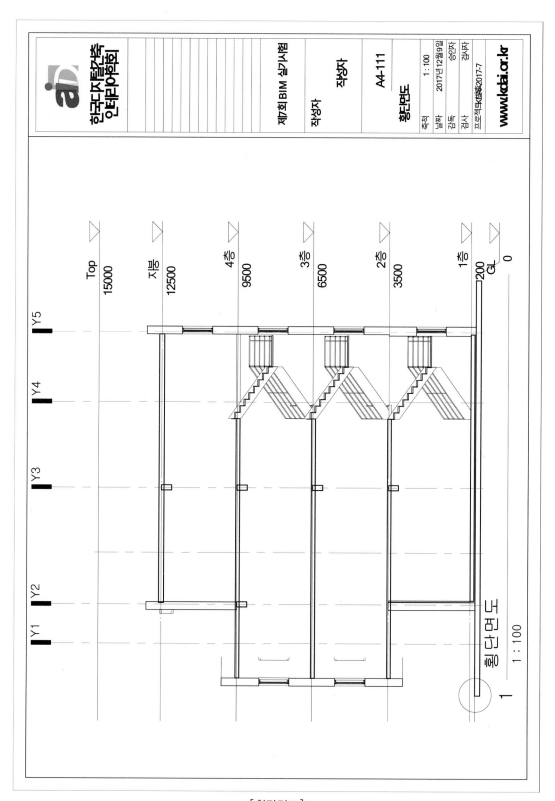

[횡단면도]

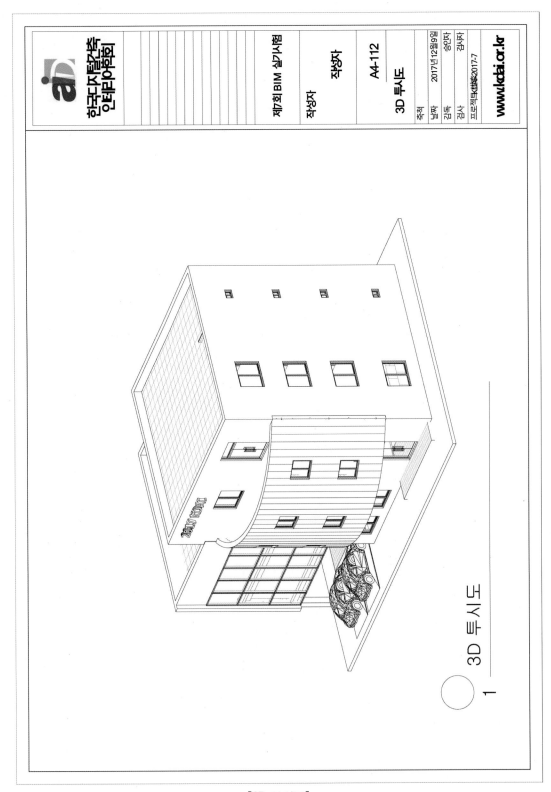

한국디지털건축
인테리어학회

제7회 BIM 실기시험

작성자

작성자

A4-112

3D 투시도

축척
날짜　2017년 12월 9일
감독　승인자
검사　검사자
프로젝트번호2017-7

www.kdai.or.kr

3D 투시도

1

[3D 투시도]

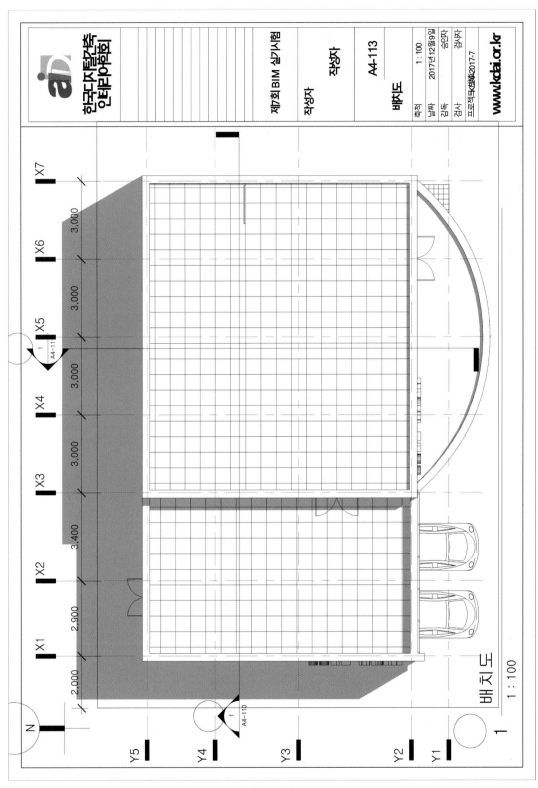

[배치도]

2018년 기출문제

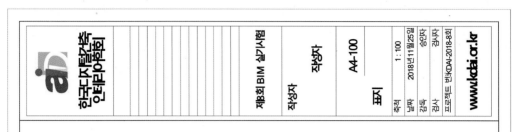

한국디지털건축인테리어학회
Korean Digital Architecture Interior Association

수험번호	20188000
작성자	kdai 학회 제8회 시험 문제

* 본 템플릿은 [한국디지털건축인테리어학회] 제7회 BIM자격시험 작성, 제출 목적으로 구성 되었습니다. 하 수험번호 및 성명을 기재하여 주시기 바랍니다.

(1) 시험 일시: 2018년 11월 25일(일요일)
(2) 시험 시간: 10:00 - 13:00까지 (연속 3시간)
(3) 출제조건: 근린생활시설 4층, 외부 및 내부일부 BIM 모델링

한국디지털건축 인테리어학회						제8회 BIM 실기시험	작성자		A4-100		축척	1 : 100
							작성자				날짜	2018년11월25일
									표지		감독	승인자
											검사	검사자
											프로젝트 번호 KDAI-2018-8회
											www.kdai.or.kr

[표지]

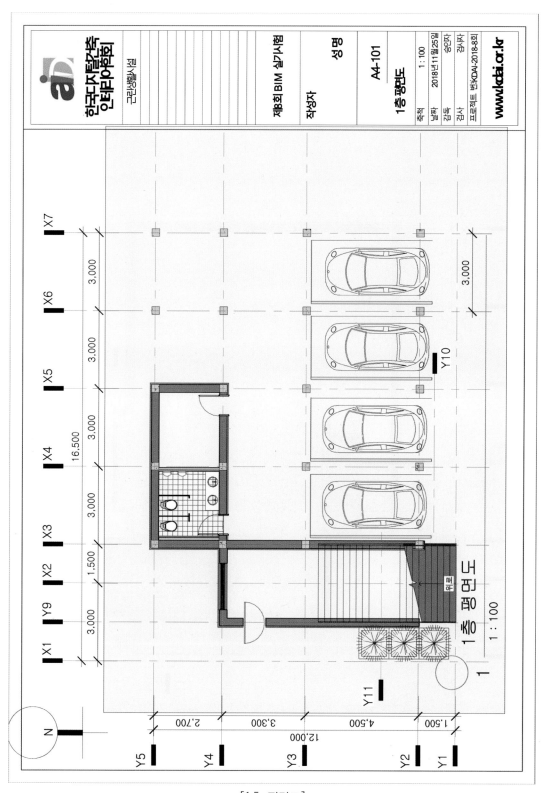

[1층 평면도]

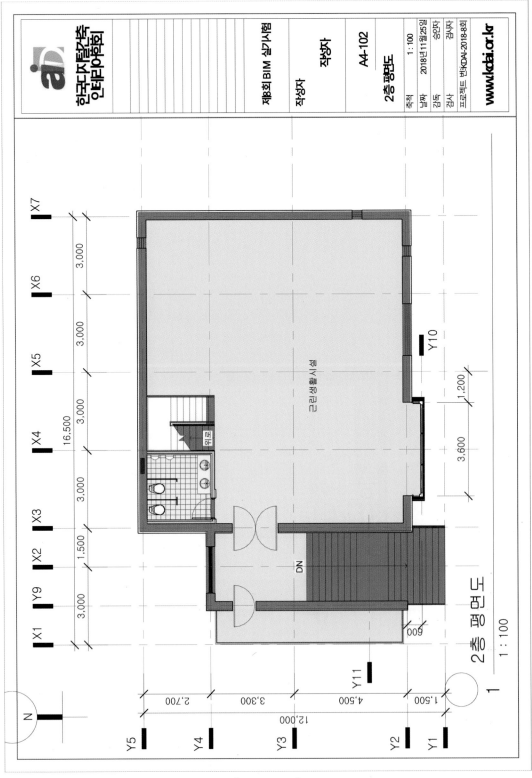

[2층 평면도]

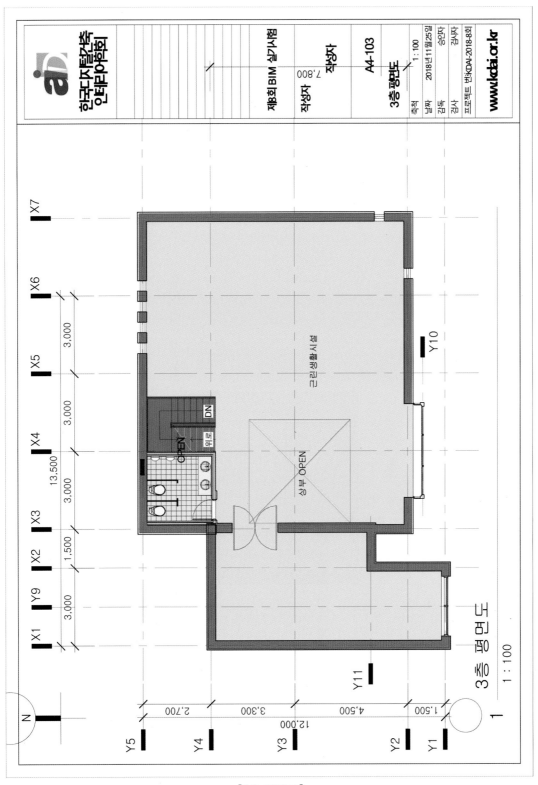

[3층 평면도]

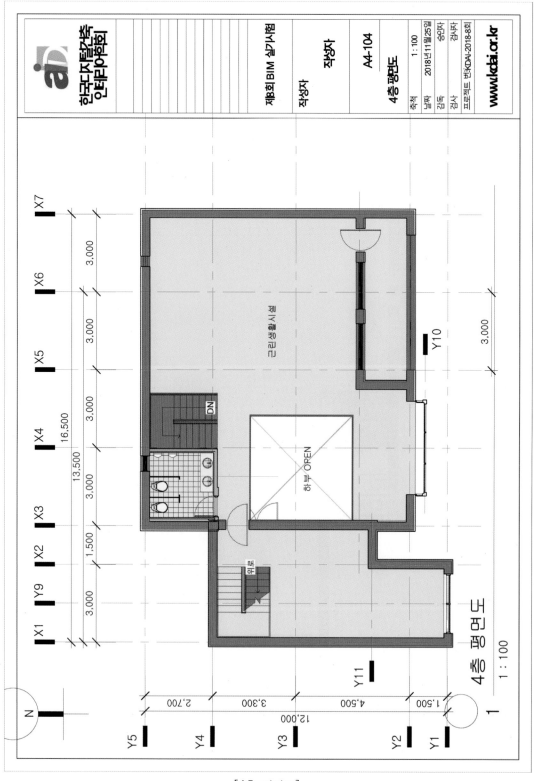

[4층 평면도]

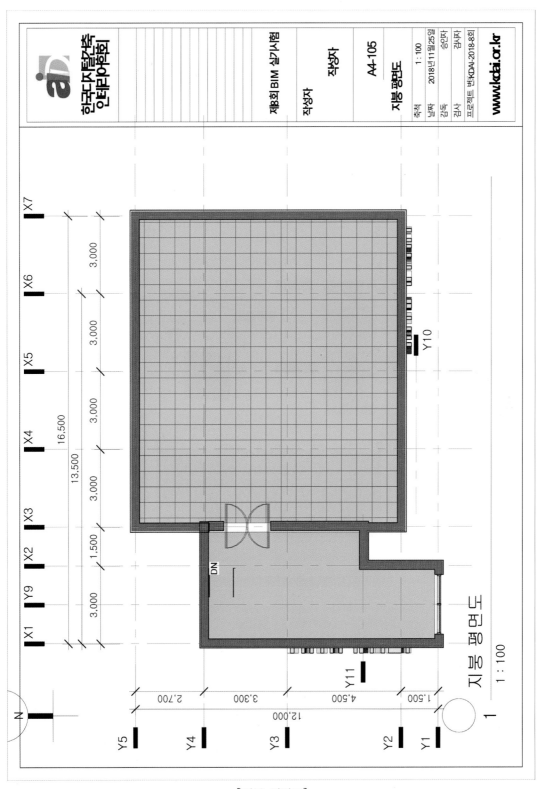

한국디지털건축
인테리어학회

www.kcbi.or.kr

제8회 BIM 실기시험

작성자

작성자

A4-105

지붕 평면도

축척	1 : 100
날짜	2018년 11월 25일
감독	승인자
검사	검사자
프로젝트 번호	KDA4-2018-8회

X7 X6 X5 X4 X3 X2 X1

Y9

Y10

3.000 3.000 3.000 3.000 1.500 3.000

16.500

13.500

DN

Y11

2.700 3.300 4.500 1.500

12.000

Y5 Y4 Y3 Y2 Y1

N

지 붕 평 면 도
1 : 100

[지붕 평면도]

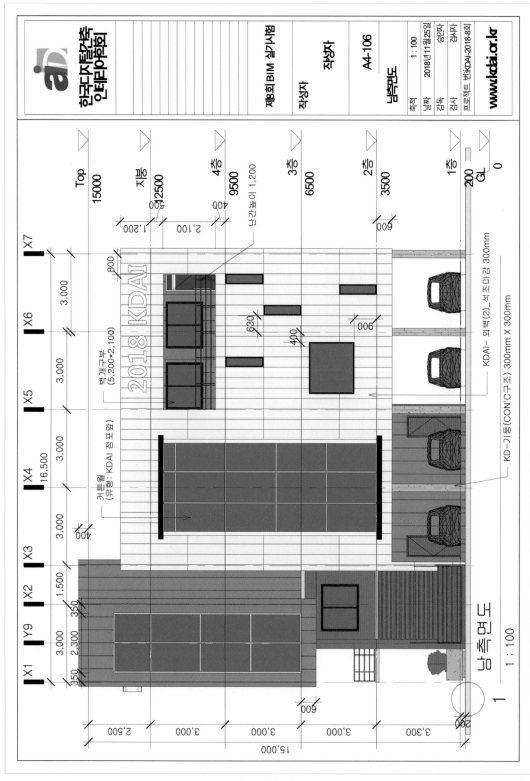

[남측면도]

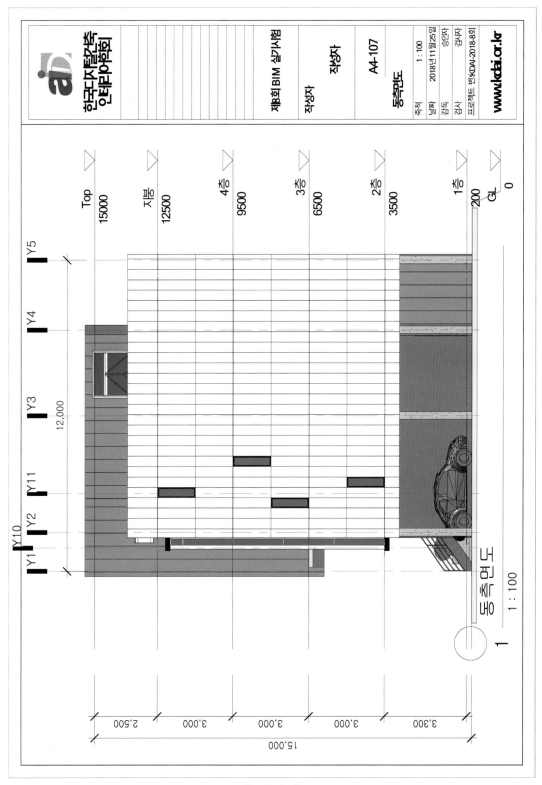

[동측면도]

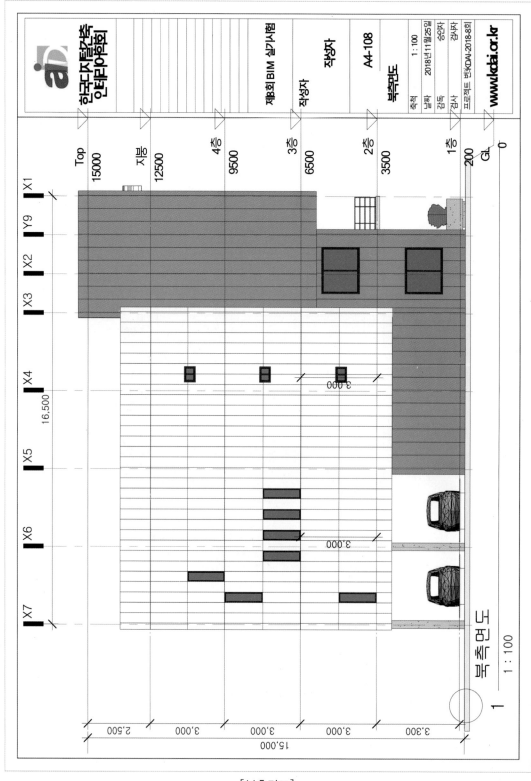

[북측면도]

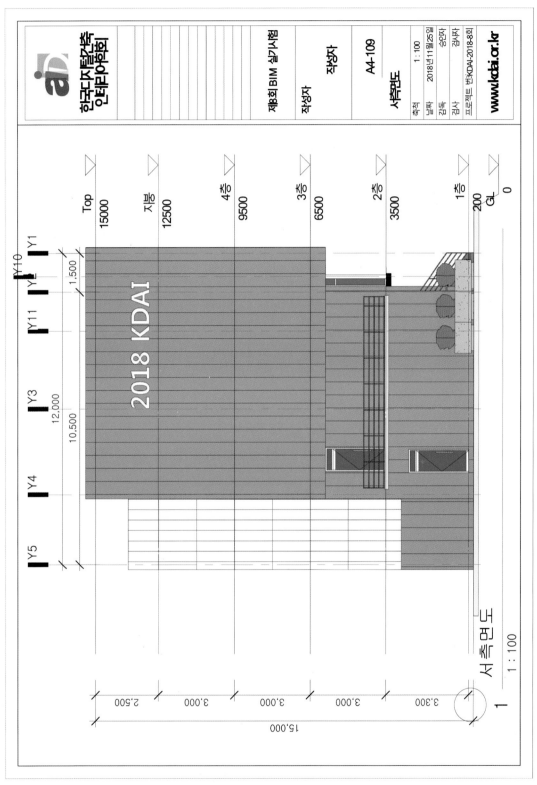

[서측면도]

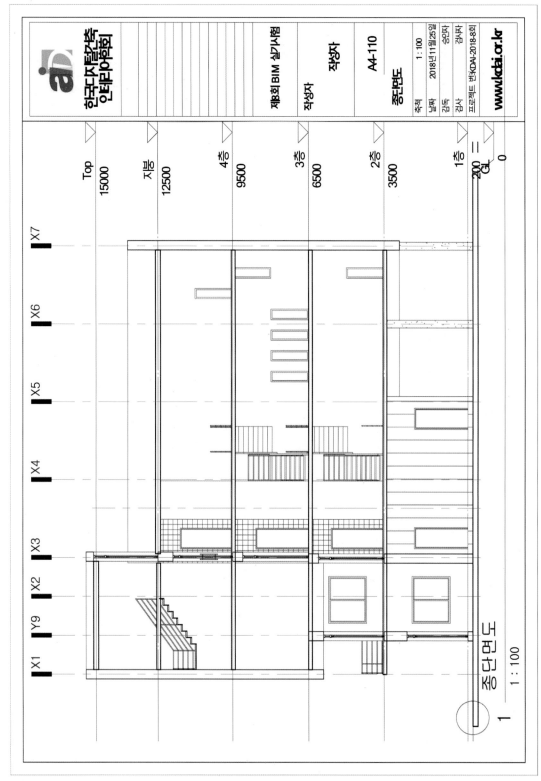

[종단면도]

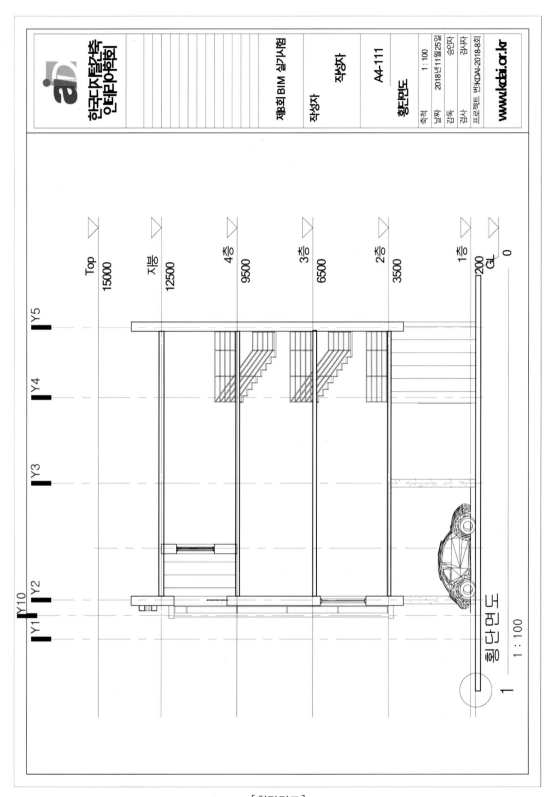

[횡단면도]

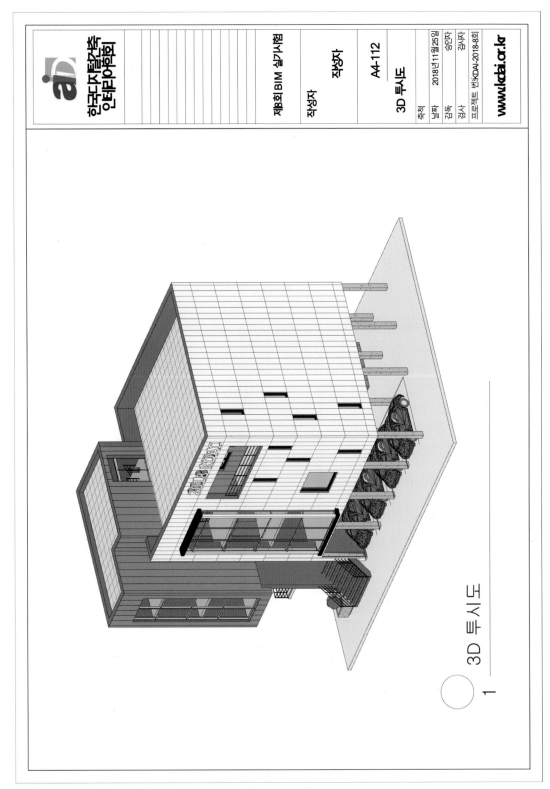

[3D 투시도]

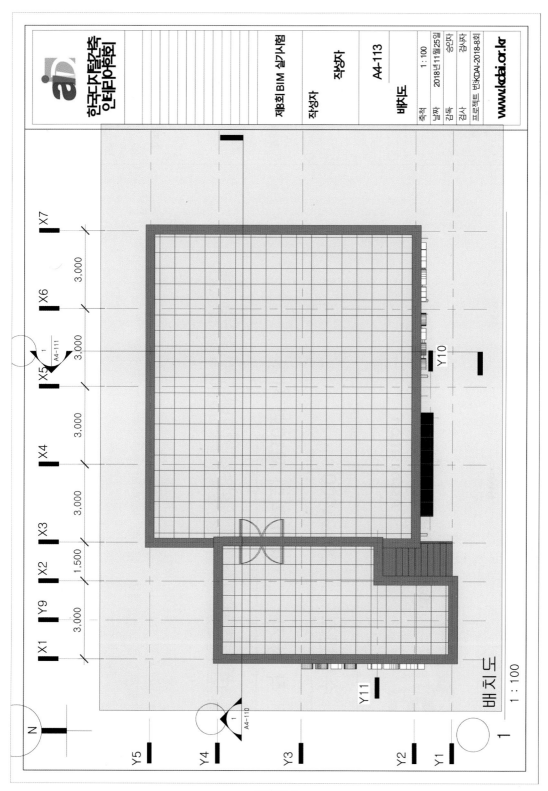

[배치도]

2019년 기출문제

한국디지털건축인테리어학회

한국 디지털 건축 인테리어 학회
Korea Digital Architecture Interior
Association

수험번호	20191000
작 성 자	kdai 학회 제10회 시험

* 본 템플릿은 [한국디지털건축인테리어학회] 제7회 BIM자격시험 작성, 제출 목적으로 구성되었습니다. 위 수험번호 및 성명을 기재하여 주시기 바랍니다.

(1) 시험 일시 : 2019년 12월 11일(수요일)
(2) 시험 시간 : 14:30 - 17:30까지 (연속 3시간)
(3) 출제 조건 : 근린생활시설 4층, 외부 및 내부 일부 BIM 모델링

제10회 BIM 실기시험		작성자	**작성자**
			A4-100
			표지
		축척	1:100
		날짜	2018년 11월
		감독	승윤희
		검사자	검사자
		프로젝트 번호	A1-2018-8회
			www.kdai.or.kr

[표지]

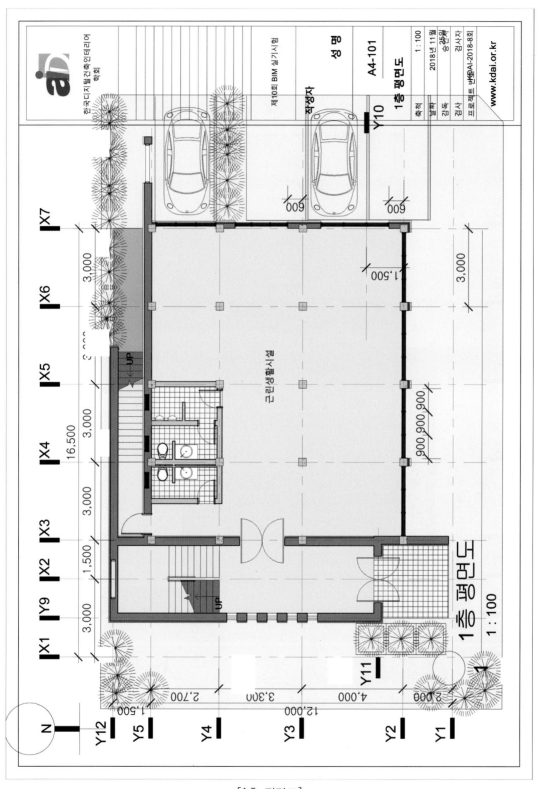

[1층 평면도]

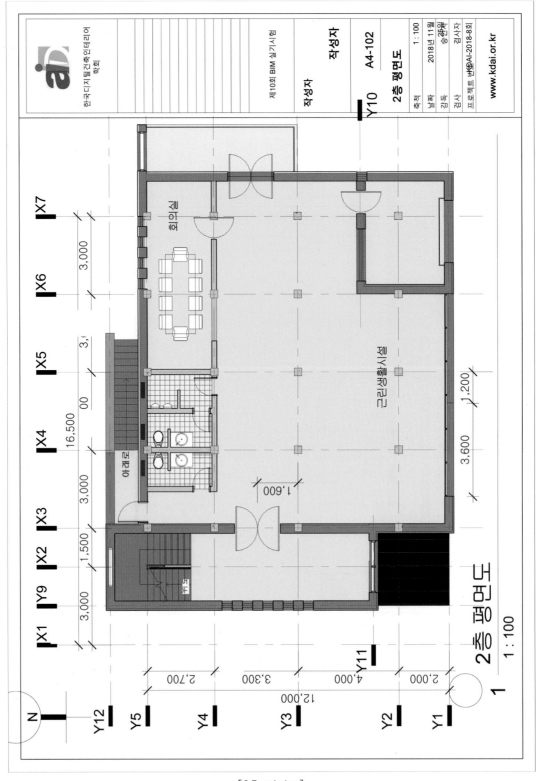

[2층 평면도]

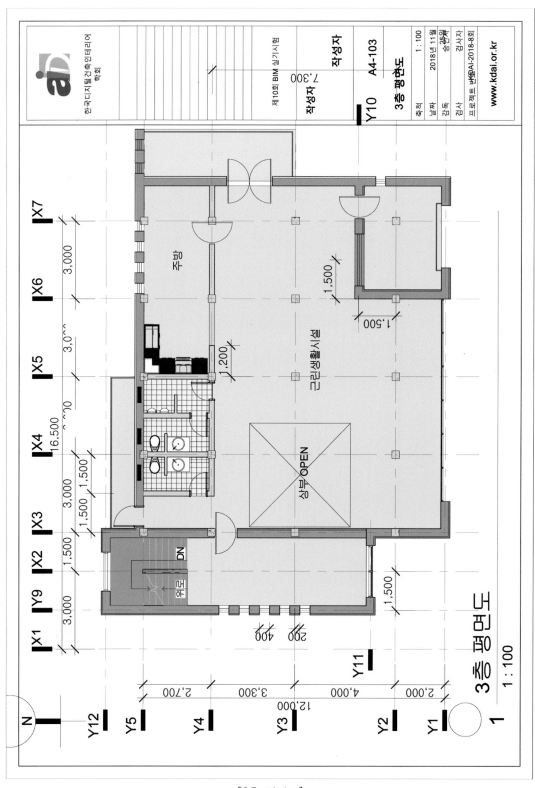

[3층 평면도]

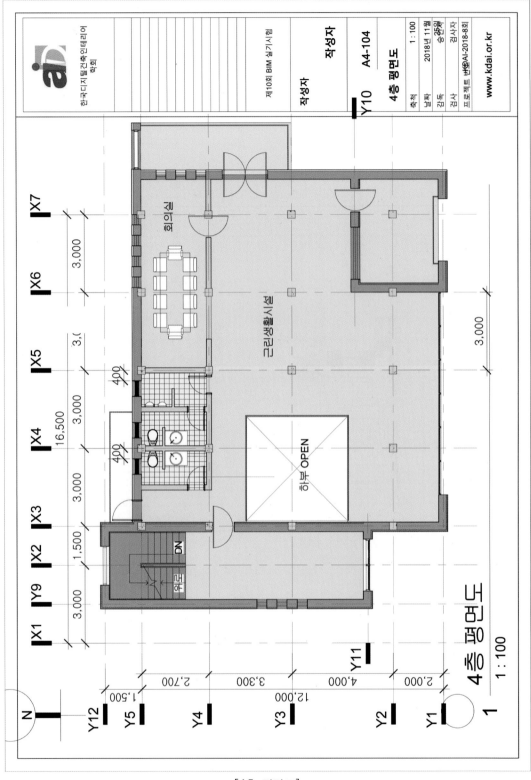

[4층 평면도]

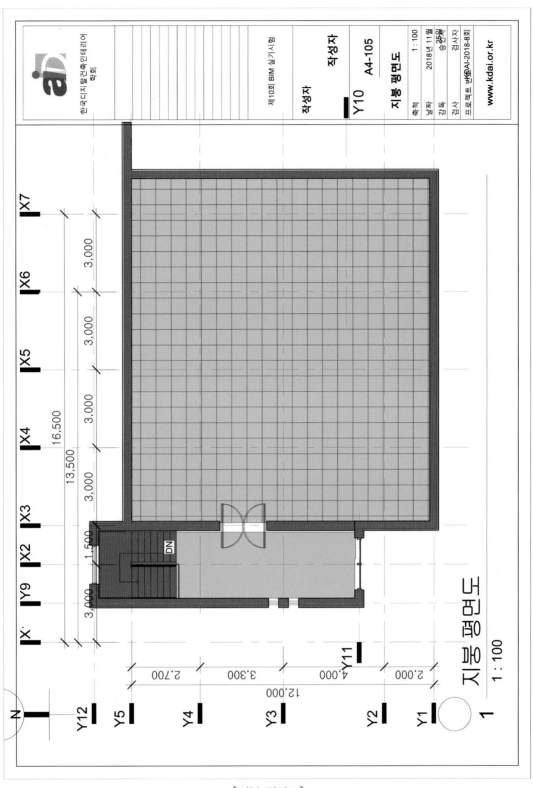

[지붕 평면도]

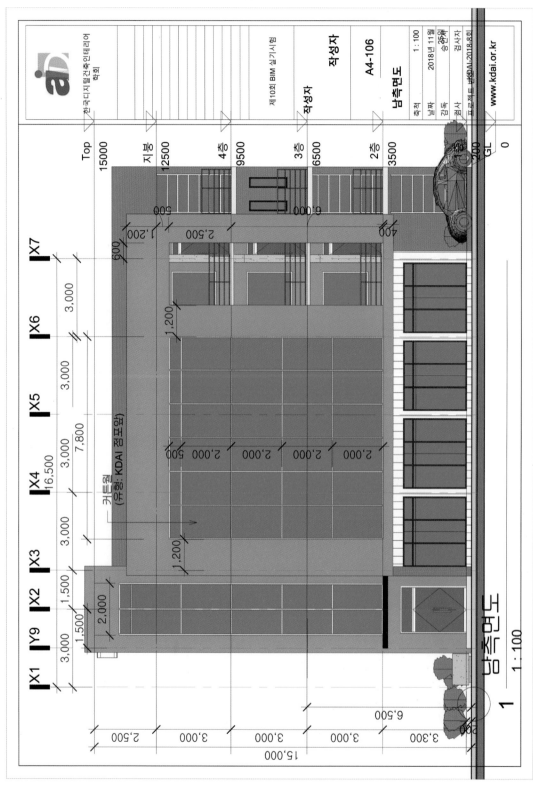

[남측면도]

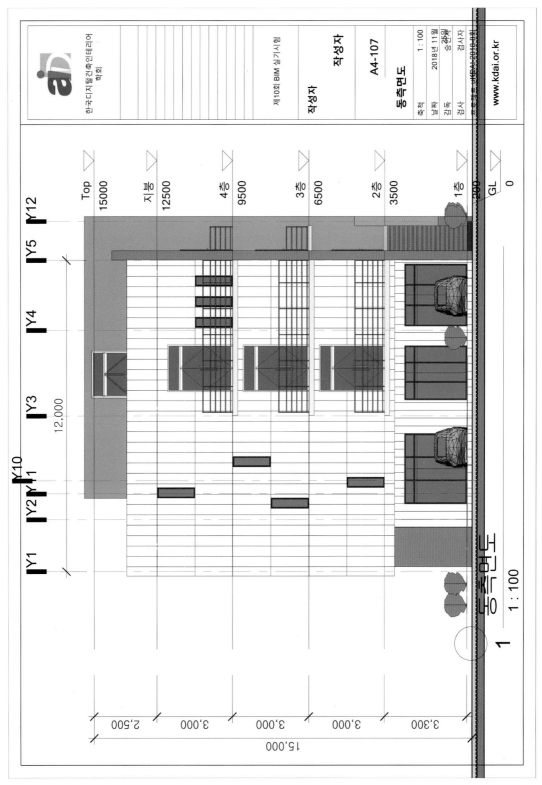

[동측면도]

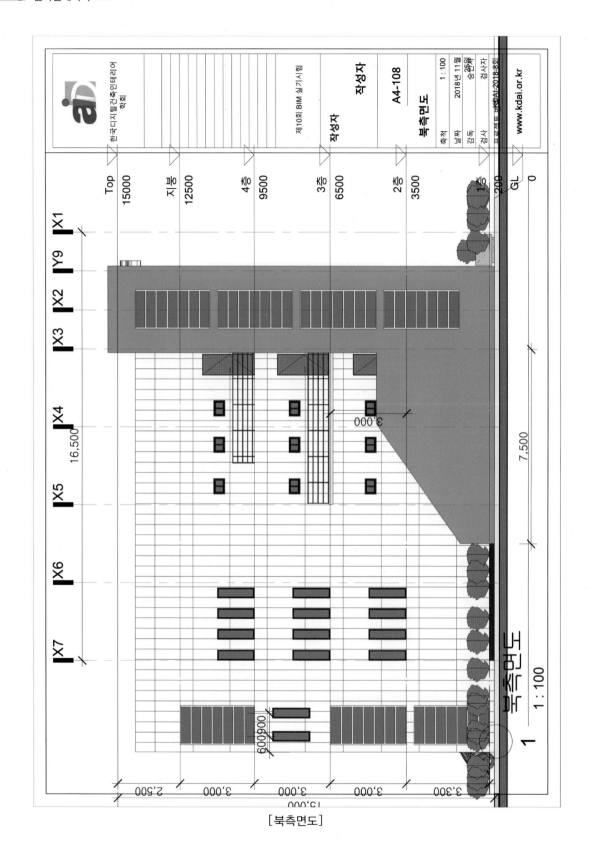

[북측면도]

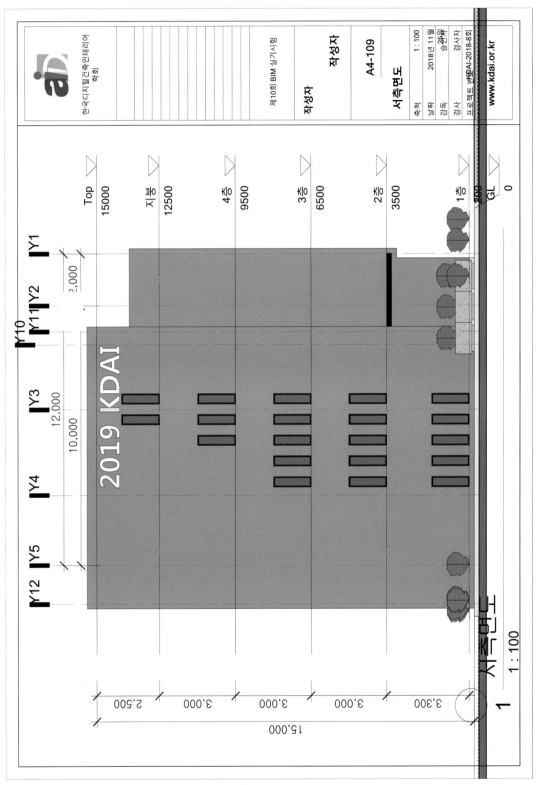

[서측면도]

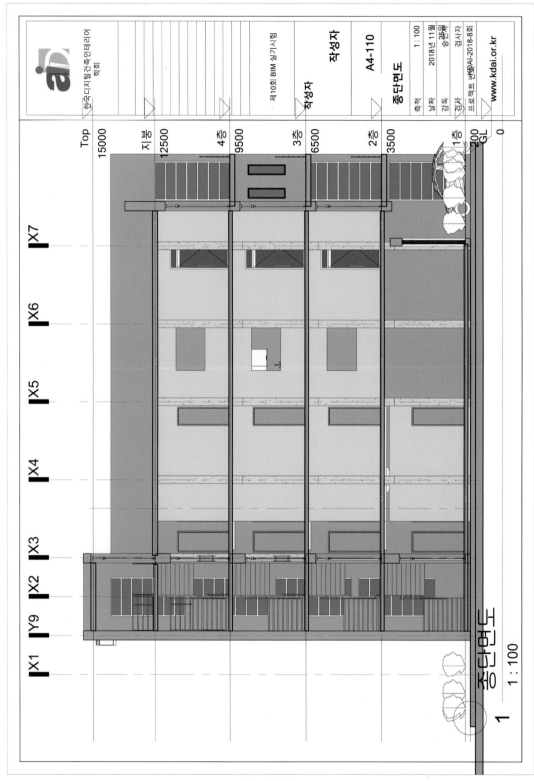

[종단면도]

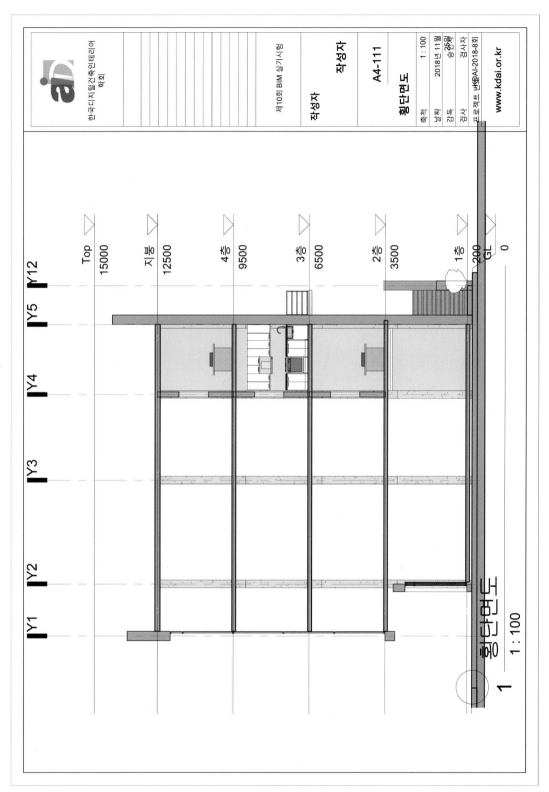

[횡단면도]

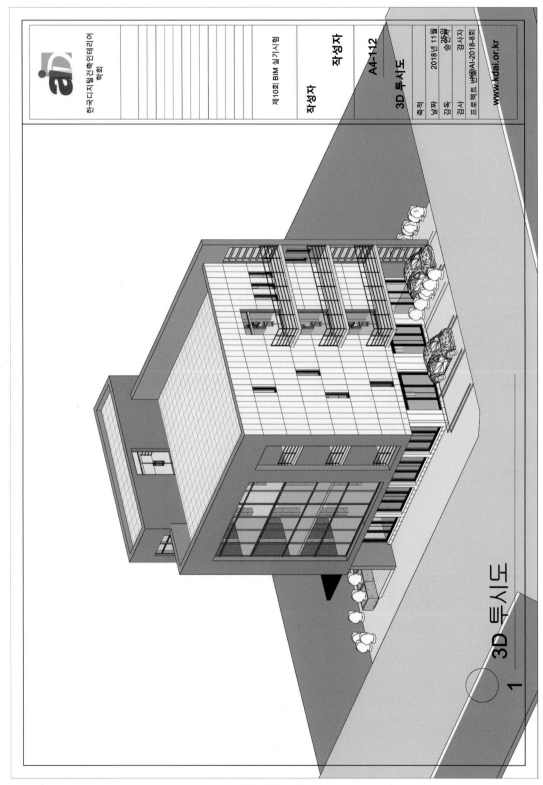

[3D 투시도]

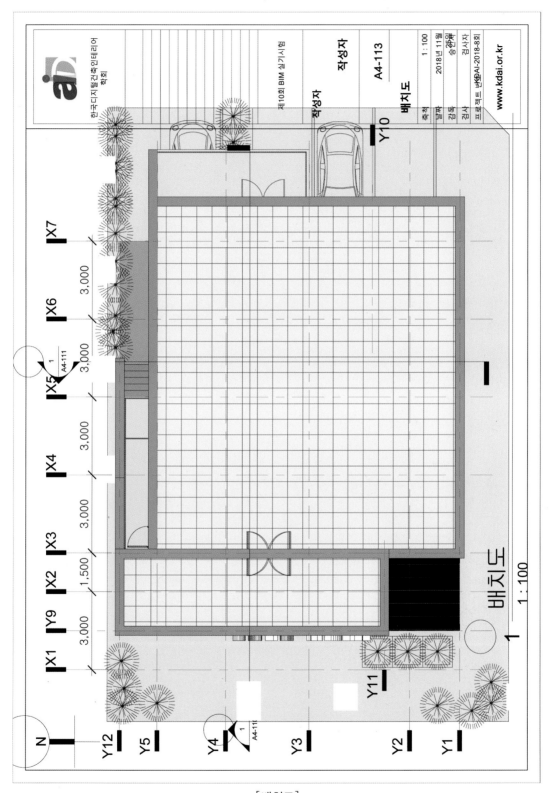

[배치도]

부록 2

AUTODESK REVIT

Revit 설치방법 및 시스템 요구사항

[01] 2018 트라이얼 CD 설치방법

1. 폴더 내의 압축파일 3개를 C:₩ 또는 D:₩에 임의의 폴더를 만들어 복사합니다.

Revit_2018_G1_Win_64bit_dlm_001_003.sfx.e...	2020-02-20 오후 5:41	응용 프로그램	2,065,829KB
Revit_2018_G1_Win_64bit_dlm_002_003.sfx.e...	2020-02-20 오후 5:46	응용 프로그램	2,065,829KB
Revit_2018_G1_Win_64bit_dlm_003_003.sfx.e...	2020-02-20 오후 5:47	응용 프로그램	131,730KB

2. Autodesk Revit 2018 폴더 내의 "Revit_2018_G1_Win_64bit_dlm_001_003.sfx.exe" 파일을 실행하여 압축을 풉니다.

Revit_2018_G1_Win_64bit_dlm_001_003.sfx.e...	2020-02-20 오후 5:41	응용 프로그램	2,065,829KB
Revit_2018_G1_Win_64bit_dlm_002_003.sfx.e...	2020-02-20 오후 5:46	응용 프로그램	2,065,829KB
Revit_2018_G1_Win_64bit_dlm_003_003.sfx.e...	2020-02-20 오후 5:47	응용 프로그램	131,730KB

3. C:₩AUTODESK₩Revit_2018_G1_Win_64bit_dlm에 압축이 풀립니다.

Revit_2018_G1_Win_64bit_dlm	2020-02-20 오후 6:08	파일 폴더

4. C:₩AUTODESK₩Revit_2018_G1_Win_64bit_dlm 내의 "Setup.exe"를 실행합니다.

3rdParty	2020-02-20 오후 6:05	파일 폴더
Content	2020-02-20 오후 6:06	파일 폴더
cs-CZ	2020-02-20 오후 6:06	파일 폴더
de-DE	2020-02-20 오후 6:06	파일 폴더
en-GB	2020-02-20 오후 6:06	파일 폴더
en-US	2020-02-20 오후 6:06	파일 폴더
es-ES	2020-02-20 오후 6:06	파일 폴더
EULA	2020-02-20 오후 6:06	파일 폴더
fr-FR	2020-02-20 오후 6:06	파일 폴더
it-IT	2020-02-20 오후 6:06	파일 폴더
ja-JP	2020-02-20 오후 6:06	파일 폴더
ko-KR	2020-02-20 오후 6:06	파일 폴더
NLSDL	2020-02-20 오후 6:06	파일 폴더
pl-PL	2020-02-20 오후 6:06	파일 폴더
pt-BR	2020-02-20 오후 6:06	파일 폴더
ru-RU	2020-02-20 오후 6:06	파일 폴더
Setup	2020-02-20 오후 6:06	파일 폴더
SetupRes	2020-02-20 오후 6:06	파일 폴더
Utilities	2020-02-20 오후 6:06	파일 폴더
x64	2020-02-20 오후 6:08	파일 폴더
x86	2020-02-20 오후 6:08	파일 폴더
zh-CN	2020-02-20 오후 6:08	파일 폴더
zh-TW	2020-02-20 오후 6:08	파일 폴더
autorun.inf	2002-02-23 오전 12:35	설치 정보
dlm.ini	2017-03-02 오전 2:19	구성 설정
Setup.exe	2017-01-18 오후 8:50	응용 프로그램
Setup.ini	2017-02-24 오후 11:33	구성 설정

[02] Revit 2018 시스템 요구사항

1) 최소 : 기본 구성

운영 체제[1]	• Microsoft® Windows® 7 SP1 64비트 : Enterprise, Ultimate, Professional 또는 Home Premium • Microsoft Windows 8.1 64비트 : Enterprise, Pro 또는 Windows 8.1 • Microsoft Windows 10 64비트 : Enterprise 또는 Pro
CPU 유형	• 단일 또는 다중 코어 Intel® Pentium®, Xeon® 또는 i−Series 프로세서 또는 AMD® 동급 (SSE2 기술 내장) CPU 정격 속도는 가장 높은 것을 권장합니다. • Autodesk Revit 소프트웨어 제품은 여러 작업에 다중 코어를 사용하며, 사실적 렌더링 작업을 위해 최대 16개의 코어를 사용합니다.
메모리	4GB RAM • 일반적으로 디스크에서 약 100MB의 단일 모델을 위한 일반 편집 세션에 충분합니다. 이 추정치는 내부 테스트 및 고객 보고서를 기반으로 합니다. 컴퓨터 리소스의 사용 및 성능 특성은 모델별로 다릅니다. • 이전 버전의 Revit 소프트웨어 제품에서 작성된 모델의 경우 1회 업그레이드 프로세스를 수행하기 위해 더 많은 가용 메모리가 필요할 수 있습니다.
비디오 디스플레이	1280 × 1024(트루컬러)
비디오 어댑터	• 기본 그래픽 : 24비트 색상 지원 디스플레이 어댑터 • 고급 그래픽 : DirectX® 11 지원 그래픽 카드(Shader Model 3). 인증된 카드의 목록은 Autodesk 인증 하드웨어 페이지에서 확인할 수 있습니다.
디스크 공간	5GB의 사용 가능한 디스크 공간
미디어	DVD9 또는 USB 키에서 다운로드 또는 설치
포인팅 장치	MS 마우스 또는 3Dconnexion® 호환 장치
브라우저	Microsoft® Internet Explorer® 7.0 이상
연결	라이선스 등록 및 필수 구성요소 다운로드를 위한 인터넷 연결

2) 장점 : 합리적인 가격 및 성능

운영 체제[1]	• Microsoft Windows 7 SP1 64비트 : Enterprise, Ultimate, Professional 또는 Home Premium • Microsoft Windows 8.1 64비트 : Enterprise, Pro 또는 Windows 8.1 • Microsoft Windows 10 64비트 : Enterprise 또는 Pro
CPU 유형	• 다중 코어 Intel Xeon 또는 i‒Series 프로세서나 AMD 동급(SSE2 기술 내장) CPU 정격 속도는 가장 높은 것을 권장합니다. • Autodesk Revit 소프트웨어 제품은 여러 작업에 다중 코어를 사용하며, 사실적 렌더링 작업을 위해 최대 16개의 코어를 사용합니다.
메모리	8GB RAM • 일반적으로 디스크에서 약 300MB의 단일 모델을 위한 일반 편집 세션에 충분합니다. 이 추정치는 내부 테스트 및 고객 보고서를 기반으로 합니다. 컴퓨터 리소스의 사용 및 성능 특성은 모델별로 다릅니다. • 이전 버전의 Revit 소프트웨어 제품에서 작성된 모델의 경우 1회 업그레이드 프로세스를 수행하기 위해 더 많은 가용 메모리가 필요할 수 있습니다.
비디오 디스플레이	1680 × 1050(트루컬러)
비디오 어댑터	• DirectX 11 지원 그래픽 카드(Shader Model 5) • 인증된 카드의 목록은 Autodesk 인증 하드웨어 페이지에서 확인할 수 있습니다.
디스크 공간	5GB의 사용 가능한 디스크 공간
미디어	DVD9 또는 USB 키에서 다운로드 또는 설치
포인팅 장치	MS 마우스 또는 3Dconnexion 호환 장치
브라우저	Microsoft Internet Explorer 7.0 이상
연결	라이선스 등록 및 필수 구성요소 다운로드를 위한 인터넷 연결

3) 성능 : 복잡한 대형 모델

운영 체제[1]	• Microsoft Windows 7 SP1 64비트 : Enterprise, Ultimate, Professional 또는 Home Premium • Microsoft Windows 8.1 64비트 : Enterprise, Pro 또는 Windows 8.1 • Microsoft Windows 10 64비트 : Enterprise 또는 Pro
CPU 유형	• 다중 코어 Intel Xeon 또는 i-Series 프로세서나 AMD 동급(SSE2 기술 내장) CPU 정격 속도는 가장 높은 것을 권장합니다. • Autodesk Revit 소프트웨어 제품은 여러 작업에 다중 코어를 사용하며, 사실적 렌더링 작업을 위해 최대 16개의 코어를 사용합니다.
메모리	16GB RAM • 일반적으로 디스크에서 약 700MB의 단일 모델을 위한 일반 편집 세션에 충분합니다. 이 추정치는 내부 테스트 및 고객 보고서를 기반으로 합니다. 컴퓨터 리소스의 사용 및 성능 특성은 모델별로 다릅니다. • 이전 버전의 Revit 소프트웨어 제품에서 작성된 모델의 경우 1회 업그레이드 프로세스를 수행하기 위해 더 많은 가용 메모리가 필요할 수 있습니다.
비디오 디스플레이	초 고해상도 모니터
비디오 어댑터	• DirectX 11 지원 그래픽 카드(Shader Model 5) • 인증된 카드의 목록은 Autodesk 인증 하드웨어 페이지에서 확인할 수 있습니다.
디스크 공간	• 5GB의 사용 가능한 디스크 공간 • 10,000＋RPM(포인트 클라우드 상호작용) 또는 SSD(Solid State Drive)
미디어	DVD9 또는 USB 키에서 다운로드 또는 설치
포인팅 장치	MS 마우스 또는 3Dconnexion 호환 장치
브라우저	Microsoft Internet Explorer 7.0 이상
연결	라이선스 등록 및 필수 구성요소 다운로드를 위한 인터넷 연결

4) Collaboration for Revit

디스크 공간	사용자가 액세스하는 모든 클라우드 작업 공유 프로젝트에 대해 각 RVT 파일이 사용하는 디스크 공간의 3배에 해당하는 총 디스크 공간이 필요합니다.		
	최소	**값**	**성능**
연결	버스트 전송에서 각 컴퓨터에 대해 대칭 5Mbps 연결을 구현하는 인터넷 연결입니다.	버스트 전송에서 각 컴퓨터에 대해 대칭 10Mbps를 구현하는 인터넷 연결입니다.	버스트 전송에서 각 컴퓨터에 대해 대칭 25Mbps를 구현하는 인터넷 연결입니다.

5) Revit LT 2018

운영 체제[1]	• Microsoft Windows 7 SP1 64비트 : Enterprise, Ultimate, Professional 또는 Home Premium • Microsoft Windows 8.1 64비트 : Enterprise, Pro 또는 Windows 8.1 • Microsoft Windows 10 64비트 : Enterprise 또는 Pro
CPU 유형	단일 또는 다중 코어 Intel Pentium, Xeon 또는 i-Series 프로세서 또는 AMD 동급(SSE2 기술 내장) CPU 정격 속도는 가장 높은 것을 권장합니다.
메모리	4GB RAM • 일반적으로 디스크에서 약 100MB의 단일 모델을 위한 일반 편집 세션에 충분합니다. 이 추정치는 내부 테스트 및 고객 보고서를 기반으로 합니다. 컴퓨터 리소스의 사용 및 성능 특성은 모델별로 다릅니다. • 이전 버전의 Revit 소프트웨어 제품에서 작성된 모델의 경우 1회 업그레이드 프로세스를 수행하기 위해 더 많은 가용 메모리가 필요할 수 있습니다. • /3GB RAM 스위치는 권장되지 않습니다. /3GB 스위치가 활성인 경우 비디오 드라이버와의 메모리 충돌이 Revit 소프트웨어 및 시스템 안정성에 영향을 미칠 수 있습니다.
비디오 디스플레이	1280 × 1024(트루컬러)
비디오 어댑터	• 기본 그래픽 : 24비트 색상 지원 디스플레이 어댑터 • 고급 그래픽 : DirectX 11 지원 그래픽 카드(Shader Model 3). 인증된 카드의 목록은 Autodesk 인증 하드웨어 페이지에서 확인할 수 있습니다.
디스크 공간	5GB의 사용 가능한 디스크 공간
미디어	DVD9 또는 USB 키에서 다운로드 또는 설치
포인팅 장치	MS 마우스 또는 3Dconnexion 호환 장치
브라우저	Microsoft Internet Explorer 7.0 이상
연결	라이선스 등록 및 필수 구성요소 다운로드를 위한 인터넷 연결

6) Revit Server 2018

운영 체제[1]	• Microsoft Windows Server® 2008 R2 SP1 64비트 • Microsoft Windows Server® 2012 64비트 • Microsoft Windows Server® 2012 R2 64비트		
웹 서버	Microsoft Internet Information Server 7.0 이상		
CPU 유형	4+ 코어2.6GHz+	6+ 코어2.6GHz+	6+ 코어3.0GHz+
동시 사용자 100명 미만(복수 모델)	최소	값	성능
메모리	4GB RAM	8GB RAM	16GB RAM
하드 드라이브	7,200+ RPM	10,000+ RPM	15,000+ RPM
동시 사용자 100명 이상(복수 모델)	최소	값	성능
메모리	8GB RAM	16GB RAM	32GB RAM
하드 드라이브	10,000+ RPM	15,000+ RPM	고속 RAID 어레이
가상화	VMware® 및 Hyper-V® 지원		

7) Citrix : 권장 수준 구성[2]

Citrix System	• XenApp® 6.5 피처 팩 2 • Citrix® License Manager • Citrix® Profile Manager
서버 OS	XenApp® 시스템 요구사항에 따름
인증	• Microsoft® Active Directory 　로밍 프로파일 지원됨
클라이언트 OS	• Microsoft Windows 7 SP1 64비트 • Microsoft Windows 8.1 64비트 • Microsoft Windows 10 64비트
클라이언트 브라우저	Microsoft Internet Explorer 7.0 이상
사용자 액세스	• 클라이언트 컴퓨터는 네트워크 도메인에 바인딩해야 합니다. 각 클라이언트 컴퓨터에 전체 Citrix 또는 Web Client 플러그인이 설치되어야 합니다. • 사용자는 자신의 도메인 로그인을 이용하여 Citrix 웹 콘솔과 LAN에 액세스해야 합니다.

8) VMware : 권장 수준 구성[3]

VMware 소프트웨어	• VMware Horizon® 6.1 이상 • VMware vSphere® 6 이상
가상 컴퓨터 운영 체제	• Microsoft Windows 7 SP1 64비트 : Enterprise, Ultimate, Professional 또는 Home Premium • Microsoft Windows 8.1 64비트 : Enterprise, Pro 또는 Windows 8.1 • Microsoft Windows 10 64비트:Enterprise 또는 Pro
호스트 서버 권장 사양	성능[4]
CPU	3.0GHz+Intel Xeon E5 이상, 또는 AMD® 동급(SSE2 기술 기반)
메모리	384－512GB
네트워크	10GB
저장 공간	～750＋IOPS 사용자별
GPU	NVIDIA GRID K2 이상
가상 컴퓨터 설정	성능[4]
메모리	16～32GB RAM
vCPU	8 vCPU
디스크 공간	최소 5GB 사용 가능한 디스크 공간
그래픽 어댑터	NVIDIA® GRID K260Q(2GB) 이상
가상 컴퓨터 연결	라이선스 등록 및 필수 구성요소 다운로드를 위한 인터넷 연결
사용자 액세스	각 클라이언트 컴퓨터에VMware Horizon Client가 설치되어야 합니다.

9) Parallels Desktop®11 for Mac : 권장 수준 구성

호스트 운영 체제 및 하드웨어 유형	Mac® OS X® 10.10.3(El Capitan) MacBook Pro® 10,1; iMac® 14,1 이상
메모리	16GB
CPU 유형	2.7GHz 쿼드코어 Intel Core i7™ 권장
가상화 소프트웨어	Mac용 Parallels Desktop 11 이상
가상 컴퓨터 운영 체제*	• Microsoft Windows 7 SP1 64비트 : Enterprise, Ultimate, Professional 또는 Home Premium • Microsoft Windows 8.1 64비트 : Enterprise, Pro 또는 Windows 8.1 • Microsoft Windows 10 64비트 : Enterprise 또는 Pro
가상 컴퓨터 브라우저	Microsoft Internet Explorer 7.0 이상
가상 컴퓨터 메모리	8GB RAM • 일반적으로 디스크에서 약 100MB의 단일 모델을 위한 일반 편집 세션에 충분합니다. 이 추정치는 내부 테스트 및 고객 보고서를 기반으로 합니다. 컴퓨터 리소스의 사용 및 성능 특성은 모델별로 다릅니다. • 이전 버전의 Revit 소프트웨어 제품에서 작성된 모델의 경우 1회 업그레이드 프로세스를 수행하기 위해 더 많은 가용 메모리가 필요할 수 있습니다.
가상 컴퓨터 비디오 어댑터	Microsoft Windows 가상 컴퓨터 전용의 비디오 메모리 512MB 이상 • 참고 : Mac OS의 Retina® 디스플레이 해상도를 사용하는 경우 Windows 및 Revit 소프트웨어 제품 내 적절한 DPI에 맞게 조정하기 위해 Parallels Desktop의 Retina 해상도 옵션을 끄십시오. • 그래픽 : Revit 소프트웨어 제품에서 "하드웨어 가속 사용" 옵션이 없는 Parallels Desktop 가상 디스플레이 어댑터
비디오 어댑터	• NVIDIA GeForce® GT 650M – 2880×1800, 24비트 색상 • Intel Iris Pro – 1920×1080, 32비트 색상 • 이상(가상 컴퓨터 비디오 어댑터 참고사항 참조)
디스크 공간	최소 40GB의 사용 가능한 디스크 공간, 100GB의 사용 가능한 디스크 공간 권장
미디어	USB 키에서 다운로드 또는 설치
포인팅 장치	MS 마우스 또는 3Dconnexion 호환 장치
연결	라이선스 등록 및 필수 구성요소 다운로드를 위한 인터넷 연결

참고 : 모든 Autodesk 제품 제공을 가상화할 수 있는 것은 아닙니다. 해당 제품의 액세스 및 사용에 대한 이용 약관 및 이용 조건에서 가상화를 명시적으로 허용하는 경우에만 제품을 가상화할 수 있습니다. 가상화가 허용될 경우 해당 이용 약관 및 이용 조건에 지정된 모든 조건 및 제한 사항이 적용됩니다. Autodesk는 가상화된 환경의 제품 사용과 관련해서 사용 가능한 정보를 제공할 수 있습니다. 이러한 정보는 사용자의 편의를 위해서만 "있는 그대로" 제공되며, 오류, 부정확성을 포함하거나 불완전할 수 있습니다. Autodesk는 가상화 환경에서 또는 가상화 기술을 통한 제품 사용과 관련해 어떠한 진술, 보증이나 약속도 하지 않습니다. 가상화가 허용되어 그렇게 하기로 선택한 경우 사용자가 그러한 사용과 관련된 모든 위험에 대한 책임을 지게 됩니다. 여기에는 제품과 써드 파티 가상화 기술 및/또는 사용자 가상화 환경 간의 비호환성이 포함되며 이에 국한되지 않습니다. 자세한 내용을 알아보려면이용 약관을 읽어 보십시오.

[1] 자세히 알아보기Autodesk Revit 2018 또는 Autodesk Revit LT 2018 소프트웨어를 Mac OS X의 일부로 Mac® 컴퓨터에서 Microsoft Windows 및 Windows 기반 응용프로그램을 설치하고 실행할 수 있는 Boot Camp 또는 컴퓨터를 다시 시작하지 않고 각 운영 체제에서 응용프로그램을 실행할 수 있는 Parallels, Inc.의 Parallels Desktop과 함께 사용하는 데 대해 자세히 알아보십시오.

[2] 고지 사항 : Citrix 응용프로그램은 네트워크 기반 응용프로그램이며 Citrix용 Autodesk Revit 소프트웨어 제품의 성능은 네트워크 성능에 따라 달라질 수 있습니다. 소프트웨어는 Citrix 응용프로그램을 포함하지 않으며 Autodesk는 Citrix 응용프로그램의 문제에 대한 직접적인 지원을 제공하지 않습니다. 사용자는 Citrix 응용프로그램의 조달 및 작동과 관련하여 질문이 있을 경우 Citrix에 직접 연락해야 합니다.

[3] 고지 사항 : VMware 응용프로그램은 네트워크 기반 응용프로그램이며 VMware용 Autodesk Revit 소프트웨어 제품의 성능은 네트워크 성능에 따라 달라질 수 있습니다. 소프트웨어는 VMware 응용프로그램을 포함하지 않으며 Autodesk는 VMware 응용프로그램의 문제에 대한 직접적인 지원을 제공하지 않습니다. 사용자는 VMware 응용프로그램의 조달 및 작동과 관련하여 질문이 있을 경우 VMware에 직접 연락해야 합니다.

[4] 참고 사이트 : http://www.nvidia.com/revitappguide

송춘동

● 주요 경력
- 경희대학교/건축공학과/건축학(학사)
- 조선대학교/산업공학과/건축계획(석사)
- 한양대학교/건축토목공학/건축구조(CAD)(석사)
- 동국대학교/건축공학과/건축계획(박사 수료)
- 인덕대학/건축과/겸임교수
- 두원공과대학/건축디자인과/겸임교수
- 한라대학교/건축과/겸임교수

현재
- 두원공과대학/건축인테리어학과/교수
- (사)한국디지털건축 · 인테리어학회/회장

● 저서
- 건축인을 위한 CAD(경민출판사)
- AUTO CAD 제대로 배우기(성안당)
- 건축 CAD 방법론(기문당)
- 건축설계 과정에 의한 건축 CAD 도면 작성법(기문당)
- 건축 · 인테리어 디자인 VIZ(예문사)
- 건축설계실무 REVIT(예문사)
- CADPOWER(예문사)
- 그 외 20여 권

건축인테리어 BIM

발행일 | 2020. 3. 20   초판 발행

저 자 | 송춘동
발행인 | 정용수
발행처 | 예문사

주 소 | 경기도 파주시 직지길 460(출판도시) 도서출판 예문사
T E L | 031) 955 - 0550
F A X | 031) 955 - 0660
등록번호 | 11 - 76호

정가 : 33,000원

ISBN 978-89-274-3550-1 13560

이 도서의 국립중앙도서관 출판예정도서목록(CIP)은 서지정보유통지원시스템 홈페이지(http://seoji.nl.go.kr)와 국가자료종합목록 구축시스템(http://kolis-net.nl.go.kr)에서 이용하실 수 있습니다. (CIP제어번호 : CIP2020009877)